Handbuchreihe Energieberatung / Energiemanagement

Herausgegeben von
Professor Dr. Dietmar Winje
Technische Universität Berlin

Professor Dr.-Ing. Rolf Hanitsch
Technische Universität Berlin

Band I
Energiemanagement

G. Borch, M. Fürböck, L. Mansfeld, D. Winje

Grundlagen des Energiemanagements
Betriebliche Energiemanagementprogramme
Energieversorgungskonzepte − Regionales
Energiemanagement
Rahmenbedingungen des Energiemanagements

Band II
Energiewirtschaft

D. Winje, D. Witt

Grundzusammenhänge der Energiewirtschaft
Wirtschaftlichkeitsberechnung

Band III
Physikalisch-technische Grundlagen

G. Bartsch

Thermodynamik der Energiewandlung
Grundlagen der Wärmeübertragung
Strömungslehre

Band IV
Wärmetechnik

K. Endrullat, P. Epinatjeff, D. Petzold, H. Protz

Grundlagen der Heiz- und Lufttechnik
Anwendung der Heiz- und Lufttechnik
Wärmepumpen und Abwärmenutzung

Band V
Elektrische Energietechnik

R. Hanitsch, U. Lorenz, D. Petzold

Verteilung und Verbrauch elektrischer Energie
Spezielle Energiewandler
Meß- und Regelungstechnik

Band VI
Rationelle Energieverwendung im Hochbau

P. Epinatjeff, B. Weidlich

Bauphysikalische Grundlagen
Klimagerechtes Planen und Bauen
Rationelle Energieverwendung durch Maßnahmen
am Gebäudebestand

Dipl.-Ing. Peter Epinatjeff
Dipl.-Ing. Bodo Weidlich

Band VI
Rationelle Energieverwendung im Hochbau

Springer-Verlag Berlin Heidelberg New York Tokyo
Verlag TÜV Rheinland Köln

CIP-Kurztitelaufnahme der Deutschen Bibliothek

Energieberatung, Energiemanagement: Handbuchreihe /
Hrsg. von Dietmar Winje; Rolf Hanitsch. — Berlin;
Heidelberg; New York; Tokyo:
Springer; Köln: Verlag TÜV Rheinland
NE: Winje, Dietmar [Hrsg.];
Bd. 6. Epinatjeff, Peter: Rationelle Energieverwendung
im Hochbau. — 1986

Epinatjeff, Peter:
Rationelle Energieverwendung im Hochbau / Epinatjeff;
Weidlich. — Berlin; Heidelberg; New York; Tokyo:
Springer; Köln: Verlag TÜV Rheinland, 1986.
    (Energieberatung, Energiemanagement; Bd. 6)

NE: Weidlich, Bodo:

ISBN-13: 978-3-642-93324-0   e-ISBN- 978-3-642-93323-3

DOI: 10.1007/ 978-3-642-93323-3

2068/3020-543210

Vorwort der Herausgeber

In industrialisierten Gesellschaften sind eine effiziente Energieversorgung und eine rationelle Energienutzung wesentliche Voraussetzungen für die wirtschaftliche Entwicklung. Insbesondere in den letzten 15 Jahren sind die offenkundig gewordene Knappheit der energetischen Rohstoffe, deren zeitweilig drastische Preiserhöhungen sowie die mit dem Energieeinsatz verbundenen Umweltbelastungen verstärkt in den Vordergrund öffentlichen Interesses getreten. In vielen Bereichen werden Anstrengungen unternommen, um Lösungsbeiträge für diese Probleme zu erarbeiten. Dabei hat sich gezeigt, daß Maßnahmen zur sparsamen und rationellen Energieverwendung in nahezu allen Sektoren der Volkswirtschaft einen höheren Stellenwert erhalten haben. Die Behandlung dieser Aufgaben hat eine lange Tradition und wird von verschiedenen Fachdisziplinen wahrgenommen.

Aus den gemachten Erfahrungen wurde deutlich, daß die Erhöhung der Effizienz von Energieversorgung und Energienutzung eine Vorgehensweise erfordert, die einen übergreifenden Systemansatz verfolgt und die durch eine koordinierte Anwendung des Wissens aus verschiedenen Fachgebieten charakterisiert ist. So ist es oft erforderlich, daß bei umfangreichen Vorhaben Ingenieure der Energie- und Verfahrenstechnik mit Ingenieuren der Elektrotechnik und des Bauingenieurwesens zusammenarbeiten und für alle eine Kooperation mit Wirtschaftswissenschaftlern und Planern zur Lösung von Energieproblemen angebracht ist.

Die vorliegende Handbuchreihe soll, aufbauend auf dem Wissen traditioneller Fachgebiete, eine zusammenfassende Behandlung der Möglichkeiten einer sparsamen und rationellen Energieverwendung in wichtigen Verbrauchsbereichen geben. Dabei wird ein Schwerpunkt auf eine umfassende und fachübergreifende Betrachtungsweise gelegt. Im Vordergrund steht das Anliegen, Energiefachleuten verschiedener technischer Disziplinen Erkenntnisse aus jeweils anderen Fachrichtungen zu vermitteln und gleichzeitig systemorientierte Ansätze aufzuzeigen. Ein weiteres Ziel der Handbuchreihe besteht darin, Energiefachleuten neben technischen Zusammenhängen auch betriebswirtschaftliche Grundlagen wie Investitionsrechnungen oder Organisationstechniken im Hinblick auf Maßnahmen zur effizienten Energienutzung nahezubringen. Methoden des Energiemanagements sollen dann Möglichkeiten und Wege deutlich machen, wie technische Optionen der rationellen Energienutzung nicht nur aufgezeigt und wirtschaftlich beurteilt werden, sondern die hierzu erforderlichen Maßnahmen auch konkret umgesetzt werden können.

Die Handbuchreihe ist daher für Energiefachleute konzipiert, seien es Ingenieure, Architekten, Planer oder Wirtschaftswissenschaftler, die mit der rationellen Energieversorgung und -verwendung befaßt sind oder eine derartige Tätigkeit anstreben.

Die Handbuchreihe umfaßt sechs Einzelbände, die jeweils aus einer problemorientierten Sicht Beiträge zur rationellen Energieverwendung enthalten. Die Herausgeber konnten auf den Sachverstand von weiteren Fachgebietsvertretern der Technischen Universität Berlin zurückgreifen. Diese haben Zielvorstellungen und Konzeptionen der jeweiligen Bände in den Einleitungen zusammengefaßt. Der Band I „Energiemanagement" zeigt die grundsätzliche Vorgehensweise bei der Durchführung von energiesparenden Maßnahmen und Energieprogrammen, Beispiele durchgeführter Projekte aus verschiedenen Verbrauchssektoren sowie Rahmenbedingungen für das Energiemanagement. Der Band II stellt grundsätzliche Zusammenhänge der Energiewirtschaft dar und erläutert Ziele, Methoden und Beispiele von Wirtschaftlichkeitsberechnungen. Im Band III wird dargestellt, wie die Thermodynamik der Energiewandlung, die Wärmeübertragung und die Strömungslehre bei der Planung technischer Maßnahmen Berücksichtigung finden. Komponenten, die für eine effiziente Heiz- und Lufttechnik erforderlich sind, sowie Einsatzmöglichkeiten von Wärmepumpen und Vorschläge für die Abwärmenutzung finden sich im Band IV. Elektrische Energietechnik mit den Bereichen Verteilung und Verbrauch elektrischer Energie, mit Energieeinsparungsmöglichkeiten bei speziellen Energiewandlern und mit den Einsatzmöglichkeiten der Meß- und Regelungstechnik werden im Band V dargestellt. Im Band VI erfolgt eine Darstellung der rationellen Energieverwendung im Hochbau, wobei bauphysikalische Grundlagen, Vorschläge zum klimagerechten Planen und Bauen sowie Maßnahmen am Gebäudebestand analysiert werden.

Beim Verfassen der Handbuchreihe konnten die Autoren auf Erfahrungen im Rahmen des Weiterbildungsprogrammes Energieberatung / Energiemanagement zurückgreifen, das an der Technischen Universität Berlin seit dem Jahr 1983 durchgeführt wird und insbesondere für Energiefachleute aus der Praxis entwickelt worden ist. Die hohe Zahl der bisherigen Teilnehmer aus der betrieblichen Praxis in Energieversorgungsunternehmen, öffentlichen Einrichtungen, Industriebetrieben und Ingenieurbüros hat gezeigt, daß der eingeschlagene Weg einer systemorientierten und mehrere Fachdisziplinen zusammenfassenden Darstellung von Ansätzen zur sparsamen und rationellen Energieverwendung auf große Resonanz gestoßen ist.

Die Autoren haben dabei von den Teilnehmern des Weiterbildungsprogrammes viele Anregungen und Hinweise erhalten. Den Teilnehmern sei an dieser Stelle gedankt. Bei den Autoren bedanken wir uns für die konstruktive Zusammenarbeit. Umfangreiche Veröffentlichungen wie diese können nur durch die Mithilfe von anderen entstehen. Es ist kaum möglich, alle namentlich zu benennen. Stellvertretend für alle anderen Mitwirkenden möchten wir uns bei Frau Dagmar Eder und Frau Ann-Kristin Wienke bedanken, die mit großer Sorgfalt und viel Geduld von Anfang an Herausgeber und Autoren unterstützt haben.

Dietmar Winje und Rolf Hanitsch

Inhaltsübersicht

Einleitung

Architektur und Energie befinden sich noch immer auf Kollisionskurs. Aus energetischer Sicht sind unsere Gebäude verfehlt geplant und gebaut. Im Eifer der Technologiefreudigkeit haben wir das Wissen und den Maßstab für vernünftige und sinnvolle Baumethoden verloren.

Zur Beheizung und Kühlung unserer Gebäude wird z. Z. noch fast die Hälfte der in der Bundesrepublik erzeugten Energie verbraucht. An dieser Stelle können in der Zukunft beachtliche Einsparungen vorgenommen werden, ohne Verluste an Wohnkomfort und Lebensqualität zu beklagen.

Zu den energiesparenden Maßnahmen, die speziell im Gebäudebestand ergriffen werden können, gehören insbesondere bautechnische, heizungs- und regelungstechnische Maßnahmen. Durch bautechnische Maßnahmen lassen sich in Wohngebäuden etwa 50% und in Nicht-Wohnbauten etwa 30% einsparen. Die technisch realisierbare Energieeinsparung durch heizungstechnische Maßnahmen beträgt je nach Heizungs- bzw. Lüftungs- und Klimasystem zwischen 5% und 30%. Faßt man die bautechnischen und heizungstechnischen Maßnahmen zusammen, so läßt sich abschätzen, daß in den bestehenden Wohnbauten zwischen 55 und 60% und in den bestehenden Nicht-Wohnbauten zwischen 40 und 45% des Endenergieverbrauches eingespart werden können.

Der nächste Schritt zur Reduzierung des Energiebedarfes verlangt weitaus größere Anstrengungen und wird nicht so leicht zu vollziehen sein. Der Begriff der Energie muß eine Planungsdimension werden und zum Arbeitsrepertoire aller am Bau beteiligten Fachleute werden. Es werden aber auch die Nutzer gefordert sein, denn Energie rationell, d. h. ohne Verschwendung zu verbrauchen, das bedeutet ein entsprechendes Verhalten im Umgang mit dem Gebäude. Um Bauten zu entwickeln und zu errichten, die ein Minimum an Energie benötigen, die ihr internes Energieaufkommen optimal auswerten und die unerschöpfliche Quelle der Sonnenenergie nutzen, bedarf es enormer Anstrengungen aller Beteiligten. Planerische Kreativität, Mut zu unkonventionellen Schritten und Bereitschaft zum Experiment sind Bausteine zum Erfolg.

Die Gebäude der Zukunft werden sich durch einen niedrigen Energiebedarf auszeichnen. Sie werden sich in ihrer Architektur, ihrer inneren Organisation und Funktion nach veränderten Konzepten entwickeln: sie werden wachsen und schrumpfen, sie werden atmen, sich öffnen und schließen, auf Tag und Nacht und auf die Jahreszeiten reagieren. Kurz und gut, sie werden dem Bewohner ein gesundes und natürliches Umfeld bieten.

Der vorliegende Band VI „Rationelle Energieverwendung im Hochbau" gibt dem Fachmann wie dem interessierten Laien in mehreren Kapiteln bauphysikalische Grundlagen, Betrachtungen zum energie- und klimagerechten Planen und Bauen sowie praktische Handhabungen zu Maßnahmen an bestehenden Gebäuden an die Hand. Ich wünsche jedem Benutzer dieses Bandes, daß die Anregungen, Richtlinien und Empfehlungen sich mit seinem Wissen verbinden, durch sein Engagement erweitern und sich entfalten zum Wohl der Gesellschaft und einer besseren Umwelt.

Hasso Schreck

Bauphysikalische Grundlagen

Bodo Weidlich

1. Bauphysikalische Grundlagen

Die Bauphysik umfaßt alle physikalischen Fragestellungen innerhalb der Bautechnik. Dazu zählen insbesondere folgende Bereiche:

- Schallschutz, Raumakustik
- Erschütterungsschutz
- Klimatologische Einflüsse
- Feuchteschutz
- Brandschutz
- Wärmeschutz

Über die einzuhaltenden bauphysikalischen Regeln gibt es zahlreiche Regelwerke und eine Vielzahl von DIN-Normen, dennoch ist in der Baupraxis häufig zu beobachten, daß bauphysikalische Gesetzmäßigkeiten nicht voll erkannt werden. Die Folge sind Funktionsmängel und Bauschäden, deren Instandsetzung Unsummen Geldes verschlingen.

Im Bemühen um Energieeinsparung spielt der Wärmeschutz von Gebäuden eine bedeutende Rolle. Wärmeschutz hat neben der Aufgabe, den Wärmeaustausch mit der Außenluft zu verringern, die Aufgabe, Bauten vor Schäden durch wechselnde Temperatureinwirkungen von außen zu schützen.

Wärmeschutz darf dabei nicht isoliert betrachtet werden - Wärmeschutz und Feuchteschutz gehören zusammen. Feuchteschäden an Bauteilen sind häufig eine Folge mangelnden Wärmeschutzes. Andererseits wird die Wärmedämmfähigkeit von Baustoffen in hohen Maße durch ihren Feuchtegehalt beeinflußt - Feuchteschutz dient also auch dem Wärmeschutz.

Fehlender, unzureichender oder falsch ausgeführter Wärmeschutz kann - besonders im Zusammenwirken mit Feuchtigkeit - zu starken sichtbaren Bauschäden und auch zu indirekten Schäden führen.

Weil für die Planung und Ausführung fast aller baulichen Maßnahmen zur Energieeinsparung - an Neubauten wie im Gebäudebestand - die Kenntnis der bauphysikalischen Grundlagen erforderlich ist, wurde dieses Kapitel den nachfolgenden Kapiteln "Klimagerechtes Planen und Bauen" und "Energieeinsparung im Gebäudebestand" vorangestellt.

1.1 Definition des Begriffes Klima

Die aus bauphysikalischer Sicht notwendige Dimensionierung von Außenbauteilen wird im wesentlichen durch die Einflußfaktoren

- des Außenklimas
- des Innenklimas
- der Raumnutzung

bestimmt. Das Außenklima ist vom jeweiligen geographischen Standort abhängig und seine Klimafaktoren sind unbeeinflußbar. Sie sind physikalisch meßbare Größen, wie Lufttemperatur, Luftfeuchte, Luftbewegung, Luftdruck, Sonnenstrahlung, Niederschläge usw.

Das Innenklima eines Gebäudes wird von der angestrebten Nutzung und den daraus resultierenden Anforderungen an das Klima bestimmt; die gewünschten Klimafaktoren, wie z.B. eine bestimmte Raumlufttemperatur, eine bestimmte Raumluftfeuchtigkeit und eine bestimmte maximale Luftbewegung, sollen durch den Einsatz haustechnischer Anlagen sichergestellt werden.

Die beabsichtigte Raumnutzung eines Gebäudes stellt physiologische oder produktionsbedingte Anforderungen an die Temperatur der Raumumschließungsfläche.

Die Unterschiede des Außen- und Innenklimas bewirken in Außenbauteilen physikalische Prozesse in Form von Energietransporten (Wärmedurchgang) oder Stofftransporten (Wasserdampfdiffusion oder Luftdurchströmung). Ein Außenbauteil muß also so bemessen werden, daß alle im Zusammenhang mit den Energie- und Stofftransporten stehenden physikalischen Prozesse schadlos ertragen werden können und die nutzungsbedingten Anforderungen an die Temperaturen der Raumumschließungsflächen erfüllt werden.

Die atmosphärische Luft ist ein Gemisch von Wasserdampf und trockener Luft. Aus bauphysikalischer Sicht ist es ausreichend, den Luftzustand durch zwei Bestimmungsgrößen zu beschreiben:

- die Temperatur t
- die relative Luftfeuchte φ

Für eine bauphysikalische Klimakennzeichnung ist also das Wertepaar der Raumlufttemperatur und relativen Luftfeuchte ausreichend. Auf der Grundlage dieser
beiden Angaben lassen sich alle für die bauphysikalischen Berechnungen notwendigen Größen des Wasserdampfes wie Partialdruck, Sättigungsdruck und Taupunkt-
temperatur ermitteln.

Die klimatische Belastung eines Außenbauteils und ihre Folgen lassen sich aus
den oben genannten Bestimmungsgrößen ableiten. Herrscht an der Außenseite eines
Bauteils das Außenklima

$$R_a = R_a (t_a, \varphi_a)$$

und an der Innenseite das Raumklima

$$R_i = R_i (t_i, \varphi_i)$$

so tritt infolge der klimatischen Unterschiede gleichzeitig eine Temperaturdifferenz

$$\Delta t = t_i - t_a$$

und eine Dampfdruckdifferenz

$$\Delta p = p_i - p_a$$

auf. Infolge der Temperaturdifferenz wird Wärme und infolge der Partialdruckdifferenz des Wasserdampfes wird Wasserdampf durch das Bauteil transportiert. Tem-
peratur- und Partialdruckdifferenz stellen also die klimatische Belastung eines
Bauteils dar; bei Bauteilbeurteilungen sind beide Vorgänge grundsätzlich gemeinsam zu betrachten.

1.2   Bauphysikalische Kennzeichnung von Bauteilen

Nachfolgend werden die wichtigsten in der Bauphysik verwendeten Bezeichnungen
und Kenngrößen erläutert.

Als Bauteile werden stets Elemente des Gebäudes wie zum Beispiel Wände, Fenster,
Türen, Dächer etc. bezeichnet. Bauteile bestehen in der Regel aus mehreren Baustoffen, die bei flächigen Bauteilen, insbesondere bei Wänden, Decken und Böden
in Schichten angeordnet sind. Als Bezugskriterium der Schichtenanordnung wird
die Richtung des Wärmestroms durch ein Bauteil gewählt, von dem stets angenommen

wird, daß er senkrecht zur Bauteilfläche verläuft. Demnach ergeben sich grundsätzlich zwei Möglichkeiten:

- Anordnung von Schichten, die im Wärmestrom hintereinander liegen /Abb. 1 - 1A/
- Anordnung von Schichten, die im Wärmestrom nebeneinander liegen /Abb. 1 - 1B/

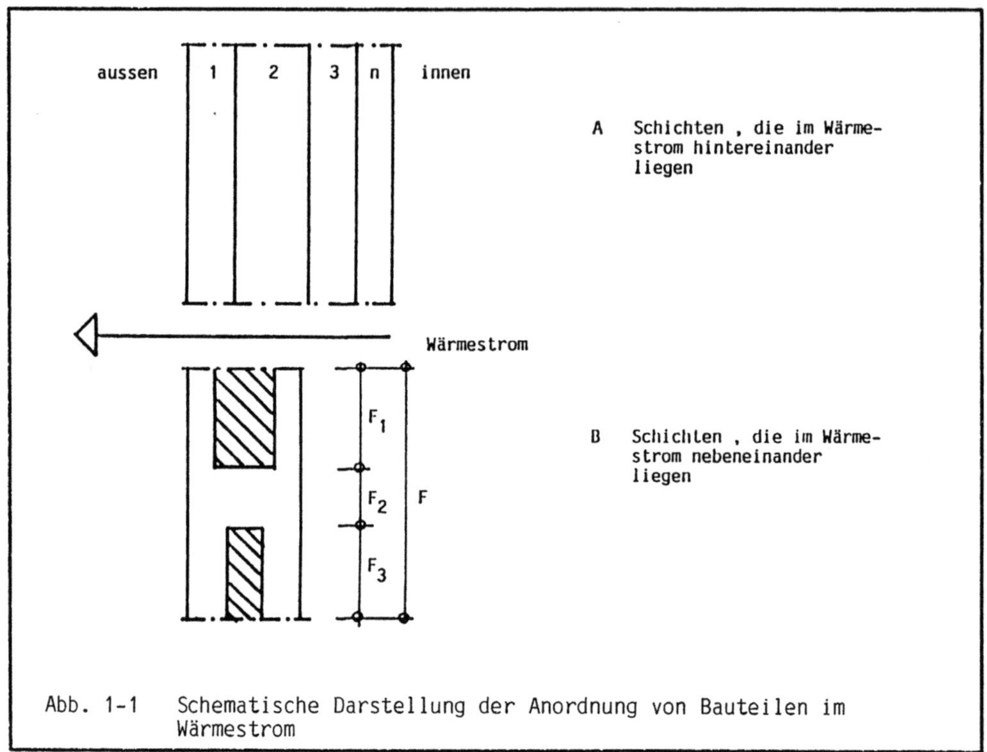

Abb. 1-1   Schematische Darstellung der Anordnung von Bauteilen im Wärmestrom

Bei notwendigen Abweichungen von dieser Festlegung wird an den betreffenden Stellen besonders darauf hingewiesen.

Erfahrungsgemäß ist eine einheitliche Festlegung von Formelzeichen schwierig; dies besonders, wenn verschiedene Fachdisziplinen an einer Arbeit beteiligt sind. Selbst in DIN-Normen, die eine inhaltliche Verwandtschaft haben, finden sich für gleiche oder ähnliche Begriffe unterschiedliche Symbole.

In diesem Kapitel werden deshalb allgemein Kenngrößen definiert, ergänzende Definitionen werden darüber hinaus in einzelnen Kapiteln mit zusätzlichen Erläuterungen gegeben.

Geometrische Kenngrößen

Als einheitliche Darstellungssystematik von Bauteilen wird die Anordnung von Außen- und Innenräumen sowie Bauteilschichten gemäß /Abb. 1 - 1/ vereinbart. Danach befindet sich links stets der Außenraum gefolgt von den Schichten 1.....n und rechts der Innenraum.

Die Dicke von Bauteilschichten wird mit s bezeichnet und in Metern (m) angegeben.

Physikalische Kenngrößen

Die am häufigsten gebrauchten Kenngrößen, die auch für die Baustofftabellen verwendet werden, sind:

- Rohdichte ρ (kg/m^3)
- Wärmeleitfähigkeit λ (W/mK)
- spezifische Wärmekapazität   c (J/(kgK))
- Wasserdampfdiffusionswiderstand μ (-)

Wärmeschutztechnische Kenngrößen

Für die wärmeschutztechnische Beurteilung von Bauteilen werden vorwiegend folgende Größen benutzt:

- Wärmedurchlaßwiderstand einer Stoffschicht s/λ (m^{2}K/W)
- Wärmedurchlaßwiderstand eines geschichteten Bauteils $1/\Lambda = \sum_{j=1}^{n} s_j/\lambda_j$ (m^{2}K/W)
- Wärmedurchgangskoeffizient   k (W/m^{2}K)

Diffusionstechnische Größen

Für die Beurteilung des Feuchteverhaltens von Bauteilen werden im wesentlichen nur die Wasserdampfdiffusionswiderstandszahl μ (-) und die daraus abgeleitete diffusionsäquivalente Luftschichtdicke (Rechenwert) $s_d = \mu \cdot s$ (m) benötigt.

1.2.2 Tabellen mit bauphysikalischen Kennwerten

Die DIN 4108 "Wärmeschutz im Hochbau", August 1981, beinhaltet in ihrem Teil 4 die Kennwerte für wärmeschutztechnische und diffusionstechnische Berechnungen. Darunter sind die Rechenwerte für

- Rohdichte
- Wärmeleitfähigkeit
- Diffusionswiderstand

für die wichtigsten Baustoffe.

Als Arbeitshilfe für den Energieberater werden nachfolgend in der /Tab. 1 - 1/ für einzelne Bauteile bzw. Bauteilschichten die Kennwerte

- Rohdichte
- Schichtdicke
- Schichtgewicht
- Wärmedurchlaßwiderstand
- Diffusionswiderstand
- Wärmekapazität

angegeben. Mit diesen ist eine schnelle bauphysikalische Beurteilung nicht nur von Baustoffen, sondern bereits von Bauteilen insgesamt leicht möglich.

Tragschicht, Wand, Schwere Bauweise							
Nr.	Benennung	ρ	s	G	$1/\Lambda$	r	C
1	2	3	4	5	6	7	8
1	**Ziegelmauerwerk**						
1.1.1	Lochziegel, Hlz	1000	36,5	365	0,785	1,8	334
1.2.1	Lochziegel, Hlz	1200	36,5	438	0,697	1,8	401
1.3.1	Lochziegel, Hlz	1400	24,0	336	0,397	1,7	309
1.3.2	Lochziegel, Hlz	1400	36,5	511	0,604	·2,6	468
1.4.1	Vollziegel, Mz, VMz	1800	24,0	432	0,304	2,9	397
1.4.2	Vollziegel, Mz, VMz	1800	36,5	657	0,462	4,4	606
2	**Vormauerziegel, Klinkermauerwerk**						
2.1.1	Hochbauklinker, KMz 350	1900	11,5	219	0,110	13,8	192
2.2.1	Hochbauklinker, KHlz 350	1700	11,5	196	0,145	8,05	171
3	**Kalksandsteinmauerwerk**						
3.1.1	Kalksand-Hohlblock, KSHbl	1200	30,0	360	0,538	1,2	322
3.2.1	Kalksand-Lochsteine, KSl	1400	24,0	336	0,344	1,7	297
3.2.2	Kalksand-Lochsteine, KSl	1400	30,0	420	0,430	2,1	368
3.2.3	Kalksand-Lochsteine, KSl	1400	36,5	511	0,523	2,6	447
3.3.1	Kalksand-Lochsteine, KSl	1600	24,0	384	0,304	2,4	339
3.3.2	Kalksand-Lochsteine, KSl	1600	30,0	480	0,379	3,0	422
3.4.1	Kalksand-Vollsteine, KSV	1600	24,0	384	0,304	3,1	339
3.4.2	Kalksand-Vollsteine, KSV	1600	36,5	480	0,379	4,7.	447
3.5.1	Kalksand-Vollsteine, KSV	1800	24,0	432	0,243	3,8	380
3.5.2	Kalksand-Vollsteine, KSV	1800	36,5	657	0,369	5,8	577
3.6.1	Kalksand-Vollsteine, KSV	2000	24,0	480	0,218	4,8	447
3.6.2	Kalksand-Vollsteine, KSV	2000	36,5	730	0,330	7,3	640
4	**Leichtbeton-Hohlblock-steinmauerwerk**						
4.1.1	Zweikammersteine	1200	30,0	360	0,61	0,9	376
4.2.1	Zweikammersteine	1400	24,0	336	0,25	1,0	351
4.2.2	Zweikammersteine	1400	30,0	420	0,31	1,2	439
4.3.1	Dreikammersteine	1400	24,0	336	0,29	1,2	351
4.3.2	Dreikammersteine	1400	30,0	420	0,36	1,5	439
4.4.1	Dreikammersteine	1600	24,0	384	0,25	1,4	401
4.4.2	Dreikammersteine	1600	30,0	480	0,31	1,8	502
5	**Stahlbeton B 160**						
5.1.1	Stahlbeton B 160	2400	20,0	480	0,10	12,0	460
5.1.2	Stahlbeton B 160	2400	25,0	600	0,07	15,0	577
5.1.3	Stahlbeton B 160	2400	30,0	720	0,15	18,0	694
6	**Leichtbeton, Schüttbeton**						
6.1.1	Leichtbeton, Schüttbeton	1200	25,0	300	0,31	1,5	288
6.1.2	Leichtbeton, Schüttbeton	1200	30,0	360	0,38	1,8	330
7	**Ziegelsplittbeton**						
7.1.1	Ziegelsplittbeton	1600	25,0	400	0,19	2,0	368
7.2.1	Ziegelsplittbeton	1800	24,0	432	0,15	1,9	397
7.2.2	Ziegelsplittbeton	1800	25,0	450	0,16	2,0	414
7.3.1	Ziegelsplittbeton	2000	20,0	400	0,11	3,6	368

3 Rohdichte in kg/m³
4 Schichtdicke in cm
5 Schichtgewicht in kg/m²
6 Wärmedurchlaßwiderstand in m² K/W
7 Diffusionswiderstand in m
8 Wärmekapazität in kJ/m² K

Tab. 1-1 a   Physikalische Kennwerte von Bauteilschichten

Tragschicht, Wand, Leichte Bauweise (< 300 kg/m²)							
Nr.	Benennung	ρ	s	G	1/Λ	r	C
1	2	3	4	5	6	7	8
1	Ziegelmauerwerk						
1.1.1	Lochziegel	1000	24,0	240	0,516	1,2	222
1.2.1	Lochziegel	1200	24,0	288	0,458	1,2	263
2	Kalksandsteine						
2.1.1	Kalksandlochsteine	1000	24,0	240	0,479	1,2	209
2.2.1	Kalksandlochsteine	1200	24,0	288	0,430	1,2	251
3	Leichtbeton-Hohlblocksteine						
3.1.1	Zweikammersteine	1000	24,0	240	0,543	1,0	251
3.2.1	Zweikammersteine	1200	24,0	288	0,491	1,0	301
4	Gas-, Schaum-, Leicht-kalkbetonsteinmauerwerk						
4.1.1	Gas-, Schaum-, Leichtkalk-betonsteinmauerwerk	600	24,0	144	0,688	1,1	150
4.1.2	Gas-, Schaum-, Leichtkalk-betonsteinmauerwerk	600	30,0	180	0,860	1,3	188
4.2.1	Gas-, Schaum-, Leichtkalk-betonsteinmauerwerk	800	24,0	192	0,589	1,6	201
4.2.2	Gas-, Schaum-, Leichtkalk-betonsteinmauerwerk	800	30,0	240	0,737	2,0	251
4.3.1	Gasbetonsteine GS 25	470	24,0	113	0,625	0,7	117
4.3.2	Gasbetonsteine GS 25	470	30,0	141	0,781	0,9	146
4.4.1	Gasbetonsteine GS 50	640	24,0	154	0,543	1,0	163
4.4.2	Gasbetonsteine GS 50	640	30,0	192	0,678	1,2	201
4.5.1	Gasbetonsteine GS 75	780	24,0	187	0,503	1,4	196
4.5.2	Gasbetonsteine GS 75	780	30,0	234	0,629	1,8	247
5	Leichtbetonplatten, Schüttbeton						
5.1.1	Leichtbetonplatten, Schüttbeton	800	25,0	200	0,860	0,8	192
5.1.2	Leichtbetonplatten, Schüttbeton	800	31,25	250	1,075	0,9	242
5.2.1	Leichtbetonplatten, Schüttbeton	1000	25,0	250	0,716	1,0	242
6	Gas-, Schaum-, Leichtkalk-betonplatten						
6.1.1	Gas-, Schaum-, Leichtkalk-betonplatten	800	18,75	150	0,645	1,3	159
6.1.2	Gas-, Schaum-, Leichtkalk-betonplatten	800	25,0	200	0,860	1,8	209
6.2.1	Gas-, Schaum-, Leichtkalk-betonplatten	1000	18,75	188	0,537	1,7	196
6.2.2	Gas-, Schaum-, Leichtkalk-betonplatten	1000	25,00	250	0,716	2,3	263
7	Glas						
7.1.1	Flachglas	2500	0,3	8	0,003	30	6
7.1.2	Flachglas	2500	0,4	10	0,005	40	8
7.1.3	Flachglas	2500	0,5	13	0,006	50	10
7.2.1	Glasbausteine	1100	8,0	88	0,181	230	75

3 Rohdichte in kg/m³
4 Schichtdicke in cm
5 Schichtgewicht in kg/m²
6 Wärmedurchlaßwiderstand in m² K/W
7 Diffusionswiderstand in m
8 Wärmekapazität in kJ/m² K

Tab. 1-1 b   Physikalische Kennwerte von Bauteilschichten

Tragschicht, Decke, einschalig massiv							
Nr.	Benennung	ρ	s	G	$1/\Lambda$	r	C
1	2	3	4	5	6	7	8
1	**Stahlbetonplatte**						
1.1.1	Kiesbeton	2400	12,5	300	0,061	7,5	276
1.1.2	Kiesbeton	2400	15,0	360	0,068	9,0	330
1.1.3	Kiesbeton	2400	20,0	480	0,098	12,0	443
1.1.4	Kiesbeton	2400	25,0	600	0,123	15,0	552
1.2.1	Ziegelsplittbeton	2000	12,5	250	0,119	2,3	230
1.2.2	Ziegelsplittbeton	2000	15,0	300	0,143	2,7	276
1.2.3	Ziegelsplittbeton	2000	20,0	400	0,191	3,6	368
1.2.4	Ziegelsplittbeton	2000	25,0	500	0,247	4,5	460
2	**Stahlbeton-Rippendecke mit Hohlkörpern**						
2.1.1	Ziegelhohlkörper 5 cm Aufbeton		18,0	250	0,198	1)	242
2.1.2	Ziegelhohlkörper 5 cm Aufbeton		22,0	320	0,215		309
2.1.3	Ziegelhohlkörper 5 cm Aufbeton		26,0	380	0,292		364
2.1.4	Ziegelhohlkörper 5 cm Aufbeton		30,0	420	0,309		405
2.2.1	Leichtbetonhohlkörper 5 cm Aufbeton					1)	
2.2.2	Leichtbetonhohlkörper 5 cm Aufbeton		16,0	257	0,206		247
2.2.3	Leichtbetonhohlkörper 5 cm Aufbeton		20,0	272	0,249		263
2.2.4	Leichtbetonhohlkörper 5 cm Aufbeton		30,0	304	0,318		293

Tragschicht, Decke, zweischalig, massiv							
1	**Stahlbeton-Rippendecke mit Unterdecke**						
1.1.1	Rippenabstand 62,5 cm		25,0	213	0,188		205
1.1.2	Rippenabstand 62,5 cm		30,0	233	0,219		226
1.1.3	Rippenabstand 62,5 cm		35,0	252	0,200	5	242
1.1.4	Rippenabstand 62,5 cm		40,0	272	0,204		263
1.1.5	Rippenabstand 62,5 cm		45,0	291	0,204		280
2	**Stahlbeton — Rippendecke ohne Unterdecke**						
2.1.1	Rippenabstand 120 cm, Plattendicke 6 cm Montagebauweise		36,0		0,086	1)	
2.1.2			46,0		bis		
2.1.3			56,0		0,129		
2.2.1	Rippenabstand 120 cm, Plattendicke 10 cm, Montagebauweise		40,0		0,107	1)	
2.2.2			50,0		bis		
2.2.3			60,0		0,172		
3	**Stahlbeton — Fertigbalkendecke**						
3.1.1	mit Füllkörpern aus Leichtbeton, 5 cm Aufbeton		25,0	220	0,215	1)	213
3.1.2			29,0	270	0,215		259
4	**Stahlblech — Verbunddecke**						
4.1.1	Kiesbeton — Ortbeton auf Stahl — Profilblech		15,0	350	0,064	1)	309

3 Rohdichte in kg/m³
4 Schichtdicke in cm
5 Schichtgewicht in kg/m²
6 Wärmedurchlaßwiderstand in m² K/W
7 Diffusionswiderstand in m
8 Wärmekapazität in kJ/m² K

1) Werte können nicht allgemein angegeben werden, sie müssen nach Kenntnis der Querschnitte von Fall zu Fall berechnet werden.

Tab. 1-1 c   Physikalische Kennwerte von Bauteilschichten

Tragschicht, Decke, Leichtbauweise

Nr.	Benennung	ρ	s	G	$1/\Lambda$	r	C
1	2	3	4	5	6	7	8
1	**Stahlblech – Profilblech**						
1.1.1	Stahl – Trapezblech 1,00 mm	7850	3,5[1])	[5])	0,000	[2])	[5])
1.1.2	Stahl – Trapezblech 1,00 mm	7850	4,0		0,000		∞
1.1.3	Stahl – Trapezblech 1,00 mm	7850	6,6		0,000		
1.1.4	Stahl – Trapezblech 1,00 mm	7850	7,0		0,000		
1.1.5	Stahl – Trapezblech 1,00 mm	7850	9,5		0,000		
2	**Holzbalken, Pfetten, Sparren**						
2.1.1	Schalung gespundete Hobeldielen nur auf der Oberseite		2,2	[5])	0,157[3])	1,6	[5])
2.1.2	Schalung Holzspanplatten nur auf der Oberseite		2,2		0,157[3])	1,6	
3	**Holz-Leichtelement, als mehrzelliger Hohlkasten**						
3.1.1	Holzbalken, beidseitig Spanplattenbeplankung		22,6	26	0,375[4])	2,2	71

[1]) Profilhöhe
[2]) baupraktischer Wert
[3]) ohne tragende Balken
[4]) ohne Dämmschicht
[5]) Werte können nicht allgemein angegeben werden, sie müssen nach Kenntnis der Querschnitte von Fall zu Fall berechnet werden.

Dämmschichten

Nr.	Benennung	ρ	s	G	$1/\Lambda$	r	C
1	**Mineralische Faserdämmstoffe nach DIN 18 165[1])**						
1.1.1	Wärmedämm-Filze ca. 14 kg/m³		1,0	[2])	0,286	0,012	[2])
1.1.2	Wärmedämm-Platten ca. 20 kg/m³		1,5		0,429	0,018	
1.1.3	Fassaden-Dämmplatten ca. 55 kg/m³	30	2,0		0,571	0,024	
1.1.4	Trittschall-Dämmplatten ca. 70 kg/m³	bis	2,5		0,714	0,030	
1.1.5	Dach-Dämmplatten ca. 110 kg/m³	200	3,0		0,857	0,036	
1.1.6			4,0		1,143	0,048	
1.1.7			5,0		1,429	0,060	
1.1.8			6,0		1,714	0,072	
1.1.9			8,0		2,286	0,096	
2	**Blähton-Schüttung**						
2.1.1	Körnung 0–3 mm	700	5,0	35	0,556	0,1	7
2.1.2			10,0	70	1,111	0,2	14
2.2.1	Körnung 3–7 mm	500	5,0	25	0,556	0,1	5
3	**Sandschüttung**						
3.1.1	trocken im Bauteil	1300	5,0	65	0,083	0,1	13
4	**Schlackenschüttung**						
4.1.1	Steinkohlenschlacke	700	5,0	35	0,313	0,1	1,5
5	**Bimsschüttung**						
5.1.1	Hüttenbims	500	5,0	25	0,333 ·	0,15	5,5
6	**Expandierter Stein**						
6.1.1	lose Schüttung	80	5,0	4	1,250	0,18	0,8
6.1.2			6,0	5	1,500	0,21	1,1
6.2.1	bitumengebunden	280	5,0	14	0,877	0,25	4,2

Legende der Spalten:

3 Rohdichte in kg/m³
4 Schichtdicke in cm
5 Schichtgewicht in kg/m²
6 Wärmedurchlaßwiderstand in m²K/W
7 Diffusionswiderstand in m
8 Wärmekapazität in kJ/m²K

[1]) nach DIN·18165/Neufassung Gruppe 040 mit λ = 0,035 Kral/mh°C
[2]) abhängig von Rohdichte

Tab. 1-1 d   Physikalische Kennwerte von Bauteilschichten

Dämmschichten							
Nr.	Benennung	ρ	s	G	$1/\Lambda$	r	C
1	2	3	4	5	6	7	8
1	Mineralische Faserdämmstoffe nach DIN 18 165[1])						
1.1.1	Wärmedämm-Filze ca. 14 kg/m³		1,0	[2])	0,246	0,012	[2])
1.1.2	Wärmedämmplatten ca. 20 kg/m³		1,5		0,369	0,018	
1.1.3	Fassaden-Dämmplatten ca. 55 kg/m³	30	2,0		0,491	0,024	
1.1.4	Trittschall-Dämmplatten ca. 70 kg/m³	bis	2,5		0,614	0,030	
1.1.5	Dach-Dämmplatten ca. 110 kg/m³	200	3,0		0,737	0,036	
1.1.6			4,0		0,983	0,048	
1.1.7			5,0		1,229	0,060	
1.1.8			6,0		1,474	0,072	
1.1.9			8,0		2,459	0,096	
2	Blähton-Schüttung						
2.1.1	Körnung 0–3 mm	700	5,0	35	0,478	0,1	29
2.1.2			10,0	70	0,955	0,2	59
2.2.1	Körnung 3–7 mm	500	5,0	26	0,478	0,1	21
3	Sandschüttung						
3.1.1	trocken im Bauteil	1300	5,0	65	0,071	0,1	54
4	Schlackenschüttung						
4.1.1	Steinkohleschlacke	700	5,0	35	0,269	0,1	54
5	Bimsschüttung						
5.1.1	Hüttenbims	500	5,0	25	0,286	0,15	23
6	Expandierter Stein						
6.1.1	lose Schüttung	80	5,0	4	1,075	0,18	3
6.1.2			6,0	5	1,290	0,21	5
6.2.1	bitumengebunden	280	5,0	14	0,754	0,25	18
6.3.1	Platten	170	5,0	9	0,955	0,25	8
7	Schaumglas-Platten						
7.1.1	Schaumglas-Platten	145	4,0	6	0,716	400	5
7.1.2	Schaumglas-Platten		5,0	7	0,896	500	6
7.1.3	Schaumglas-Platten		13,0	19	2,329	1300	11
8	Holzwolle-Leichtbauplatten						
8.1.1	Holzwolle-Leichtbauplatten	550	1,5	8	0,107	0,17	13
8.2.1	Holzwolle-Leichtbauplatten	450	2,5	11	0,269	0,19	18
8.3.1	Holzwolle-Leichtbauplatten	420	3,5	15	0,377	0,21	23
8.4.1	Holzwolle-Leichtbauplatten	400	5,0	20	0,991	0,25	32
8.5.1	Holzwolle-Leichtbauplatten	370	10,0	37	1,229	0,50	59
9	Holzfaserplatten, weich						
9.1.1	Holzfaserplatten, weich	300	1,0	3	0,172	0,1	1,7
10	Korkplatten						
10.1.1	expandiert, imprägniert	120	5,0	6	1,229	0,5	9
10.1.2	expandiert, imprägniert	160	5,0	8	1,132	0,5	12

[1]) nach DIN 18 165/Neufassung Gruppe 040 mit λ = 0,035 Kral/mh°C
[2]) abhängig von Rohdichte

3 Rohdichte in kg/m³
4 Schichtdicke in cm
5 Schichtgewicht in kg/m²
6 Wärmedurchlaßwiderstand in m² K/W
7 Diffusionswiderstand in m
8 Wärmekapazität in kJ/m² K

Tab. 1-1 e Physikalische Kennwerte von Bauteilschichten

17

Dämmschichten							
Nr.	Benennung	ρ	s	G	1/Λ	r	C
1	2	3	4	5	6	7	8
11.	**Kunststoffschäume**						
11.1	Polystyrol-Hartschaumplatten						
11.1.1	aus Blöcken geschnitten	20	2,0	0,4	0,491	0,70	
11.1.2		25	3,0	0,8	0,737	1,20	
11.1.3	in Einzelformen hergestellt	25	5,0	0,8	1,229	2,50	
11.1.4			8,0	1	1,967	4,00	
11.1.5	extrudiert, weiß	30	10,0	3	2,457	15,00	4
11.2	Polyurethan — Hartschäume						
11.2.1	aus Blöcken geschnitten	30	2,0	0,6	0,574	0,8	1
11.2.2			3,0	0,9	0,860	1,2	1
11.2.3			5,0	1,5	1,434	2,0	2
12	Luftschichten						
12.1.1	Senkrecht	1,3	0,5		0,116	0,01	
12.1.2	Senkrecht		1,0		0,154	0,01	
12.1.3	Senkrecht		2,0		0,174	0,02	
12.1.4	Senkrecht		4,0		0,181	0,04	
12.1.5	Senkrecht		6,0		0,181	0,06	
12.1.6	Senkrecht		8,0		0,179	0,08	
12.1.7	Senkrecht		10,0		0,177	0,10	
12.1.8	Senkrecht		15,0		0,174	0,15	
12.1.9	Senkrecht		20,0		0,172	0,20	
12.2.1	Waagrecht, Wärmestrom von unten nach oben	1,3	1,0		0,138	0,01	
12.2.2			2,0		0,146	0,02	
12.2.3			5,0		0,163	0,05	
12.3.1	Waagrecht, Wärmestrom von oben nach unten	1,3	1,0		0,164	0,01	
12.3.2			2,0		0,181	0,02	
12.3.3			5,0		0,206	0,05	

Putz und Verkleidung							
1	Putz						
1.1.1	Kalk-, Kalkzementputz	1900	1,5	29	0,017	0,38	30
1.1.2	Kalk-, Kalkzementputz		2,0	38	0,023	0,50	40
1.2.1	Zementputz	2100	1,5	32	0,011	0,45	33
1.2.2	Zementputz		2,0	42	0,015	0,60	44
1.3.1	mineralischer Edelputz		0,5		0,007	0,08	10
1.4.1	Anhydritputz	1800	1,5	27	0,018	0,15	25
1.5.1	Kalk-Gipsputz, Gipsputz	1500	1,5	23	0,021	0,14	21
1.6.1	Leichter Gipsputz	1000	1,5	15	0,033	0,06	14
1.7.1	Dämmputz	600	1,5	9	0,081	0,09	8
1.8.1	Kunststoff — Marmorputz	1800	0,3	5	0,004	0,06	5
2	Fliesen- und Plattenverkleidungen						
2.1.1	Spaltplatten 240/115 mm	2000	1,0	20	0,009	1,20	18
2.2.1	Keramisches Mosaik 50/50 mm	1900	0,5	9,5	0,005	0,70	8
2.3.1	Glasmosaik 20/20 mm	2300	0,5	11,5	0,007	0,75	10
2.4.1	Marmorplatten	2700	2,0	54	0,086	2,00	47
2.5.1	Betonwerksteinplatten	2400	4,0	96	0,027	2,80	92
3	Gipsplatten						
3.1.1	Gipskartonplatten	900	0,95	9	0,046	0,11	7
3.1.2	Gipskartonplatten	900	1,25	11	0,105	0,15	10
3.1.3	Gipskartonplatten	900	1,80	16	0,077	0,11	13

3 Rohdichte in kg/m³
4 Schichtdicke in cm
5 Schichtgewicht in kg/m²
6 Wärmedurchlaßwiderstand in m² K/W
7 Diffusionswiderstand in m
8 Wärmekapazität in kJ/m² K

Tab. 1-1 f   Physikalische Kennwerte von Bauteilschichten

Putz und Verkleidung							
Nr.	Benennung	ρ	s	G	$1/\Lambda$	r	C
1	2	3	4	5	6	7	8
4	Asbestzementplatten						
4.1.1	gepreßt, normal gehärtet	2100	0,8	17	0,019	0,04	16
4.2.1	gepreßt, dampfgehärtet	2100	0,8	17	0,019	1,52	16
5	Metallverkleidungen						
5.1.1	Stahlverkleidungen	7800	0,1	8	0,000	∞	4
5.2.1	Edelstahlverkleidungen	7900	0,08	6	0,000	∞	3
5.3.1	Aluminiumverkleidungen	2700	0,2	5	0,000	∞	5
6	Holzverkleidungen						
6.1.1	Fichten-, Kiefern- und Tannenbretter	520	1,2	6	0,086	0,84	
6.2.1	Sperrholzplatten	660	0,8	5	0,058	0,80	14
6.3.1	Spanplatten	620	1,2	7	0,094	0,72	19
7	Akustikdecken aus Mineralfaserplatten						
7.1.1	Ungelocht	200	1,3	3	0,319	0,05	2
7.1.2			1,6	3	0,393	0,06	3

Dachdeckungen							
1	Harte Deckungen						
	Harte Deckungen sind üblicherweise hinterlüftet und wirken wärmeschutztechnisch nicht mit.						
2	Weiche Deckungen und Abdichtungen						
2.1.1	Kiesschüttung	1900	5,0	95	0,036	0,1	79
2.2.1	Kieseinpressung	1800	1,0	18	0,012	0,02	17
2.3.1	Bitumenanstrich, kalt	1100	0,05	0,6	0,003	0,35	1
2.4.1	Bitumenklebemasse	1100	0,15	1,7	0,008	7,5	3
2.5.1	2 Lagen Bitumenbahnen	1100	1,0	11	0,054	140	17
2.6.1	2 Lagen Bitumenbahnen	1100	1,6	18	0,086	224	25
2.7.1	PVC-Dachbahn	1200	0,1	1	0,005	20	1
2.8.1	PIB-Dachbahn	1600	0,1	2	0,004	300	2
2.9.1	IIR-Dachbahn	1200	0,1	1	0,005	1000	1
2.10.1	ECB-Dachbahn	1000	0,2	1	0,011	160	2

3 Rohdichte in kg/m³
4 Schichtdicke in cm
5 Schichtgewicht in kg/m²

6 Wärmedurchlaßwiderstand in m²K/W
7 Diffusionswiderstand in m
8 Wärmekapazität in kJ/m²K

Tab. 1-1 g   Physikalische Kennwerte von Bauteilschichten

Fußböden							
Nr.	Benennung	ρ	s	G	1/Λ	r	C
1	2	3	4	5	6	7	8
1	Estriche						
1.1.1	Zementestriche	2200	5	110	0,036	1,5	109
1.1.2	Zementestriche		6	132	0,043	1,8	134
1.2.1	Gußasphalt	2000	3	60	0,043	6,0	63
1.3.1	Anhydritestrich	1600	5	80	0,061	1,0	67
2	Beläge						
2.1.1	PVC-Bahnen	1400	0,2	3	0,009	20	3
2.1.2	PVC-Filz	800	0,5	4	0,043	15	4
2.2.1	Kunstharz-Asbestplatten	900	0,3	3	0,020	2,4	3
2.3.1	Korkplatten	450	1,0	5	0,157	1,2	7
2.4.1	Hobeldielen, Kiefer	520	2,4	12	0,017	1,7	33
2.5.1	Eichenparkett	700	1,0	7	0,048	0,6	17
2.6.1	Zementmörtelbett	2100	3,0	63	0,022	0,9	67
2.7.1	Keramische Fliesen	1900	1,0	19	0,010	1,2	17
2.8.1	Spaltplatten	2000	1,5	30	0,015	1,8	25
2.9.1	Klinkerplatten	1900	2,0	38	0,019	2,0	33
2.10.1	Solnhofner Platten	2300	2,0	46	0,015	1,4	42
2.11.1	Marmorplatten	2700	2,0	54	0,009	2,0	46
2.12.1	Betonwerksteinplatten	2400	4,0	96	0,028	2,8	92
Dampfsperrschichten							
1	Aluminiumfolie (nackt oder bitumenkaschiert)						
1.1.1	Aluminiumfolie		0,0015			105	
1.1.2	Aluminiumfolie		0,01			300	
2	Kupferfolie (nackt oder bitumenkaschiert)						
2.1.1	Kupferfolie		0,01			600	
3	PE — Folie						
3.1.1	PE — Folie		0,02			10	

3 Rohdichte in kg/m³
4 Schichtdicke in cm
5 Schichtgewicht in kg/m²

6 Wärmedurchlaßwiderstand in m² K/W
7 Diffusionswiderstand in m
8 Wärmekapazität in kJ/m² K

Tab. 1-1 h   Physikalische Kennwerte von Bauteilschichten

1.3   Wärmedämmung von Bauteilen
1.3.1   Baulicher Wärmeschutz

Durch den Begriff Wärmedämmung wird in diesem Abschnitt speziell die Verringerung von Transmissionswärmeverlusten, d.h. des Wärmedurchgangs durch Außenbauteile abgedeckt.

Bei der Berechnung der Wärmedämmwirkung wird in der Regel von der Annahme stationärer Verhältnisse ausgegangen. Das heißt, es wird vorausgesetzt, daß das
Temperaturgefälle zwischen innen und außen konstant bleibt und ein eindimensio-
naler Wärmedurchgang durch die Bauteilfläche stattfindet. Nicht berücksichtigt
werden bei diesem Verfahren:

- wechselnde Tagestemperaturverläufe innen und außen
- Einwirkungen durch Sonnenstrahlung
- mehrdimensionale Wärmedurchgänge beispielsweise an Gebäudeecken
- Auswirkung der Wärmespeicherfähigkeit von Materialien

Wie die Baupraxis zeigt, genügt die vereinfachte stationäre Berechnung den Anforderungen bei einfachen (nur beheizten) Gebäuden.

Bei Bauvorhaben mit komplexeren Anforderungen, wie klimatisierten Bürogebäuden,
sollte in jedem Fall ein dynamisches Simulationsrechnungsverfahren eingesetzt
werden, das die Vielzahl der dann zu beachtenden Parameter berücksichtigen kann.

1.3.2   Berechnungsgrundlagen
1.3.2.1   Begriffsbestimmungen

Temperatur t, θ (theta), T($^{\circ}$C, K)

Wärmezustand eines Stoffes, der entweder nach der Kelvin-Skala oder der Cel-
sius-Skala gemessen wird. Temperaturen werden im Bauwesen in der Regel in Grad
Celsius, Temperaturdifferenzen in Kelvin angegeben. Für Oberflächentemperaturen
wird hier das Zeichen t verwendet, für Lufttemperaturen der Buchstabe T.

Wärmemenge Q (J, Ws, Wh)

In der Bauphysik, insbesondere im Zusammenhang mit wärmeschutztechnischen Angaben, wird vorzugsweise die Einheit Wattstunde (Wh) verwendet; dies, um entsprechend den Bezeichnungen für Wärmedurchgang (W/m^{2}K) und Wärmebelastung (W/m^2 oder
W/m^3) einheitlich die Größen Watt (W) für Leistung und Wattstunden (Wh) für
Arbeit zu gebrauchen.

Wärmestrom $\dot{Q}$, bzw. Φ (W) und Wärmestromdichte $\dot{q}$ bzw. φ (W/m^2)

Unter Wärmestrom wird die Wärmemenge verstanden, die in einer bestimmten Zeit übertragen wird.

$$\dot{Q} = \frac{Q}{h} \quad (\frac{Wh}{h} = W); \quad h = \text{Zeit in Stunden ausgedrückt}$$

Bezieht man diesen Wärmestrom auf eine bestimmte Fläche, so spricht man von der Wärmestromdichte $\dot{q}$.

$$\dot{q} = \frac{\dot{Q}}{F} \quad (\frac{W}{m^2}); \quad F = \text{Fläche in m}^2 \text{ ausgedrückt}$$

Wärmeleitfähigkeit, Wärmeleitzahl λ (lambda) (W/mK)

Die Wärmeübertragung durch Wärmeleitung ist abhängig von der Wärmeleitfähigkeit eines Stoffes. Die Wärmeleitfähigkeit ist ein Stoffcharakteristikum, das beeinflußt wird durch

- die Dichte des Stoffes (Porenvolumen)
- die Art, Größe und Verteilung der Poren
- die mineralogische Struktur der festen Grundstoffe und
- den Feuchtigkeitsgehalt

Sie wird als Stoffkonstante durch die Wärmeleitzahl λ ausgedrückt. Diese gibt die Wärmemenge an, die in einer Stunde durch die Fläche von einem Quadratmeter eines ein Meter dicken Stoffes senkrecht zu den Oberflächen hindurchfließen kann, wenn der Temperaturunterschied der beiden Begrenzungsflächen konstant 1 K beträgt /Abb. 1 - 2/.

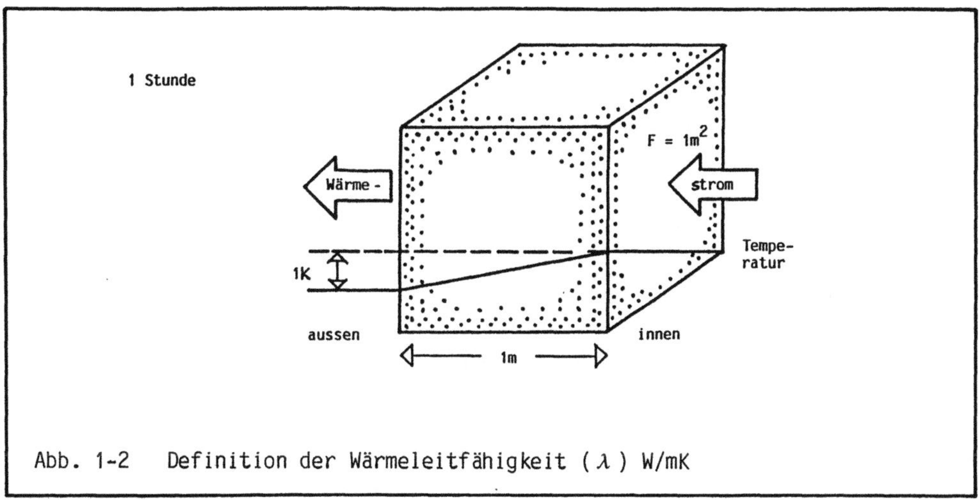

Abb. 1-2   Definition der Wärmeleitfähigkeit (λ) W/mK

Die Dämmeigenschaft eines Stoffes ist somit umso besser, je kleiner seine Wärmeleitzahl ist. Für einen gegebenen Stoff ist die in der Praxis jeweils vorhandene
Wärmeleitzahl allerdings keine feste Größe. Sie ist vielmehr von dem Feuchtigkeitsgehalt und auch der Temperatur des Stoffes abhängig. Denn: die Luft hat mit
λ = 0,024 W/mK die kleinste Wärmeleitzahl, wohingegen der λ-Wert für Wasser mit
0,6 W/mK circa 25 mal größer ist. Dies erklärt die Tatsache, daß Baustoffe mit
vielen Poren, in denen sich eingeschlossene Luft befindet, sehr gut wärmedämmend
sind, da sie eine geringe Wärmeleitzahl haben. Wenn nun diese Porenluft durch
eindringende Feuchtigkeit - also Wasser - verdrängt wird, steigt auch die Wärmeleitzahl - die Dämmfähigkeit des Stoffes verringert sich.

Wichtig ist also nicht ein im Labor ermittelter Kennwert, sondern die Wärmeleitzahl, die ein Baustoff in der Praxis in eingebautem Zustand voraussichtlich
haben wird.

Wärmedurchlaßkoeffizient Λ (Groß-Lambda) (W/m^{2}K)

Die Wärmeleitzahl bezieht sich auf eine ein Meter dicke Stoffschicht. Der Wärmedurchlaßkoeffizient Λ bezieht sich auf die Dicke der Bauteilschichten, die in
der Praxis auftreten. Er ergibt sich aus der Division der Wärmeleitzahl durch
die Schichtdicke des Baustoffes /Abb. 1 - 3/.

$$\Lambda = \frac{\lambda}{s} \left(\frac{W}{m^2K}\right)$$

Wärmedurchlaßwiderstand $1/\Lambda$ (m²K/W)

Man kann sich vorstellen, daß dem Wärmetransport durch einen Baustoff durch die Stoffeigenschaften ein bestimmter Widerstand entgegengesetzt wird. Dieser Wärmedurchlaßwiderstand wird durch den Kehrwert des Wärmedurchlaßkoeffizienten Λ gekennzeichnet.

$$\frac{1}{\Lambda} = \frac{s}{\lambda} \quad \left(\frac{m^2 K}{W}\right)$$

Er wird auch als Wärmedämmwert bezeichnet: je größer sein Zahlenwert, desto besser die Dämmwirkung.

Bei mehrschichtigen Bauteilen addieren sich die Widerstände der einzelnen Schichten.

$$\frac{1}{\Lambda} = \frac{s_1}{\lambda_1} + \frac{s_2}{\lambda_2} + \ldots + \frac{s_n}{\lambda_n}$$

oder

$$\frac{1}{\Lambda} = \frac{1}{\Lambda_1} + \frac{1}{\Lambda_2} + \ldots + \frac{1}{\Lambda_n}$$

Wärmeübergang

Unter Wärmeübergang wird die Übertragung von Wärme an der Oberfläche eines (festen oder flüssigen) Stoffes an die angrenzende Luft oder umgekehrt verstanden. Dieser Vorgang wird bestimmt durch die Art der Oberfläche, die Luftbewegung und die Luftfeuchtigkeit /Abb. 1 - 4/.

Für die Baupraxis wurden für den Wärmeübergang Rechenwerte festgelegt, die Wärmeübergangskoeffizienten α (W/m²K). Diese bezeichnen den Wärmestrom in Watt, der von 1 m² Bauteiloberfläche an die Luft (bzw. umgekehrt) übertragen wird, wenn die Temperaturdifferenz konstant 1 K beträgt.

- α_i (innen) ist der Wärmeübergangskoeffizient zwischen den raumseitigen Bauteiloberflächen und der Raumluft
- α_a (außen) dagegen ist der Wärmeübergangskoeffizient zwischen der Außenluft und der äußeren Bauteiloberfläche

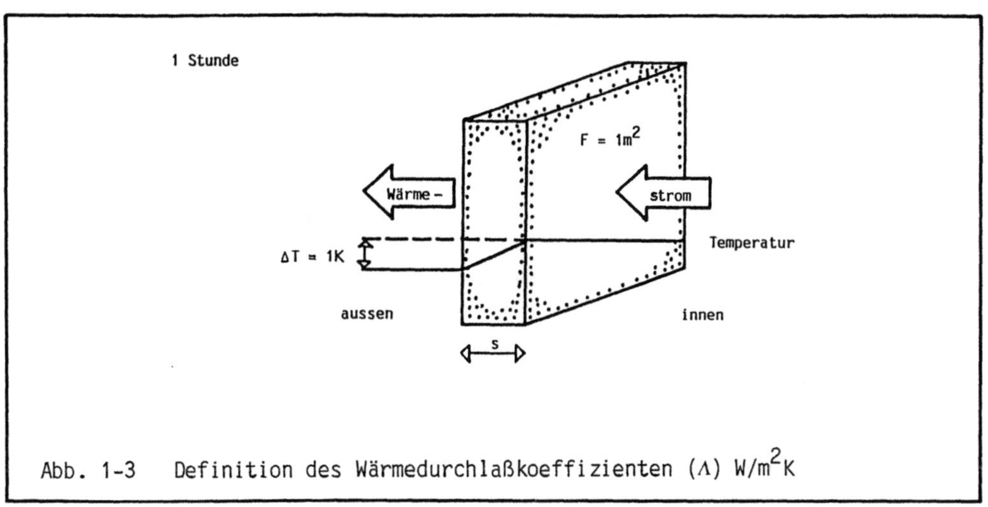

Abb. 1-3   Definition des Wärmedurchlaßkoeffizienten (Λ) W/m^{2}K

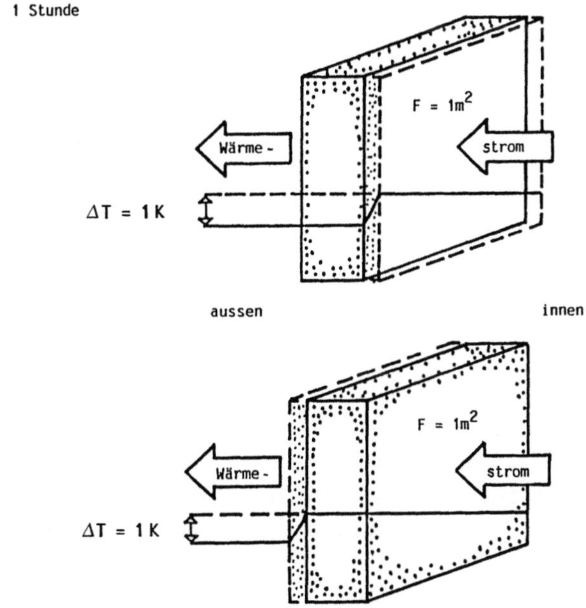

Abb. 1-4   Definition der Wärmeübergangskoeffizienten $\alpha_a + \alpha_i$

Die Rechenwerte sind in der DIN 4108 festgelegt /s. auch Tab. 1 - 3/. Der Kehrwert des Wärmeübergangskoeffizienten α wird als Wärmeübergangswiderstand $1/\alpha$
(m^2K/W) bezeichnet.

Wärmedurchgang

Auf der Basis der bisher geschilderten Begriffe läßt sich nun der Wärmedurchgang
durch ein aus mehreren Schichten zusammengesetztes Bauteil ermitteln. Er ist
abhängig von

- dem Temperaturunterschied der Luft zu beiden Seiten des Bauteils ΔT
- der Bauteiloberfläche F
- dem Wärmedurchgangskoeffizienten k des Bauteils

$$\dot{Q} = k \cdot F \cdot \Delta T \quad (W)$$

Wärmedurchgangswiderstand $1/k$ (m^2K/W)

Die Summe der Wärmedurchlaßwiderstände $1/\Lambda$ aller Schichten eines Bauteils und
der Wärmeübergangswiderstände $1/\alpha_a$ und $1/\alpha_i$ ergibt den Gesamtwiderstand eines
Bauteils:

$$\frac{1}{k} = \frac{1}{\alpha_a} + \frac{1}{\Lambda} + \frac{1}{\alpha_i} \qquad \frac{1}{\Lambda} = \Sigma \frac{1}{\Lambda_n}$$

Eigentliches Ziel der Berechnung des Wärmedurchgangswiderstandes $1/k$ ist die
Ermittlung des k-Wertes, der durch den Kehrwert von $1/k$ gebildet wird.

Wärmedurchgangskoeffizient k (W/m^2K)

Der Wärmedurchgangskoeffizient k eines Bauteils, kurz k-Wert genannt, gibt an,
welcher Wärmestrom im stationären Zustand durch einen Quadratmeter Bauteilfläche
bei 1 K Unterschied in der Lufttemperatur in einer Stunde hindurchgeht.

$$k = \frac{1}{1/k} = \frac{1}{1/\alpha_a + 1/\Lambda + 1/\alpha_i} \quad (W/m^2K)$$

Der k-Wert ist eine wichtige Kennziffer zur wärmeschutztechnischen Beurteilung
von Bauteilen. Er ist die Rechengröße für die Ermittlung von Wärmeverlusten
eines Gebäudes und seines Transmissionswärmebedarfs.

1.3.2.2   Berechnung des Wärmedurchlaßwiderstandes 1/Λ

Zunächst soll die Wärmedurchlässigkeit eines ebenen, homogenen (einschichtigen) Bauteils aus einem Stoff mit einer definierten Schichtdicke s berechnet werden. Der Wärmedurchlaßkoeffizient ist definitionsgemäß

$$\Lambda = \frac{\lambda}{s} \quad (W/m^2 K)$$

und der Wärmedurchlaßwiderstand

$$\frac{1}{\Lambda} = \frac{s}{\lambda} \quad (m^2 K/W)$$

wobei λ die Wärmeleitfähigkeit des Baustoffes charakterisiert.

Der Wärmedurchlaßwiderstand 1/Λ ist also direkt proportional zur Schichtdicke s des Bauteils /Abb. 1 - 5/.

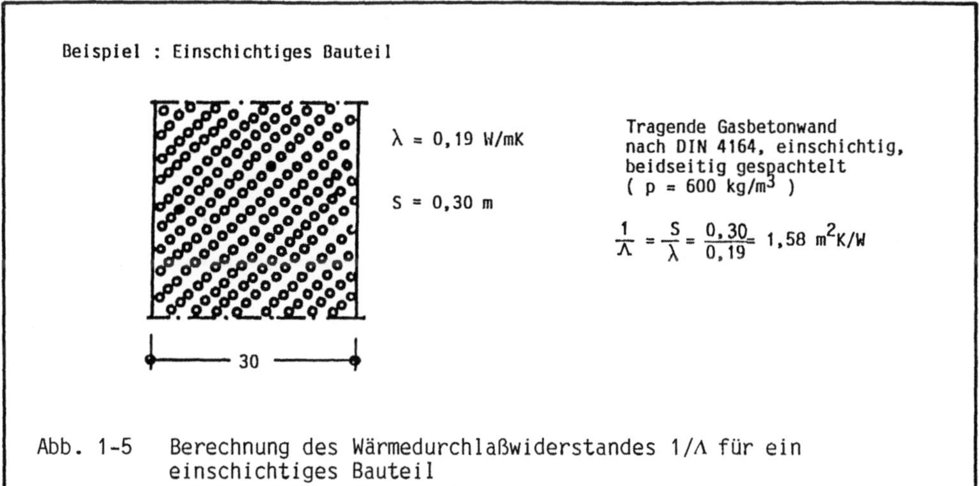

Abb. 1-5   Berechnung des Wärmedurchlaßwiderstandes 1/Λ für ein einschichtiges Bauteil

Zur überschlägigen Berechnung und für vereinfachte Kontrollen kann der Wärmedurchlaßwiderstand 1/Λ auch auf graphischem Wege ermittelt werden. Ein entsprechendes Diagramm ist in /Abb. 1 - 6/ dargestellt, dessen Nullpunktzone in /Abb. 1 - 7/ vergrößert herausgezogen ist.

Zur Berechnung des Wärmedurchlaßwiderstandes eines mehrschichtigen Bauteils mit hintereinander im Wärmestrom liegenden Schichten werden die Wärmedurchlaßwiderstände der Einzelschichten addiert /Abb. 1 - 8/.

$$\frac{1}{\Lambda} = \frac{s_1}{\lambda_1} + \frac{s_2}{\lambda_2} + \ldots + \frac{s_n}{\lambda_n} \qquad (m^2 K/W)$$

Der Wärmedurchlaßkoeffizient des mehrschichtigen Bauteils ergibt sich durch den Kehrwert des errechneten Wärmedurchlaßwiderstandes (es dürfen nur Widerstände addiert werden).

$$\Lambda = \frac{1}{1/\Lambda}$$

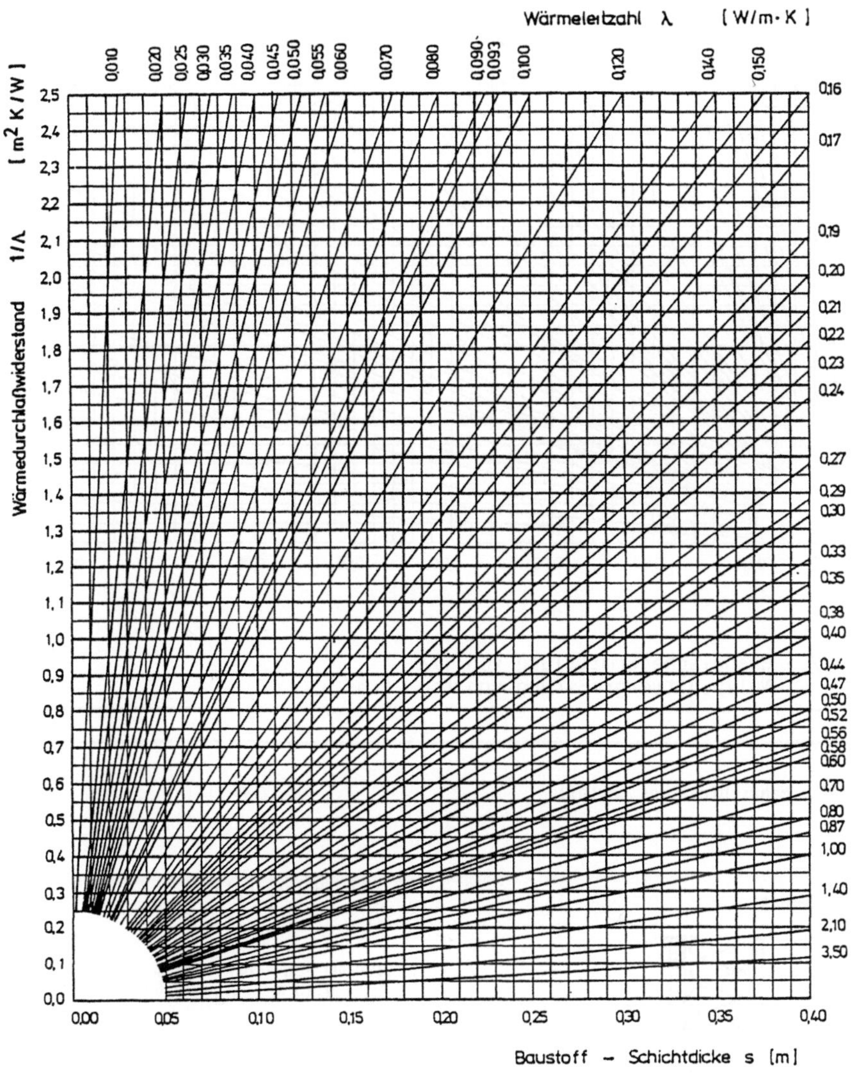

$$\frac{1}{\Lambda} = \frac{S}{\lambda}$$

Abb. 1-6   Diagramm: Graphische Ermittlung von 1/Λ

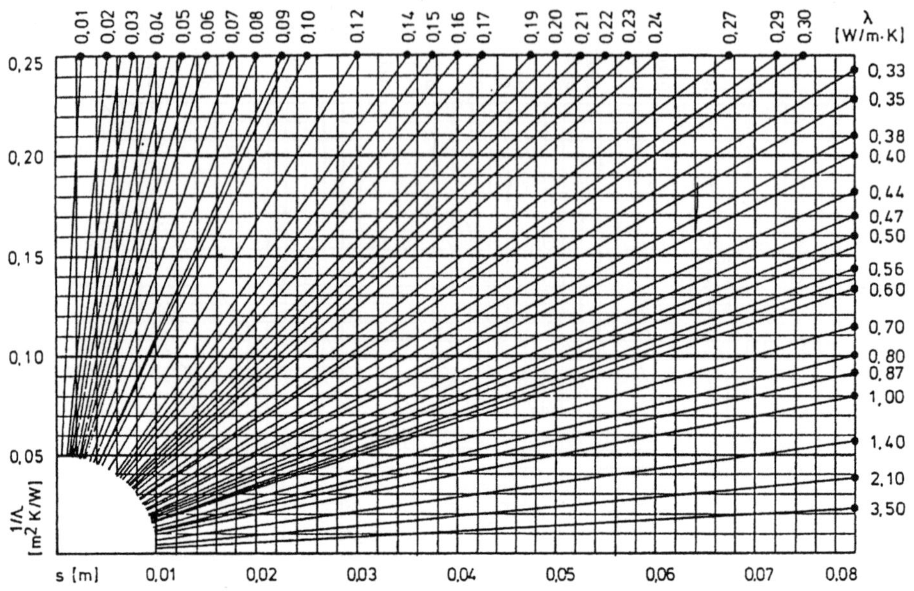

Abb. 1-7 Graphische Ermittlung von $1/\Lambda$
Nullpunktvergrößerung von Abb. 1-6

Beispiel : Mehrschichtiges Bauteil

Wandelement

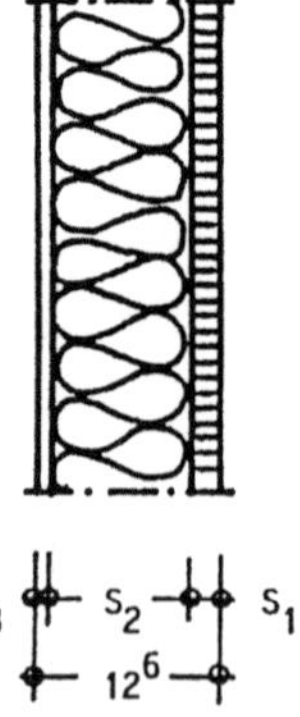

20 mm Holzspanplatte
$s_1 = 0{,}02\,m$; $\lambda_1 = 0{,}14$ W/mK

100 mm PUR - Hartschaum 030
$s_2 = 0{,}10\,m$; $\lambda_2 = 0{,}03$ W/mK

6 mm Asbestzementplatte
$s_3 = 0{,}006\,m$; $\lambda_3 = 0{,}58$ W/mK

$$\frac{1}{\Lambda} = \frac{s_1}{\lambda_1} + \frac{s_2}{\lambda_2} + \frac{s_3}{\lambda_3} \equiv \frac{0{,}02}{0{,}14} + \frac{0{,}10}{0{,}03} + \frac{0{,}006}{0{,}58}$$

$$\frac{1}{\Lambda} = 0{,}14 + 3{,}33 + 0{,}01 = 3{,}48\,m^2K/W$$

Abb. 1-8 Berechnung des Wärmedurchlaßwiderstandes $1/\Lambda$ für ein mehrschichtiges Bauteil

1.3.2.3 Bestimmung des Wärmedurchlaßwiderstandes von Luftschichten $1/\Lambda_L$

Für Baukonstruktionen, die Luftschichten zwischen einzelnen Materialschichten aufweisen, ist die Bestimmung des Wärmedurchlaßwiderstandes dieser Luftschichten notwendig. Die Wärmeausbreitung durch Luftschichten ist recht schwierig zu erfassen, da sich bei ihr Leitung, Konvektion und Strahlung überlagern.

Zwar läßt sich auch hier ein äquivalenter Wärmedurchlaßwiderstand $1/\Lambda_L$ ermitteln, dieser ist aber nicht wie bei den festen Stoffen direkt proportional zur Schichtdicke. Von Bedeutung sind in diesem Falle zusätzlich

- die Beschaffenheit der Begrenzungsflächen
- die Lage der Luftschicht
- die Richtung des Wärmestromes

Wie wissenschaftliche Untersuchungen gezeigt haben, bleibt $1/\Lambda_L$ bei Baustoffen ab circa 20 mm Schichtdicke relativ konstant. Aus baupraktischen Gründen kann deshalb auf die komplizierten rechnerische Ableitung verzichtet werden. Die DIN 4108, Wärmeschutz im Hochbau, weist entsprechende Rechenwerte $1/\Lambda_L$ für Luftschichten in Bauteilen aus /Tab. 1 - 2/.

Lage der Luftschicht	Dicke der Luftschicht mm	Wärmedurchlaßwiderstand $1/\Lambda_L$ $m^2 K/W$
lotrecht	10 bis 20	0,14
	über 20 bis 500	0,17
waagerecht	10 bis 500	0,17

Die Rechenwerte für Luftschichten, die nicht mit der Außenluft in Verbindung stehen, und für Luftschichten (40 - 100 mm) bei mehrschaligem Mauerwerk nach DIN 1053 Teil 1.

Tab. 1-2 Rechenwerte für die Wärmedurchlaßwiderstände $1/\Lambda_L$ $(m^2 K/W)$ von Luftschichten entsprechend Neufassung DIN 4108, Wärmeschutz im Hochbau

Für Luftschichten, die mit der Außenluft in Verbindung stehen, wie z.B. bei hinterlüfteten Fassadenkonstruktionen oder Fassadenbepflanzungen, darf kein Wärmedurchlaßwiderstand für die Luftschicht angesetzt werden. Hier wird ersatzweise ein höherer Wärmeübergangswiderstand $1/\alpha_a$ angenommen /s. Tab. 1 - 3/.

1.3.2.4   Bestimmung des Wärmeübergangswiderstandes $1/\alpha$

Der Wärmeübergang an einem Bauteil, d.h. die Wärmemenge, die durch Konvektion von dem Bauteil an die Luft abgegeben wird, ist abhängig von

- dem Temperaturunterschied zwischen der Oberfläche des Bauteils und der Umgebungsluft,
- der Art und Beschaffenheit der Berührungsfläche,
- dem Wärmeübergangskoeffizienten α, der ein stoffspezifischer Kennwert der Luft in Abhängigkeit von Temperatur, Dichte und Richtung des Wärmeübergangs ist.

Da die detaillierte Berechnung nach dem Abkühlungsgesetz von Newton baupraktisch zu aufwendig wäre, wurden auch für die Wärmeübergangskoeffizienten in der DIN 4108 Rechenwerte für verschiedene Arten des Wärmeübergangs festgelegt /Tab. 1 - 3/.

	Art des Wärmeübergangs	W/m^2K	m^2K/W
1	Innenseite geschlossener Räume bei natürlicher Luftbewegung		
1.1	horizontaler Übergang an Wandflächen	$\alpha_i = 8$	$1/\alpha_i = 0,13$
1.2	vertikaler Übergang an Fußböden und Decken bei·Wärmestromrichtung von		
1.2.1	unten nach oben	$\alpha_i = 8$	$1/\alpha_i = 0,13$
1.2.2	oben nach unten	$\alpha_i = 6$	$1/\alpha_i = 0,17$
2	Außenseiten		
2.1	an allen Außenflächen (bei Annahme von 2 m/s mittlerer Windgeschwindigkeit)	$\alpha_a = 23$	$1/\alpha_a = 0,04$
2.2	an Außenwänden mit hinterlüfteter Außenhaut (bei Annahme verringerter Luftgeschwindigkeit)	$\alpha_a = 12$	$1/\alpha_a = 0,08$

Tab. 1-3   Rechenwerte für die Wärmeübergangskoeffizienten $\alpha\,(W/m^2K)$ und die Wärmeübergangswiderstände $1/\alpha$ (m^2K/W) entsprechend Neufassung DIN 4108, Wärmeschutz im Hochbau

Daraus abgeleitet ergeben sich in Abhängigkeit von Art und Lage des Bauteils entsprechende Rechenwerte für die Wärmeübergangswiderstände $1/\alpha$.

1.3.2.5   Berechnung des Wärmedurchgangskoeffizienten k

Zur Berechnung des Wärmedurchgangskoeffizienten k wird vorerst der Wärmedurchgangswiderstand 1/k gebildet. Dieser ergibt sich aus der Addition aller Einzelwiderstände des Wärmedurchgangs durch das Bauteil, nämlich den Wärmedurchlaßwiderständen $1/\Lambda$ und den Wärmeübergangswiderständen $1/\alpha$.

$$\frac{1}{k} = \frac{1}{\alpha_a} + \frac{1}{\Lambda} + \frac{1}{\alpha_i}; \qquad \frac{1}{\Lambda} = \Sigma \frac{s}{\lambda} \qquad (m^2K/W)$$

32

Der Wärmedurchgangskoeffizient k wird nun durch den Kehrwert des Wärmedurchgangswiderstandes 1/k gebildet.

$$k = \frac{1}{1/k} = \frac{1}{1/\alpha_a + 1/\Lambda + 1/\alpha_i} \qquad (W/m^2K)$$

Durch den Wärmedurchgangskoeffizienten k (K-Wert) eines Bauteils wird angegeben,
welcher Wärmestrom in stationärem Zustand - also bei angenommenen zeitlich un-
veränderten Lufttemperaturzuständen auf beiden Seiten des Bauteils - in einer
Stunde je Quadratmeter Bauteilfläche bei einem Kelvin Lufttemperaturunterschied
hindurchgeht. Damit können nun die Wärmeverluste an Bauteilen berechnet werden;
der k-Wert ist deshalb die Schlüsselgröße für die Erfassung der Wärmeverluste
von Gebäuden.

Analog zu den Beispielen zur Errechnung von Wärmedurchlaßwiderständen zeigen die
nachfolgenden Abbildungen Beispiele zur Berechnung der k-Werte von

- einschichtigen Bauteilen /Abb. 1 - 9/
- mehrschichtigen Bauteilen /Abb. 1 - 10/ und
- einer mehrschichtigen Außenwand mit einer hinterlüfteten Vorsatzschale
  /Abb. 1 - 11/

1.3.2.6   Berechnung von Mittelwerten des Wärmedurchgangskoeffizienten k_m

Die bisher gezeigten Berechnungsbeispiele für mehrschichtige Bauteile gingen
davon aus, daß die Schichten sich jeweils über die gesamte Bauteilfläche ausdeh-
nen und im Wärmestrom hintereinander liegen. Für den Fall, daß Teilflächen eines
Bauteils unterschiedliche Wärmedurchgänge aufweisen und nebeneinander im Wärmestrom liegen, ergibt sich die Notwendigkeit, Mittelwerte des Wärmedurchgangs für
die Bauteilfläche zu bilden:

- Wände bzw. Fassade mit Anteilen von Fenster- und Wandflächen
- zusammengesetzte homogene oder geschichtete Bauteile, wie ausgefachte Rahmen-
  konstruktionen für Wände, Fachwerkwände und Fassadenfertigteile mit Fenstern
  und Brüstungselementen
- Gesamthüllfläche eines Gebäudes (Wände, Dach, Kellerdecke)

In diesen Fällen ist die nachfolgend beschriebene Bildung von k-Mittelwerten
erforderlich, um den Wärmedurchgang der Gesamtfläche zu ermitteln.

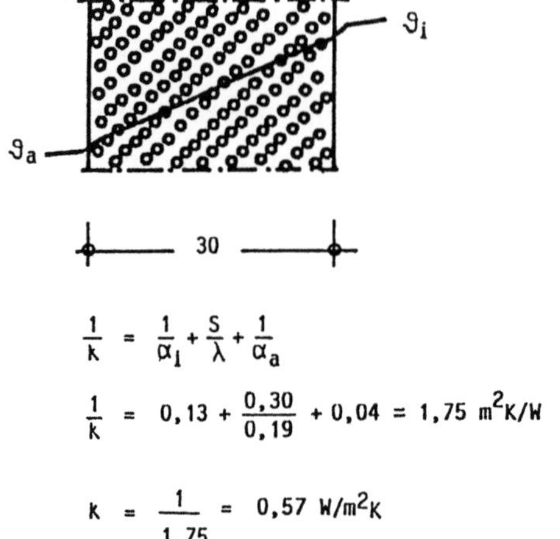

Gasbeton - Aussenwand (Vergl. Abb. 1-5)

$$\lambda = 0,19 \ \text{W/mK}$$
$$S = 0,30 \ \text{m}$$
$$\alpha_i = 8 \ \text{W/m}^2\text{K}$$
$$\alpha_a = 23 \ \text{W/m}^2\text{K}$$

s. Tabelle 1-3

$$\frac{1}{k} = \frac{1}{\alpha_i} + \frac{S}{\lambda} + \frac{1}{\alpha_a}$$

$$\frac{1}{k} = 0,13 + \frac{0,30}{0,19} + 0,04 = 1,75 \ \text{m}^2\text{K/W}$$

$$k = \frac{1}{1,75} = 0,57 \ \text{W/m}^2\text{K}$$

Abb. 1-9   Berechnung des Wärmedurchgangskoeffizienten k für ein
einschichtiges Bauteil

Aussenwandelement (Vergl. Abb. 1-8)

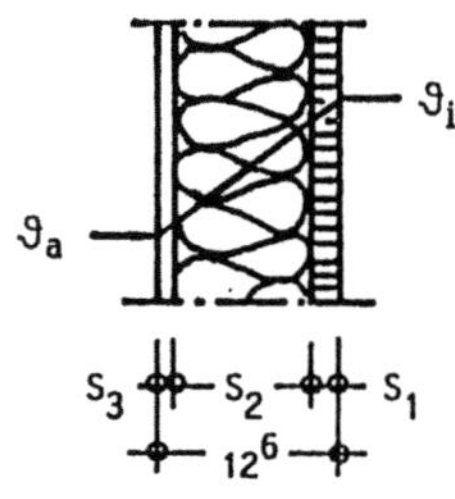

20 mm Holzspanplatte
$$S_1 = 0,02\text{m} \ ; \ \lambda_1 = 0,14 \ \text{W/mK}$$

100 mm PUR - Hartschaum 030
$$S_2 = 0,10 \ \text{m} \ ; \ \lambda_2 = 0,03 \ \text{W/mK}$$

6 mm Asbestzementplatte
$$S_3 = 0,006 \ \text{m} \ ; \ \lambda_3 = 0,58 \ \text{W/mK}$$

$$\frac{1}{k} = \frac{1}{\alpha_i} + \frac{S_1}{\lambda_1} + \frac{S_2}{\lambda_2} + \frac{S_3}{\lambda_3} + \frac{1}{\alpha_a} \qquad \text{oder einfacher}$$

$$\frac{1}{k} = \frac{1}{\Lambda} + \Sigma \frac{1}{\alpha} \qquad \frac{1}{\Lambda} = 3,48 \ (\text{Aus Abb. 1-8}) \qquad \Sigma \frac{1}{\alpha} = 0,17$$

$$\frac{1}{k} = 3,48 + 0,17 = 3,65 \ \text{m}^2\text{K/W} \qquad\qquad k = \frac{1}{3,65} = 0,27 \ \text{W/m}^2\text{K}$$

Abb. 1-10   Berechnung des Wärmedurchgangskoeffizienten k für ein
mehrschichtiges Bauteil

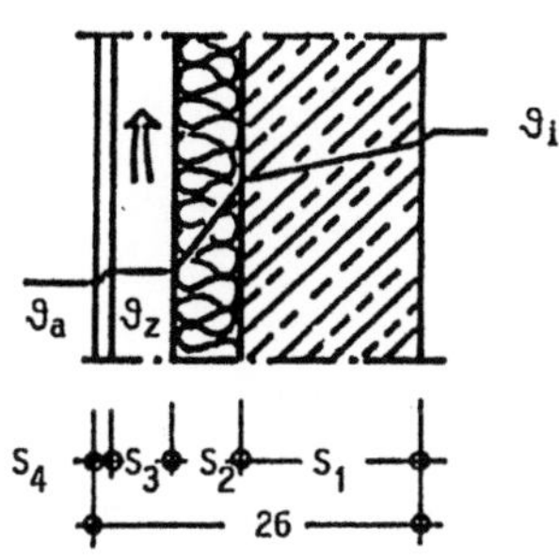

15 cm Betonwand B 35
S_1 = 0,15 m ; λ_1 = 2,10 W/mK

50 mm PS – Hartschaum 035
S_2 = 0,05 m ; λ_2 = 0,035 W/mK

50 mm Luftschicht
S_3 = 0,05 m

10 mm Asbestzementplatte
S_4 = 0,01 m ; λ_4 = 0,58 W/mK

Die senkrechte Luftschicht s_3 ist ihrer Funktion entsprechend
durch die Verbindung mit der Aussenluft bewegt (Diffusion,
senkrechte Luftströmung). Sie darf nicht wie ruhende Luft mit
einem Wärmedurchlasswiderstand angesetzt werden. Luftschicht und
Vorsatzschale werden nicht mitgerechnet. Luftgeschwindigkeit
und Wärmeabfuhr sind jedoch hinter der Vorsatzschale in der
Regel nur halb so hoch wie an einer freien Wandoberfläche ohne
Vorsatzschale in der Regel nur halb so hoch wie an einer freien
Wandoberfläche ohne Vorsatzschale. Deshalb darf hier mit dem
doppelten Wärmeübergangswiderstand gerechnet werden.

$$\frac{1}{\alpha_a} = 0,08 \ m^2K/W$$

$$\frac{1}{k} = \frac{S_1}{\lambda_1} + \frac{S_2}{\lambda_2} + \frac{1}{\alpha_i} + \frac{1}{\alpha_a}$$

$$\frac{1}{k} = \frac{0,15}{2,10} + \frac{0,05}{0,035} + 0,13 + 0,08$$

$$\frac{1}{k} = 0,07 + 1,43 + 0,21 = 1,71 \ m^2K/W$$

$$k = \frac{1}{1,71} = 0,58 \ W/m^2K$$

Abb. 1-11   Berechnung des Wärmedurchgangskoeffizienten k für eine
              mehrschichtige Außenwand mit hinterlüfteter Vorsatzschale

Für die Berechnung des mittleren Wärmedurchgangskoeffizienten k_m von zusammengesetzten Bauteilen müssen zuerst die jeweiligen k-Werte k_1 - k_n der einzelnen Bauteilflächen F_1 - F_n ermittelt werden. Entsprechend dem Verhältnis der Flächenanteile an der Gesamtfläche werden nun die Einzelwerte zum gesamten Wärmedurchgangskoeffizienten k addiert:

$$k_m = \frac{F_1}{F} \cdot k_1 + \frac{F_2}{F} \cdot k_2 + \dots + \frac{F_n}{F} \cdot k_n \quad (W/m^2K)$$

$$k_m = \frac{F_1 \cdot k_1 + F_2 \cdot k_2 + \dots + F_n \cdot k_n}{F} \quad (W/m^2K)$$

Ein Berechnungsbeispiel zeigt /Abb. 1 - 12/.

Zur Prüfung, ob ein zusammengesetztes Bauteil den Anforderungen an den Wärmedurchlaßwiderstand $1/\Lambda$ gemäß DIN 4108 genügt, muß man von den berechneten Mittelwerten des Wärmedurchgangskoeffizienten k_m die Wärmeübergangswiderstände $1/\alpha$ subtrahieren:

$$\frac{1}{\Lambda} = \frac{1}{k_m} - \left(\frac{1}{\alpha_a} + \frac{1}{\alpha_i} \right) \quad (m^2K/W)$$

Auch Fenster können als zusammengesetzte Bauteile aus Glasfläche und Rahmenfläche betrachtet werden. Allerdings läßt sich hier der Mittelwert k_m nicht so einfach berechnen, da die Betrachtung des Rahmens aufgrund seiner Profilierung der Fugen und teilweise verschiedener Materialien schwierig und rechnerisch aufwendig ist. Zur Vereinfachung werden deshalb in der DIN 4108 Rechenwerte für die Wärmedurchgangszahlen k_F von Fenstern, Fenstertüren und rahmenlose Verglasungen festgelegt /s. auch Abschnitt 3.3.4/.

1.3.2.7   Berechnung des mittleren Wärmedurchgangskoeffizienten
          $k_{m,W+F}$ für Außenwände (Fassaden)

Im Sinne der hier geschilderten Berechnungsverfahren wird die Summe aller an die Außenluft grenzenden senkrechten Gebäudeumfassungsflächen als Außenwand bzw. Fassade definiert. Die Außenwände setzen sich aus den reinen Wandflächen F_W und den Flächen F_F für Fenster und Fenstertüren zusammen. Auf diese Flächen werden die zugehörigen k-Werte k_W und k_F bezogen.

Der mittlere Wärmedurchgangskoeffizient $k_{m,W+F}$ für Außenwände ist damit

$$k_{m,W+F} = \frac{F_W}{F_{W+F}} \cdot k_W + \frac{F_F}{F_{W+F}} \cdot k_F \quad (W/m^2K)$$

36

Aussenwand - Rahmenelement

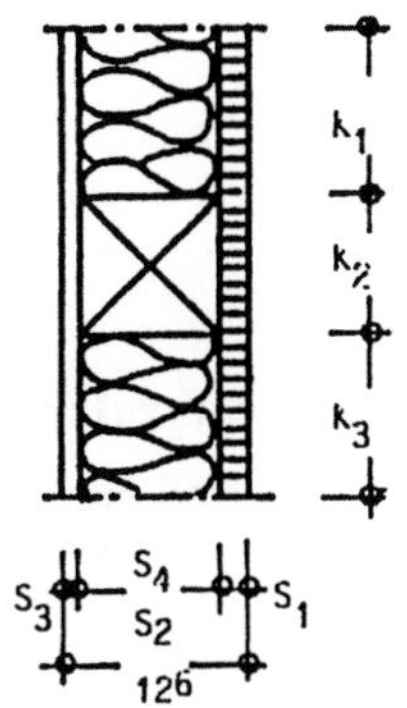

20 mm Holzspanplatte
$S_1 = 0,02$ m ; $\quad \lambda_1 = 0,14$ W/mK

100 mm Holzrahmen (Kiefer)
$S_2 = 0,10$ m ; $\quad \lambda_2 = 0,14$ W/mK

6 mm Asbestzementplatte
$S_3 = 0,006$ m ; $\quad \lambda_3 = 0,58$ W/mK

100 mm PUR - Hartschaum 030
$S_4 = 0,10$ m ; $\quad \lambda_4 = 0,03$ W/mK

$$\frac{1}{k_2} = \frac{S_1}{\lambda_1} + \frac{S_2}{\lambda_2} + \frac{S_3}{\lambda_3} + \Sigma \frac{1}{\alpha}$$

$$\frac{1}{k_2} = \frac{0,02}{0,14} + \frac{0,10}{0,14} + \frac{0,006}{0,58} + 0,17 = 1,03 \ m^2K/W$$

$$k_2 = 0,97 \ W/m^2K$$

$$k_1 = 0,27 \ W/m^2K \quad (\ aus \ Abb. \ 1-10 \ )$$

Ansicht

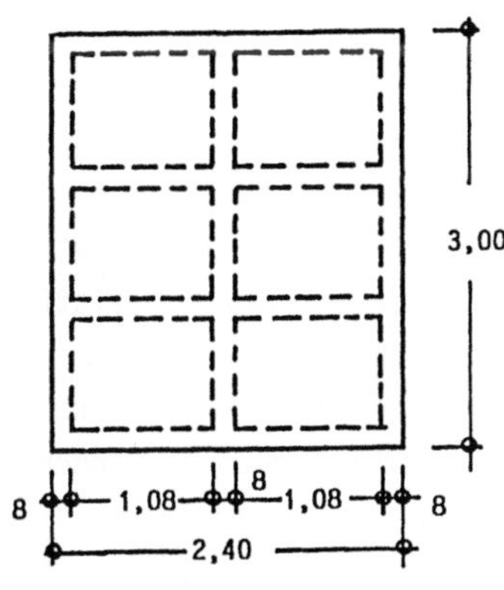

Rahmen

$$(\ 3 \cdot 3,00 + 8 \cdot 1,08 \ ) \cdot 0,08 = 1,41 \ m^2$$

$$\text{Gesamtfläche :} \quad 2,40 \cdot 3,00 \quad = 7,20 \ m^2$$

$$\text{Rahmenanteil :} \quad 1,41 : 7,20 \quad = 20 \ \%$$

$$k_m = 80 \ \% \cdot k_1 + 20 \ \% \cdot k_2$$
$$k_m = 0,80 \cdot 0,27 + 0,20 \cdot 0,97$$
$$k_m = 0,22 + 0,19$$
$$k_m = 0,41 \ W/m^2K$$

Abb. 1-12   Berechnung des Mittelwertes für den Wärmedurchgangskoeffizienten k eines zusammengesetzten Bauteils
(Außenwand Rahmenelement)

Sind die prozentualen Anteile der Fenster- bzw. Wandflächen an der Gesamtfläche bekannt, läßt sich der k_m-Wert schneller berechnen

$$k_{m,F+W} = p_W \cdot k_W + p_F \cdot k_F \qquad (W/m^2K)$$

p_W = Prozentanteil Wandfläche
p_F = Prozentanteil Fensterfläche

Im Falle eines vorgegebenen Grenzwertes für $k_{m,W+F}$ und eines maximal zulässigen k-Wertes für k_W oder k_F kann der korrespondierende maximale k_W - oder k_F - Wert wie folgt errechnet werden:

$$k_W = \frac{F_{W+F} \cdot k_{m,W+F} - F_F \cdot k_F}{F_W}$$

oder

$$k_F = \frac{F_{W+F} \cdot k_{m,W+F} - F_W \cdot k_W}{F_F}$$

Als Beispiel ist in /Abb. 1 - 13/ die Berechnung des k-Mittelwertes für ein Fassadenelement mit Holzfenster und Brüstungsfeld dargestellt.

1.3.2.8 Berechnung des mittleren Wärmedurchgangskoeffizienten k_m für die gesamte Gebäudeaußenfläche

Die Gebäudeaußenfläche oder Gebäudehüllfläche (auch Außenumfassungsfläche genannt), besteht in der Regel aus Außenwänden (F_W), Fenstern (F_F), Dachflächen (F_D), dem unteren Gebäudeabschluß gegen das Erdreich (F_G) (Kellerboden oder Kellerdecke zu einem unbeheizten Keller) und beispielsweise Decken über offenen Durchfahrten (F_{DL}). Diese Teilflächen müssen bei der Ermittlung des mittleren Wärmedurchgangskoeffizienten k_m einzeln und mit unterschiedlichen Ansätzen berücksichtigt werden. Bei Dachflächen entstehen höhere Oberflächentemperaturen infolge Sonneneinstrahlung. Die Temperaturdifferenz zwischen außen und innen ist dadurch geringer als beispielsweise bei den Außenwänden. Zur Erfassung dieses Effektes wurde als Rechenwert ein einheitlicher Reduzierungsfaktor von 0,8 festgelegt. Gleiches gilt für die Bodenflächen oder Kellerdecken eines Gebäudes. Die Erdreichtemperaturen betragen im Bereich der Bodenplatte im Winter etwa + 5°C bis + 12°C. Hier ist sogar ein noch geringeres Temperaturgefälle zum Innenraum vorhanden als beim Dach, so daß für diese Teilflächen ein Reduzierungsfaktor von 0,5 eingeführt wurde.

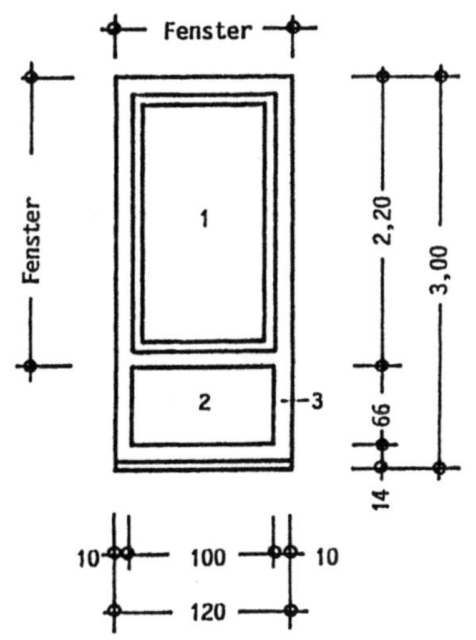

k - Werte :

1   Fenster (Einschließlich Rahmen)
    k_1 = 3,0 W/m^{2}K

2   Füllung

$$\frac{1}{k_2} = \frac{0,02}{0,14} + \frac{0,01}{0,03} + \frac{0,006}{0,58} + 0,17 = 2,65 \ m^2K/W \qquad k_2 = 0,38 \ W/m^2K$$

3   Rahmen

$$\frac{1}{k_3} = \frac{0,10}{0,14} + 0,17 = 0,88 \ m^2K/W \qquad k_3 = 1,14 \ W/m^2K$$

Mittlerer k-Wert

1 Fenster	k_1 = 3,00	2,64 m^2	74 %	0,74 · 3,00	= 2,22
2 Füllung	k_2 = 0,38	0,66 m^2	18 %	0,18 · 0,38	= 0,07
3 Rahmen	k_3 = 1,14	0,30 m^2	8 %	0,08 · 1,14	= 0,09
		3,60 m^2	100 %	k_m =	2,38 W/m^{2}K

Abb. 1-13   Berechnung des mittleren Wärmedurchgangskoeffizienten k_m
für ein Fassadenelement

Damit ergibt sich der mittlere Wärmedurchgangskoeffizient k_m für die gesamte Gebäudehülle nach der Formel

$$k_m = \frac{k_W \cdot F_W + k_F \cdot F_F + 0{,}8k_D \cdot F_D + 0{,}5k_G \cdot F_G + k_{DL} \cdot F_{DL}}{F}$$

Dabei ist F die Summe aller wärmetauschenden Teilflächen.

$$F = F_W + F_F + F_D + F_G + F_{DL}$$

Für den Fall, daß die aufgeführten Teilflächen sich wiederum aus Einzelflächen mit unterschiedlichen Konstruktionen und damit verschiedenen k-Werten zusammensetzen, müssen diese entsprechend den Berechnungsgrundsätzen in den vorhergehenden Abschnitten zusammengefaßt werden.

Das Regelwerk zur Ermittlung der bauteil- und gebäudebezogenen k-Werte ist die Wärmeschutzverordnung zum Energiespareinsatz (EnEG). In dieser Verordnung werden die Berechnungsansätze und Mindestwerte vorgegeben und fortgeschrieben.

1.4 Wärmespeicherung

Unter Wärmespeicherung versteht man den Vorgang der Energieaufnahme von Stoffen bei einer Zunahme der Umgebungstemperatur, der Speicherung der zugeführten Wärmemengen im Stoff und - bei Verringerung der Umgebungstemperaturen - der Abgabe dieser gespeicherten Wärme. Die Räume und Bauteile eines Gebäudes werden im Winter durch Beheizung, Sonneneinstrahlung, Wärmeabgabe von Personen, Maschinen und Beleuchtung und durch sonstige im Gebäude liegende Wärmequellen erwärmt. Im Sommer ist die Einwirkung der Sonnenstrahlung entsprechend höher und hohe Außentemperaturen kommen als zusätzlicher Erwärmungsfaktor hinzu.

Die Bauteile erwärmen sich dabei solange, bis sie das Temperaturniveau der direkten Umgebung erreicht haben. Umgekehrt geben die erwärmten Bauteile ihre "eingespeicherte" Wärme wieder ab, wenn die Umgebungstemperatur unter ihre Eigentemperatur sinkt.

Die gespeicherte Wärmemenge ist dabei umso größer, je größer

- die spezifische Wärmekapazität der Bauteile,
- ihre Masse und
- der Unterschied zwischen der Eigentemperatur und der Umgebungstemperatur des Bauteils

sind.

Die Speicherung ist also abhängig von der spezifischen Wärme c, der mittleren Temperatur des Stoffes selbst und der Rohdichte des speichernden Stoffes. Da sich die spezifische Wärme c bei mineralischen Baustoffen nur unwesentlich unterscheidet, ist die Speicherung im wesentlichen vom Gewicht abhängig, das heißt, je schwerer ein Körper ist, umso größer ist bei gegebenem Volumen das Wärmespeichervermögen.

1.4.1 Definitionen und Berechnungsgrundlagen

Spezifische Wärme c (Wh/kg K)
(auch: spezifische Wärmekapazität oder Stoffwärme)

Die spezifische Wärme c ist die zur Erwärmung einer Stoffmasse um 1 K notwendige Wärmeenergie oder anders ausgedrückt: die Wärmemenge, die eine bestimmte Stoffmasse pro Kelvin aufnehmen kann.

Zur Definition der früher gebräuchlichen Wärmemengeneinheit kcal diente ursprünglich die Wärmespeicherfähigkeit von Wasser. Wasser hat daraus abgeleitet die spezifische Wärme

$$c = \frac{1 \text{kcal}}{\text{kg}^{\circ}\text{C}} = 1{,}163 \ \text{Wh/kg K}$$

Da die Werte der spezifischen Wärme c für feste Baustoffe in einem relativ engen Bereich liegen, ist zur Vereinfachung in der Bauphysik eine Unterteilung in drei Baustoffgruppen zulässig; geordnet nach den Unterschieden in der Stoffstruktur unterscheidet man:

- metallische Stoffe (harte Nichtedel-
  metalle ohne Aluminium) $c \sim 0{,}12 \ \text{Wh/kg K}$
- mineralische Stoffe (z.B. Ziegel) $c \sim 0{,}28 \ \text{Wh/kg K}$
- organische Stoffe (z.B. Holz) $c \sim 0{,}58 \ \text{Wh/kg K}$

Wärmespeicherzahl S (Wh/m³K)

Unter dem Begriff Wärmespeicherfähigkeit wird die Eigenschaft von Stoffen verstanden, ihnen zugeführte Wärme aufzuspeichern. Sie ist durch die spezifische Wärme c und die Rohdichte ρ eines Baustoffes bestimmt. Ihr Kennwert ist die Wärmespeicherzahl S, die angibt, welche Wärmemenge in Wh von 1 m³ eines Stoffes bei einer Temperaturzunahme um 1 K aufgenommen werden kann.

Gerade Baustoffe haben eine recht unterschiedliche Dichte ρ (kg/m³). Die massenbezogene Kennzahl c allein ist deshalb für ein Baustoffvolumen noch nicht aussagefähig. Für die Bestimmung der Wärmeaufnahme von Bauteilen dient daher die volumenbezogene Wärmespeicherzahl S.

$$S = c \cdot \rho \ (\text{Wh/m}^3\text{K})$$

Die eingespeicherte Wärmemenge läßt sich hierauf aufbauend unter Einbezug der Faktoren Volumen und Temperaturdifferenz wie folgt berechnen:

$$Q = S \cdot V \cdot \Delta t \ (\text{Wh})$$

bzw.

$$Q = c \cdot \rho \cdot V \cdot \Delta t \ (\text{Wh})$$

Aus dieser Formel ergibt sich umgekehrt, daß bei gleicher gegebener Wärmemenge
und gleichem Volumen unterschiedliche Stoffe unterschiedliche Temperaturerhö-
hungen erfahren. Beispielsweise würde sich 1 m^3 Luft bei einer Wärmezufuhr von
100 Wh bereits um

$$\Delta t \text{ Luft} = \frac{Q}{\rho_L \cdot c_L \cdot V} = \frac{100}{1{,}239 \cdot 0{,}27 \cdot 1} = 298{,}9 \text{ K}$$

erwärmen, dagegen 1 m^3 Beton nur um

$$\Delta t \text{ Beton} = \frac{Q}{\rho_B \cdot c_B \cdot V} = \frac{100}{2.400 \cdot 0{,}26 \cdot 1} = 0{,}16 \text{ K}$$

Hieraus wird ersichtlich, wie stark wärmespeichernde Stoffe im Medium Luft dessen Temperaturschwankungen dämpfen.

Aus der Grundformel des Wärmespeichervorgangs lassen sich darüber hinaus folgende Beziehungen ableiten:

$$Q = c \cdot \rho \cdot V \cdot \Delta t \quad \text{(Wh)}$$

und

$$S = c \cdot \rho \qquad \text{(Wh/m}^3\text{K)}$$

ergibt sich

$$Q = S \cdot V \cdot \Delta t \qquad \text{(Wh)}$$

daraus

$$S = \frac{Q}{V \cdot \Delta t} \qquad \text{(Wh/m}^3\text{K)}$$

und

$$\Delta t = \frac{Q}{V \cdot S} \qquad \text{(K)}$$

Q = Wärmemenge in Wh

c = spezifische Wärme in Wh/kgK

ρ = Rohdichte in kg/m^3

V = Volumen in m^3

Δt = Temperaturdifferenz in K

S = Wärmespeicherzahl in Wh/m^{3}K

Die direkte Abhängigkeit der Speicherfähigkeit vom Gewicht der Baustoffe ergibt
sich aus dem Zusammenhang der volumenbezogenen Wärmespeicherzahl S mit der Bau-
stoffdichte ρ . Damit ist auch die allgemein bekannte Tatsache erklärt, daß
"schwere" Bauteile gegenüber "leichten" mehr Wärme speichern können. Der aus-

schlaggebende Faktor der Wärmespeicherzahl eines Baustoffes ist also seine Masse.

Allerdings soll in diesem Zusammenhang doch darauf hingewiesen werden, daß auch der Unterschied in der spezifischen Wärme c der unterschiedlichen Baustoffgruppen von einiger Bedeutung ist. So speichert etwa 1 kg Holz doppelt so viel Wärme wie 1 kg Beton; aufgrund der unterschiedlichen Materialstruktur ist nämlich der Kennwert für spezifische Wärme von Holz c = 0,58 mehr als doppelt so hoch wie der von Beton mit c = 0,26 (Wh/kg K).

Wärmespeicherungszahl W (Wh/m^2K)

Bei der Beurteilung der Wärmespeicherfähigkeit von Stoffen wurde als Bezugsgröße bisher stets das Volumen eines Kubikmeters zugrunde gelegt. Die Wärmespeicherungsfähigkeit eines Bauteiles in eingebautem Zustand ist von der Wärmespeicherzahl S und von der Dicke s des Bauteils abhängig, so daß man die Wärmespeicherungsfähigkeit W eines Bauteils folgendermaßen ausdrücken kann:

$$W = c \cdot \rho \cdot s \quad (Wh/m^2K)$$

Wärmeeindringzahl b $(Wh^{1/2}/m^2K)$

Als Maß für die Wärmeeindringgeschwindigkeit ist die Wärmeeindringzahl b der Kennwert für die Wärmeaufnahmeleistung eines Stoffes. Sie ist eine sehr wichtige Größe für die Beurteilung von Baustoffen, beziehungsweise Bauteilen, bei relativ kurzzeitigen Wärmeströmungsvorgängen, wie der Wärmeableitung bei Berührung, der Dämpfung von Lufttemperaturschwankungen und dem Aufheizen von Räumen.

Die Wärmeeindringzahl b ergibt sich aus der Rohdichte des Stoffes, der spezifischen Wärme und der Wärmeleitzahl.

$$b = \sqrt{\lambda \cdot \rho \cdot c} = (\lambda \cdot \rho \cdot c)^{1/2} \quad (Wh^{1/2}/m^2K)$$

Als Beispiel werden nachfolgend die Wärmeeindringgeschwindigkeiten von Holz und Beton miteinander verglichen. Der Betrachtung liegen folgende Rechenwerte zugrunde:

	Nadelholz		Beton	
Rohdichte ρ	600	kg/m³	2300	kg/m³
spez. Wärme c	0,58	Wh/kg K	0,26	Wh/kg K
Speicherzahl S	348	Wh/m³ K	598	Wh/m³ K
Wärmeleitzahl λ	0,14	W/mK	2,1	W/mK
Wärmeeindringzahl b	6,98	Wh$^{1/2}$/m² K	35,43	Wh$^{1/2}$/m²K

Der Vergleich der Wärmeeindringzahlen b zeigt deutlich, daß die Einleitung des Speichervorganges bei Beton erheblich schneller verläuft als bei Holz. Der Hauptgrund hierfür ist, daß die größere Wärmeleitzahl des Beton eine wesentlich höhere Wärmeeindringgeschwindigkeit ergibt. Damit ergibt sich im Effekt, daß trotz der geringen spezifischen Wärme c der schwere Beton gegenüber Holzstoffen Temperaturschwankungen wesentlich wirksamer dämpft. Generell kann also gesagt werden, daß für eine wirksame Wärmespeicherung Baustoffe mit hoher Wärmeeindringzahl besonders günstig sind.

Eingebaute Bauteile unterliegen in der Praxis im Tagesrythmus wechselnden Wärmebelastungen, woraus auch unterschiedliche Wärmeeindringgeschwindigkeiten resultieren. Für verschiedene Baumaterialien ergibt sich damit auch eine Grenzdicke des Bauteils für die Ausnutzbarkeit seiner Speicherfähigkeit. In /Abb. 1 - 14/ ist das Schema einer nur teilweise ausnutzbaren Speicherkapazität dargestellt. Es handelt sich hierbei um eine Innenwand, bei der die Wärmebelastung auf beiden Seiten gleichartig verläuft. Das Bild zeigt deutlich, daß bei einschichtigen Konstruktionen von einer bestimmten Stoffdicke ab kein Dämpfungseffekt mehr zu erreichen ist, weil der mittlere Kern dieser Stoffe in der Tagesperiode von 24 Stunden nicht mehr von Wärmezu- oder -abflüssen erfaßt wird und sich auf einen Temperaturmittelwert einpendelt.

Ebenso wie Wärmeenergie bei Temperaturzunahme in einen Baustoff eindringt, kühlt andererseits ein Bauteil bei Verringerung der Umgebungstemperatur ab. Die Auskühlung A eines Bauteiles ist abhängig von dem Verhältnis der Wärmespeicherfähigkeit W zur Wärmedurchlaßzahl Λ .

$$A = \frac{W}{\Lambda} \ (h) \qquad \left(\frac{Wh \cdot m^2 \cdot K}{m^2 \cdot K \cdot W} = h \right)$$

Aus diesem Zusammenhang resultiert, daß ein Bauteil umso langsamer auskühlt, je größer seine Wärmespeicherfähigkeit ist.

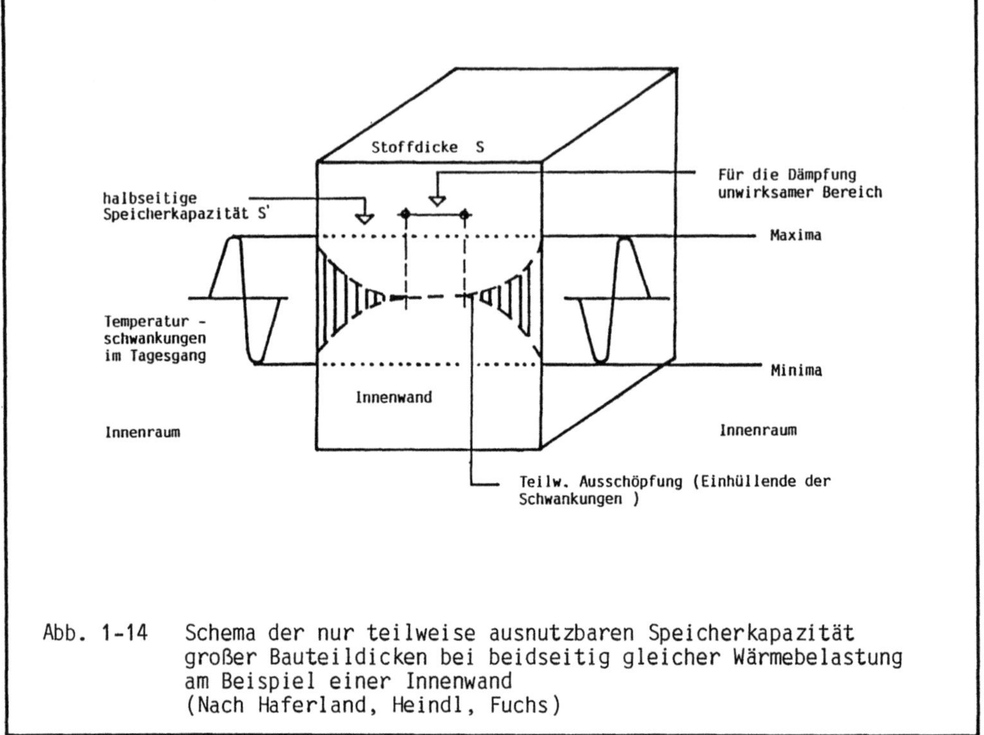

Abb. 1-14   Schema der nur teilweise ausnutzbaren Speicherkapazität
             großer Bauteildicken bei beidseitig gleicher Wärmebelastung
             am Beispiel einer Innenwand
             (Nach Haferland, Heindl, Fuchs)

Wärmeübergangszahl α (W/m²K)

Die Wärmeübergangszahl α ist die Kennzahl für die Wärmemenge in Wh, die stünd-
lich von 1 m² Oberfläche eines Bauteils zu der angrenzenden Luft - oder von der
angrenzenden Luft auf die Oberfläche eines Bauteils - bei 1 K Temperaturunterschied übertragen wird.

$$\alpha = \frac{Wh}{h \cdot m^2 \cdot K} = \frac{W}{m^2 K}$$

Die Baustoffoberfläche stellt als Grenzschicht zwischen festem Baustoff und Luft
für den Wärmedurchgang einen Widerstand dar; der Wärmeübergang ist begrenzt und
wird zahlenmäßig durch den Kennwert α beschrieben.

Der Wärmeübergang wird von den Übertragungsarten Wärmeleitung, Wärmestrahlung
und Konvektion bestimmt. Da man die Konvektion relativ leicht beeinflussen kann,
kann damit auch in der Praxis der Wärmeübergang erhöht werden. An Bauteilen, die
insbesondere für Wärmespeicherung vorgesehen sind, sollte daher die Luftbewegung
möglichst stark sein, damit die Wärmeübergangszahl α möglichst hoch liegen kann.
Damit ist dann auch eine gute Ausnutzung der Wärmeeindringzahl b sichergestellt.

Temperatur-Amplitudendämpfung θ (Theta)

Die Schwankungen der Außenlufttemperatur können im Tagesverlauf durchaus Werte von 20 K erreichen. Aus Behaglichkeitsgründen ist man natürlich bestrebt, die Temperatur von Räumen möglichst konstant zu halten. Die Außenwand eines Gebäudes übernimmt in diesem Zusammenhang eine wichtige Aufgabe. Infolge der Wärmespeicherfähigkeit des Materials der Außenwand wird eine mehr oder weniger gute Dämpfung der inneren Temperaturschwankungen im Verhältnis zu denen der Außenluft bewirkt. Dieses wird als Temperatur-Amplitudendämpfung bezeichnet.

Die Temperatur-Amplitudendämpfung θ ist die Kennzahl für die Dämpfung des Durchgangs äußerer Temperaturschwankungen im Tagesverlauf. Sie stellt das Verhältnis der äußeren Temperaturdifferenzen (Amplituden) zu den beim Wärmedurchgang sich ergebenden inneren Temperaturdifferenzen dar.

$$\theta = \frac{\Delta t_a}{\Delta t_i} = \frac{ta_{max} - ta_{min}}{ti_{max} - ti_{min}}$$

Betragen beispielsweise die Extremwerte der Temperaturen an der Außenseite einer Ziegelwand + 32°C am Tage und + 12°C in der Nacht, auf der Innenseite dagegen + 23°C und + 21°C, dann hat diese Wand eine Amplitudendämpfung von

$$\theta = \frac{32°C - 12°C}{23°C - 21°C} = \frac{20\ K}{2\ K} = 10$$

Mit zunehmendem Wert für θ nimmt deshalb auch die Wärmebelastung des Raumes insbesondere bei sommerlichen Außenlufttemperaturschwankungen und Besonnung ab. Die Werte für die Temperatur-Amplitudendämpfung sollten generell möglichst hoch sein, ein Wert von > 4 sollte erreicht werden.

Temperatur-Amplitudenverhältnis (TAV)

Das Verhältnis der äußeren Amplitudenhöhe (Δt_a) zur inneren Amplitudenhöhe (Δt_i) bestimmt die Temperatur-Amplitudendämpfung, das Temperatur-Amplitudenverhältnis (TAV) ist der Kehrwert davon.

$$TAV = \frac{\Delta ti}{\Delta ta} = \frac{1}{\theta}$$

Dieser reziproke Verhältniswert wird auch als Dämpfungsfaktor bezeichnet. Er gibt die Dämpfung in Prozenten an, wenn der Verhältniswert mit 100 multipliziert wird. Im Sinne einer guten Temperatur-Amplitudendämpfung sollten dementsprechend die Werte des Dämpfungsfaktors niedrig sein.

Phasenverschiebung Φ (h)

Die Dauer des Wärmedurchgangs durch ein Bauteil ist abhängig von den bauphysikalischen Eigenschaften des Baumaterials und der Differenz zwischen Außentemperatur und Raumtemperatur. Der zeitliche Abstand zwischen dem Auftreten einer
Maximaltemperatur auf der Außenwand bis zum Auftreten dieser Maximaltemperatur
auf der inneren Bauteiloberfläche wird Phasenverschiebung genannt und in Stunden
angegeben.

Sehr leichte Außenwände haben eine Phasenverschiebung von weniger als 3 Stunden,
schwere Außenwände mit noch genügend hohem Wärmedurchlaßwiderstand erreichen die
für unsere klimatischen Bedingungen idealen Werte um 12 Stunden. Die
/Abb. 1 - 15/ zeigt, wie durch eine wärmetechnisch günstig ausgebildete Außenwand eine Temperatur-Amplitudendämpfung und eine zeitliche Phasenverschiebung
der Temperatur-Amplituden bewirkt wird.

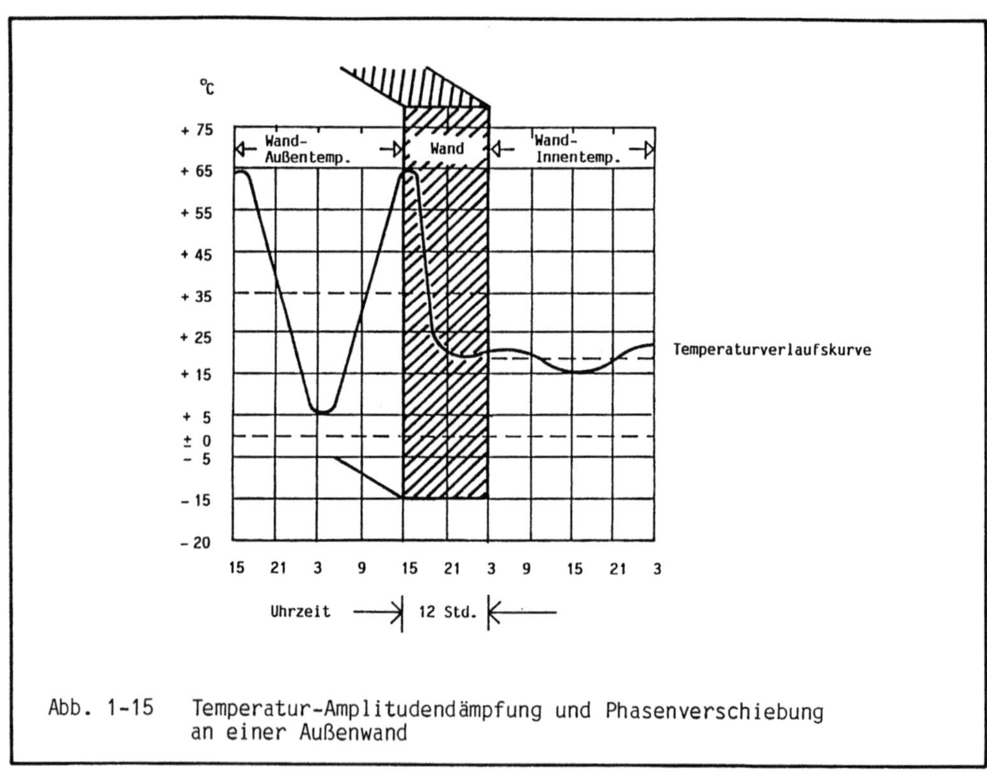

Abb. 1-15   Temperatur-Amplitudendämpfung und Phasenverschiebung
an einer Außenwand

Die angestrebte Raumnutzung eines Gebäudes stellt bestimmte physiologische Anforderungen (Behaglichkeitsanforderungen) an die Temperatur der Raumumschließungsflächen und die relative Luftfeuchtigkeit im Raum. Thermische Behaglichkeit ist das subjektive Wohlbefinden des Menschen in Bezug auf seinen Wärmeaustausch mit seiner Umgebung. Die wesentlichen Einflußparameter hierfür sind

- die Raumlufttemperatur
- die Temperatur der Raumumschließungsflächen
- die Luftfeuchtigkeit
- die Luftbewegung

Der Temperatur der Raumumschließungsflächen kommt im Zusammenhang mit dem Behaglichkeitsempfinden des Menschen große Bedeutung zu.

Da die fühlbare Wärmeabgabe des Menschen eine Funktion der Temperaturdifferenz zwischen Körperoberfläche und Raumluft bzw. der Umgebungsflächen ist, ist es zur Aufrechterhaltung des thermischen Behaglichkeitsgefühls notwendig, die Raumlufttemperaturen und die Temperaturen der Raumumschließungsflächen auf einem bestimmten Niveau zu halten. Dieses kann z.B. durch eine sehr gut regelbare Heizungsanlage geleistet werden, was allerdings einen dauernden Energieeinsatz erfordert.

Die Einhaltung möglichst konstanter Temperaturen auf der Innenseite von Außenwänden, die starken Temperaturschwankungen ausgesetzt sind, kann auch durch die Wahl entsprechender Baumaterialien mit guter Wärmedämmung und ausreichender Wärmespeicherung erreicht werden.

Während die wärmedämmenden Eigenschaften eines Bauteils bei einem gegebenen Temperaturgefälle den Wärmedurchgang verringern, dämpfen und verzögern seine wärmespeichernden Eigenschaften die Wärmeströme bei zeitlich begrenzt auftretenden Temperaturschwankungen und unterschiedlichen Sonneneinstrahlungen. So wirkt sich beispielsweise die Speicherfähigkeit von Außenbauteilen im Sommer dämpfend und verzögernd auf den Wärmedurchgang von außen nach innen aus und mindert dadurch die Wärmebelastung eines Raumes. Bedingt durch die Phasenverschiebung erfordert der Wärmedurchgang durch das Bauteil eine bestimmte Zeit, daher tritt die maximale (Außen-)Temperatur an der Innenseite einer Außenwand erst auf, wenn sie außen schon abgeklungen ist. Zudem tritt infolge der Phasenverschiebung ein Teil der gespeicherten Wärmemenge bereits wieder an die inzwischen abgekühlte Außenluft zurück, ohne an der Innenseite die Temperatur weiter anzuheben. Die so erreichte Dämpfung der Temperatur-Amplitude wirkt sich positiv auf ein behagliches Innenraumklima aus. Neben den Außenwänden wirken gleichermaßen die bauphysikalischen Eigenschaften der Innenwände, Decken und Fußböden auf das Raumklima. Je speicherfähiger gerade diese sind, desto gleichmäßiger bleibt die Raumlufttemperatur.

1.4.3 Durchgang von Außentemperaturschwankungen durch Außenbauteile

Durch die schwankenden Innen- und Außentemperaturen sowie die wechselnde Intensität der Sonnenbestrahlung befinden sich die Außenwände eines Gebäudes stets in einem "instationären Zustand". Das bedeutet, daß die Temperatur und die Wärmeflußfelder einer Wand sich in einer zeitlich bedingten ständigen Veränderung befinden. Bedingt wird dieser Zustand auch durch die unterschiedliche Wärmeleitfähigkeit der verschiedenen Baustoffe, die unterschiedlichen Wärmekapazitäten, die Rohdichte und (besonders wichtig) bei mehrschichtigen Bauteilen durch die Anordnung der Wärmedämmschicht. Welchen Einfluß die richtige Reihenfolge der einzelnen Bauteilschichten hat, zeigt /Abb. 1 - 16/.

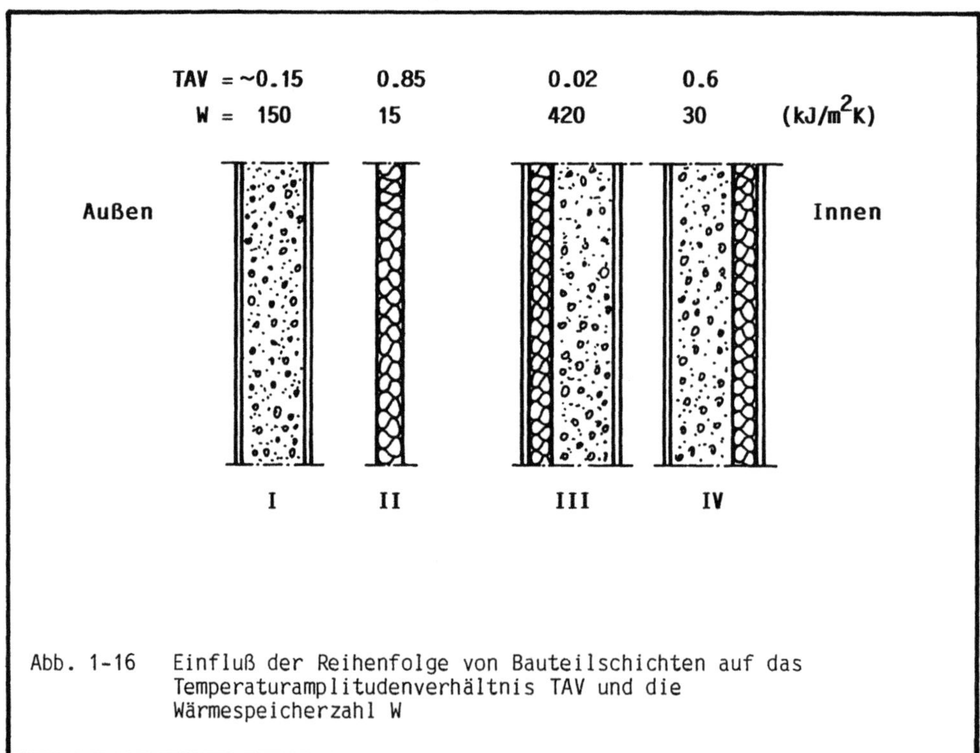

Abb. 1-16   Einfluß der Reihenfolge von Bauteilschichten auf das Temperaturamplitudenverhältnis TAV und die Wärmespeicherzahl W

Das Bauteil 1 hat ein Temperatur-Amplitudenverhältnis (TAV) von etwa 0,15 und eine Wärmespeicherzahl W = 150; diese Wand ist damit - obwohl massiv - nur ein mäßiger Wärmespeicher. Das Bauteil II zeigt eine reine Wärmedämmschicht, die keine Wärme speichern kann; das TAV ist mit circa 0,85 sehr schlecht und auch die Wärmespeicherzahl W ist mit 15 unbedeutend. Wird nun die Dämmschicht II an der Außenseite der massiven Wand I angeordnet, was der üblichen Außenwanddämmung entspricht, so ergibt sich ein sehr guter Wärmespeicher III mit einem TAV = 0,02 und einer Wärmespeicherzahl W = 420.

Wählt man hingegen die konstruktive Anordnung der gleichen Bauteilschichten zu einer Innendämmung IV, ergeben sich weitaus schlechtere Resultate. Die Innendämmung verhindert den Wärmeabfluß ins Mauerwerk und es ergibt sich ein TAV von 0,5 und eine Wärmespeicherzahl W = 30.

Das gezeigte Beispiel verdeutlicht, daß durch die Variante III der mehrschichtigen Konstruktion eine große Temperatur-Amplitudendämpfung erreicht wird. Bei großer Wärmeeindringzahl der innenseitigen Wandoberfläche ergibt sich zudem der Vorteil, daß die Wand auch Wärme aus dem Innenraum aufnehmen kann - dies, solange ihre Speicherkapazität von außen her nicht ausgelastet ist. Wichtig ist dieser Effekt, wenn in Räumen hohe innere Wärmelasten in häufigerem Wechsel auftreten.

Folgt man nun der obigen Empfehlung, eine Wand in speichernde und wärmedämmende Bauteilschichten zu trennen, so muß man in Kauf nehmen, daß die Phasenverschiebung beeinträchtigt wird. Eine meist als wünschenswert dargestellte Phasenverschiebung von etwa 12 Stunden ist bei dieser Konstruktionsart wirtschaftlich nicht mehr zu erreichen. Allerdings ist dieser Nachteil nur von untergeordneter Bedeutung, da ja die Amplitudendämpfung hoch ist. Als Faustregel gilt, daß bei hinreichend großer Amplitudendämpfung eine Phasenverschiebung von 6 bis 8 Stunden ausreicht - viel länger währt die Sonneneinstrahlung auf eine Wand ja auch nicht.

1.4.4   Die Rolle der Wärmespeicherfähigkeit beim sommerlichen Wärmeschutz

Daß die Fähigkeit von Bauteilen, Wärme zu speichern, für den sommerlichen Wärmeschutz tatsächlich von Bedeutung ist, haben ausführliche Untersuchungen der letzten Jahre nachgewiesen. Die Wärmespeicherfähigkeit schwerer Bauteile hat nämlich auf die Gestaltung des Raumklimas im Sommer folgenden Einfluß:

Durch die Amplitudendämpfung werden die im Verhältnis zur Außentemperatur zu erwartenden hohen Temperaturspitzen im Innenraum spürbar abgebaut.

Bei Gebäuden aus Materialien mit hoher Wärmespeicherfähigkeit liegt die Innenraumtemperatur deutlich niedriger, als bei Gebäuden mit "nur" gut gedämmter Leichtbauweise. Durch die Phasenverschiebung entsteht zudem das Maximum der Innenraumtemperaturen erst zu einem späteren als dem Zeitpunkt, zu dem die Son-

neneinstrahlung von außen ihr Maximum erreicht. Es ist durchaus möglich, und
dies wäre der Idealfall, daß die Phasenverschiebung 12 Stunden beträgt; damit
würde die auf der Außenseite der Außenwand eingestrahlte Sonnenenergie um diesen
Zeitraum später die maximale Erwärmung der Innenseite der Außenwand bewirken -
die Wärme des Tages würde die Kühle der Nacht ausgleichen.

Bei Raumumschließungsflächen mit nur geringem Wärmespeichervermögen kann im
Sommer ein recht unbehagliches Innenraumklima entstehen, wie es zum Beispiel bei
Fertigbauten in Leichtbauweise oder in ausgebauten Dachgeschossen oft zu beob-
achten ist.

Wie oben dargestellt, hilft die Wärmespeicherung, ein ausgeglichenes Raumklima
im Sommer sicherzustellen. Je nach den Anforderungen der Gebäudenutzung kann
hierdurch in vielen Fällen auf eine raumlufttechnische Anlage mit Kühlung verzichtet werden. In unserer Klimazone ist dies in Wohnbauten bei richtiger Bauweise grundsätzlich der Fall. Aber auch in vielen Verwaltungsgebäuden mit Ein-
zelbüros, Institutsgebäuden, Schulen und Universitätsgebäuden ist es nicht notwendig zu klimatisieren, wenn die Möglichkeiten der Wärmespeicherung richtig
genutzt werden. In Verbindung mit ausreichenden Sonnenschutzvorrichtungen an
Fenstern ist es in der Regel wahrscheinlich, daß sich auch in Schönwetterperio-
den im Sommer ein ausreichend behagliches Innenraumtemperaturniveau einstellt.
Neben den hohen Investitionskosten für eine Lüftungs- oder Klimaanlage können
während der ganzen Sommer- und Übergangszeit die Energiekosten für die sonst
notwendige Kühlung der Gebäude eingespart werden.

Auch wenn der Einbau von raumlufttechnischen Anlagen in ein Gebäude erforderlich
ist, läßt sich durch Berücksichtigung der Wärmespeichereffekte der Aufwand für
die Kühlung in der Regel verringern: allein die Reduzierung der Kühllastspitzen
durch ausreichend speicherfähige Bauteile kann zu beträchtlichen Einsparungen
bei Anlagen- und Energiekosten führen.

Im Zusammenhang mit der passiven Sonnenenergienutzung durch Fenster und Glasflächen eines Gebäudes spielt die Speicherfähigkeit der Bauteile eine entscheidende Rolle. Die hierbei zu beachtenden Einflußfaktoren und Gesetzmäßigkeiten
werden im /Kapitel 2.6/ beschrieben.

1.4.5   Die Rolle der Wärmespeicherung bei der Beheizung von Gebäuden

Auch im Winter bewirkt die Wärmespeicherung ein ausgeglichenes Raumklima; starke
Temperaturschwankungen der Raumluft durch wechselnde Belastung, wie z.B. schnelle Aufheizung der Räume bei Besonnung oder schnelle Auskühlung bei Fensterlüf-
tung werden vermieden. Allerdings läßt sich im Hinblick auf die Energieeinspa-

rung keine pauschal gültige Aussage treffen, wie dies für den Sommerbetrieb der
Fall ist. Abhängig von der Nutzung des Gebäudes, der Art der Wärmedämmung und
der Regelung der Heizungsanlage muß die stets dämpfende und verzögernde Wirkung
der Speicherfähigkeit der Außenwand und der Innenbauteile unterschiedlich beurteilt werden. Weiterhin ist zwischen Gebäuden mit und ohne raumlufttechnische
Anlagen zu unterscheiden.

Bei Gebäuden mit statischer Heizung ist eine wärmespeichernde Wirkung der Außenwand und der Innenbauteile im Winter auch dann vorteilhaft, wenn das Gebäude
ununterbrochen genutzt wird und eine gleichmäßige Raumlufttemperatur durch kon-
tinuierliche Beheizung angestrebt wird. Temperaturschwankungen der Außenluft,
Sonneneinstrahlung und innere Wärmebelastung werden durch die Wärmespeicherfähigkeit der Bauteile recht gut ausgeglichen.

Im Gegensatz dazu stehen Gebäude, bei denen eine nur zeitweise Nutzung gefordert
ist, bzw. eine deutliche Nachtabsenkung des Heizungsbetriebes möglich ist. In
diesen Fällen müßten nämlich die "ausgekühlten" Bauteile bei jeder erneuten
Nutzung mit einem entsprechend hohen Energieaufwand aufgeheizt werden; nachteilig wäre dabei auch, daß die Oberflächentemperatur der Wände erst sehr langsam
wieder den für die Behaglichkeit erforderlichen Wert erreicht. In Kälteperioden
ist bei einer stark speicherfähigen Bauweise der Wärmeverlust in diesen Gebäuden
je nach Absenkzeit um ca. 10 - 15% größer als bei einer nicht-speicherfähigen,
leichten und "nur dämmenden" Bauweise.

Auch für Gebäude mit Lüftungs- und Klimaanlagen ist keine einheitliche Aussage
über die Auswirkungen der Wärmespeicherung auf den Energieverbrauch möglich.
Hier gilt es, nach dem Lüftungserfordernis und der Dauer der Lüftung zu unterscheiden.

Kann beispielsweise die Kühllast einer raumlufttechnischen Anlage durch Wärmespeicherung im Sommer reduziert werden, so wird diese Einsparung bei der Kühllast in den meisten Fällen größer sein als die durch Wärmespeicherung hervorgerufenen Heizenergieverluste in der Heizperiode.

Bei Gebäuden, in denen der Betrieb der raumlufttechnischen Anlagen fast ganzjährig zur Kühlung notwendig ist, ist auch im Winter die Wärmespeicherung zur Ent-
lastung der Lüftungsanlage wirksam zu nutzen. Notwendig ist in diesem Falle
allerdings, daß häufige Betriebsunterbrechungen möglich sind, während derer die
betroffenen Räume auskühlen können (z.B. durch natürliche Belüftung mit kalter
Außenluft). Gute Beispiele hierfür sind Säle in Versammlungsgebäuden und Hörsäle
in Universitäten, die nur stundenweise genutzt werden.

1.4.6   Bewertung des Wärmespeichereffektes verschiedener Bauteile

Wurden bisher die Auswirkungen der Wärmespeicherung auf den Sommer- und Winterbetrieb betrachtet, so beziehen sich die nachfolgenden Beschreibungen der Wärmespeichereffekte auf einzelne Bauteile eines Gebäudes:

a. Wärmespeichernde Bauteile insgesamt sind neben Gebäudeorientierung und Sonnenschutz ein wichtiger Faktor für den sommerlichen Wärmeschutz. Sie haben
   eine energiesparende Auswirkung stets dann, wenn damit Investitions- und
   Betriebskosten für raumlufttechnische Anlagen mit Kühlung reduziert oder ganz
   vermieden werden können.

   Die Wärmespeicherfähigkeit von Bauteilen kann über deren Gewicht hinreichend
   erfaßt werden.

b. Außenbauteile bewirken durch wärmespeichernde Eigenschaften eine weitgehende
   Abschirmung der Räume gegen die wechselnde Wärmebeeinflussung von außen (Temperatur-Amplitudendämpfung und Phasenverschiebung). Wärmespeichernde Außenbauteile sind unerläßlich bei Flachdächern und bei großen Außenwandflächen
   auf den besonnten Seiten der Gebäude.

   Konstruktionen müssen hierzu eine hohe Wärmedämmung - bei mehrschichtigen
   Bauteilen außenseitig - und ein hohes Gewicht aufweisen. Bei leichten Außenbauteilen kann das fehlende Gewicht durch eine zusätzliche Wärmedämmung nur
   ungenügend ausgeglichen werden.

c. Innenbauteile der Raumumgrenzung mit hoher Wärmespeicherfähigkeit bewirken
   einen Temperaturausgleich bei wechselnden Wärmebelastungen und eine Reduzierung kurzzeitig auftretender Temperaturspitzen. Die Speicherwirkung schwerer
   Innenbauteile ist für alle Räume auszunutzen, deren hohe thermische Belastungen - vor allem durch Personenwärme - ohne Wärmespeicherung eine raumlufttechnische Anlage mit Kühlung erfordern würden.

   Bei nicht unterbrochenen Nutzungen werden die Räume mit wärmespeichernden
   Bauteilen auf wirtschaftliche Weise auf gleichmäßiger Raumlufttemperatur
   gehalten.

d. Massivwände mit beidseitiger Wärmebelastung sind für die Wärmespeicherung bis
   zu Grenzdicken von etwa 15 cm bei Flächengewichten von 100 bis 150 kg/m^2 und
   von etwa 20 cm bei Flächengewichten über 150 kg/m^2 ausnutzbar.

e. Massivdecken mit unverkleideter Oberfläche und mit einem Flächengewicht über
   400 kg/m^2 sind durch den wärmedämmenden Fußbodenaufbau und durch die höhere
   Lufttemperatur an der Deckenunterseite für die Wärmespeicherung als überwiegend einseitig beanspruchte Bauteile voll ausnutzbar.

f. Die Oberflächen der Bauteile und die Bewegung der Raumluft müssen für eine
   wirksame Wärmespeicherung möglichst groß sein. Wärmedämmende Verkleidungen
   der Bauteile verhindern die Speicherwirkung.

   Voraussetzung für die optimale Ausnutzbarkeit der Speicherung im Sommer ist
   eine wirksame Nachtlüftung.

1.5   Temperaturverteilung im Bauteil
1.5.1   Berechnungsgrundlagen

Infolge der klimatischen Unterschiede zu beiden Seiten eines Außenbauteiles
ergibt sich aufgrund der Temperaturdifferenz ein Wärmedurchgang und aufgrund der
Dampfdruckdifferenz eine Wasserdampfdiffusion durch das Bauteil. Bei starken
Temperaturunterschieden können schädliche Temperaturverformungen auftreten;
durch die Wasserdampfdiffusion kann das Bauteil im Innern durchfeuchtet werden
(Kondenswasserbildung) oder auf der Innenfläche des Bauteils kann sich Tauwasser
bilden. Zur Vermeidung von Bauschäden ist es deshalb notwendig, jede Baukonstruktion in dieser Hinsicht zu überprüfen. Besonders bei mehrschichtigen Bauteilen ist es dabei erforderlich, Aufschluß über die Temperaturverteilung im
Innern des Bauteils und auf seinen Oberflächen zu erhalten.

Die DIN 4108 "Wärmeschutz im Hochbau" legt die hier anzuwendenden Berechnungsverfahren fest.

a. Temperatur der Innenoberfläche
   Die Temperatur t_{oi} der Bauteilinnenoberfläche wird nach folgender Gleichung
   ermittelt:

$$t_{oi} = t_{Li} - \frac{1}{\alpha_i} \cdot \dot{q} \qquad \dot{q} = k \, (t_i - t_a)$$

b. Temperatur der Außenoberfläche
   Die Temperatur t_{oa} der Außenoberfläche eines Bauteils wird nach folgender
   Gleichung ermittelt:

$$t_{oa} = t_{La} - \frac{1}{\alpha_a} \cdot \dot{q}$$

c. Temperatur der Trennflächen

Die Temperaturen t_1, t_2 ... t_n nach jeweils der ersten, zweiten bzw. n-ten Schicht eines mehrschichtigen Bauteils (in Richtung des Wärmestroms gezählt) können wie folgt ermittelt werden:

$$t_1 = t_{oi} - \frac{1}{\Lambda_1} \cdot \dot{q}$$

$$t_2 = t_1 - \frac{1}{\Lambda_2} \cdot \dot{q}$$

$$t_n = t_{n-1} - \frac{1}{\Lambda_n} \cdot \dot{q}$$

Die Temperaturverteilung in einem mehrschichtigen Bauteil in Abhängigkeit von den Schichtdicken und den Wärmeleitfähigkeiten veranschaulicht /Abb. 1 - 17/.

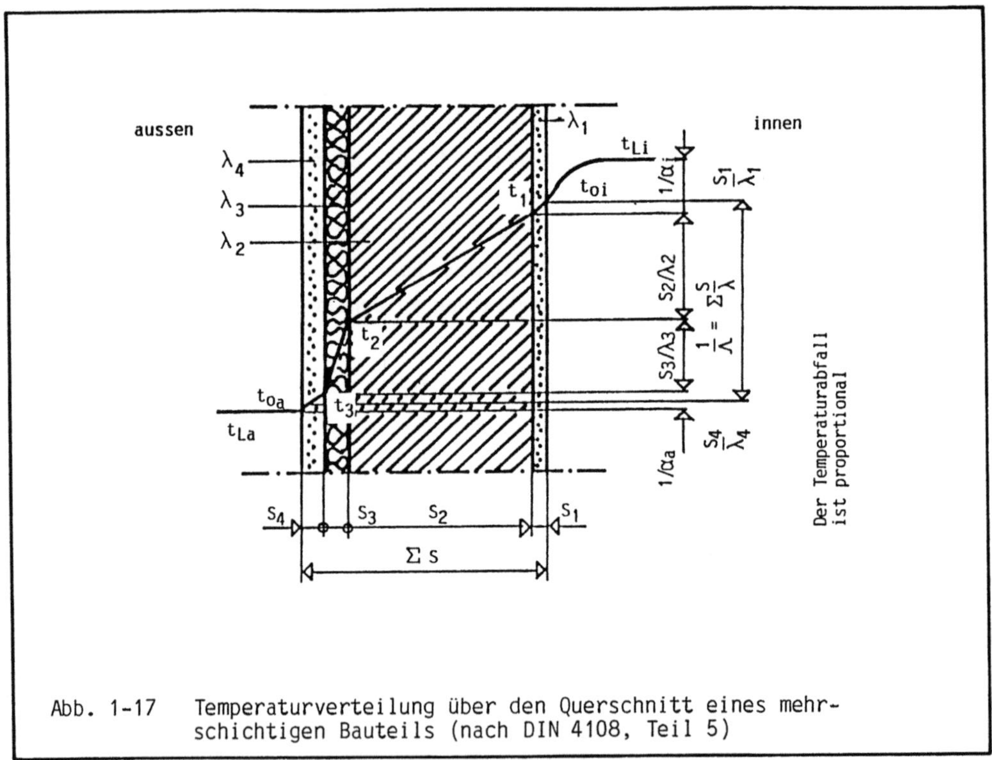

Abb. 1-17   Temperaturverteilung über den Querschnitt eines mehr-schichtigen Bauteils (nach DIN 4108, Teil 5)

1.5.2   Graphische Ermittlung der Temperaturverteilung im Bauteil

Einfacher gelangt man zur Temperaturverteilung auf graphischem Wege über das in /Abb. 1 - 18 / dargestellte Verfahren.

Im linken Teil der Abbildung ist das Bauteil in seinen Schichten in beliebigem Maßstab abgebildet, in der Mitte eine Temperaturskala und rechts, analog zum Schichtenaufbau links, eine maßstäbliche Darstellung der Wärmedurchlaßwiderstände (Temperaturdiagramm).

Von der Temperaturskala werden nun die Außen- und Innentemperatur auf das Temperaturdiagramm gelotet und die Punkte t_i und t_a durch eine Gerade verbunden. Die Schnittpunkte der Schichtgrenzen des Bauteils mit dieser Geraden werden nun auf die entsprechenden Schichtgrenzen in der linken Abbildung herübergelotet. Der Durchgang durch die Temperaturskala bestimmt dabei zugleich die jeweilige Temperatur an dieser Stelle. Die lineare Verbindung der so ermittelten Temperaturmarken an den Schichtgrenzen ergibt die Temperaturverteilung im Bauteil.

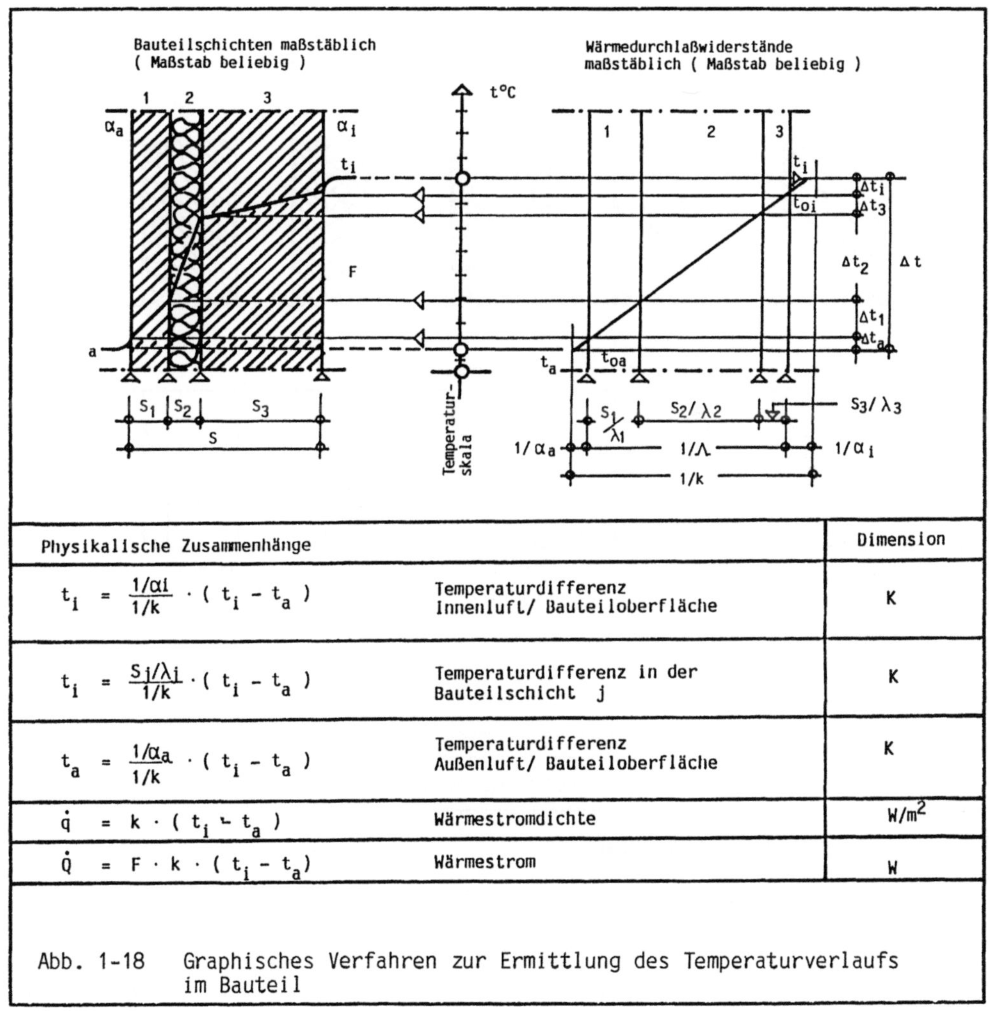

Physikalische Zusammenhänge		Dimension
$t_i = \dfrac{1/\alpha_i}{1/k} \cdot (t_i - t_a)$	Temperaturdifferenz Innenluft/ Bauteiloberfläche	K
$t_i = \dfrac{S_j/\lambda_j}{1/k} \cdot (t_i - t_a)$	Temperaturdifferenz in der Bauteilschicht j	K
$t_a = \dfrac{1/\alpha_a}{1/k} \cdot (t_i - t_a)$	Temperaturdifferenz Außenluft/ Bauteiloberfläche	K
$\dot{q} = k \cdot (t_i - t_a)$	Wärmestromdichte	W/m^2
$\dot{Q} = F \cdot k \cdot (t_i - t_a)$	Wärmestrom	W

Abb. 1-18 Graphisches Verfahren zur Ermittlung des Temperaturverlaufs im Bauteil

Aus den /Abbildungen 1 - 17 und 1 - 18/ geht hervor, daß der Temperaturabfall im Bauteil proportional zu den Wärmedurchlaßwiderständen verläuft. Bauteile mit gleichem Wärmedurchlaßkoeffizienten und gleichen Wärmeübergangskoeffizienten weisen deshalb - trotz unterschiedlicher Konstruktionen - gleiche Oberflächentemperaturen auf.

Die Temperaturverteilung im Bauteil kann demgegenüber stark voneinander abweichen, bedingt durch die Lage der einzelnen Schichten im Bauteil. Deutlich zeigt dies der Vergleich /Abb. 1 - 19/ von fünf Bauteilen mit gleichem Wärmedurchgangskoeffizienten, aber unterschiedlicher Anordnung der Dämmschicht als

- Außendämmung
- Manteldämmung
- Kerndämmung und
- Innendämmung

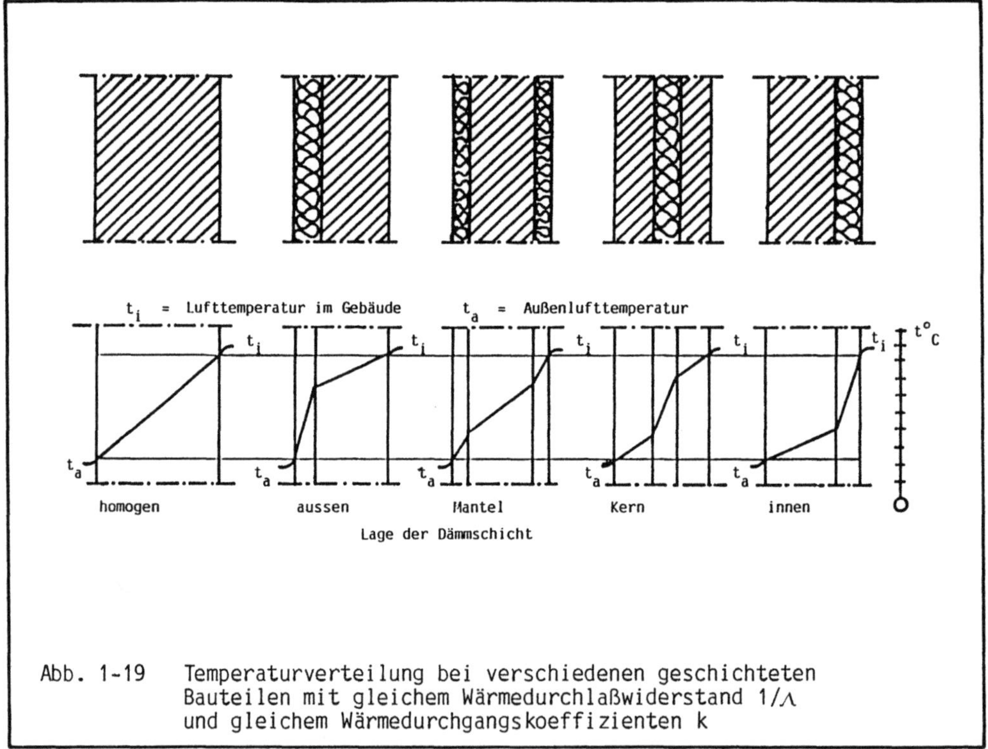

Abb. 1-19   Temperaturverteilung bei verschiedenen geschichteten Bauteilen mit gleichem Wärmedurchlaßwiderstand $1/\Lambda$ und gleichem Wärmedurchgangskoeffizienten k

1.6   Baulicher Feuchteschutz

Eng verbunden mit dem wärmeschutztechnischen Verhalten von Bauteilen ist ihr diffusionstechnisches Verhalten, das heißt die Eigenbewegung von Wasserdampf durch ein Bauteil hindurch. Bauteile sollten konstruktiv stets so ausgebildet sein, daß ihr Feuchtigkeitsgehalt weder zu Schäden auf der Bauteiloberfläche noch im Bauteilinnern führt. Feuchte Decken oder Wände ermöglichen Schimmel- und/oder Pilzbildung und stellen eine gesundheitsschädigende Gefahr für die Bewohner dar. Feuchte Bauteile verhindern auch ein behagliches Raumklima; dieses sogar, wenn eine eigentlich ausreichende Beheizung erfolgt. Infolge der Feuchte in den Bauteilen wird der Wärmeschutz stark vermindert, so daß zudem ein erhöhter Brennstoffaufwand zur Beheizung erforderlich wird. Selbst bei eigentlich guter Wärmedämmung kann so durch ungünstige Wasserdampfdiffusion der erwünschte Energiespareffekt ausbleiben.

Die DIN 4108 "Wärmeschutz im Hochbau" behandelt in Teil 3 den "klimabedingten Feuchteschutz" mit Anforderungen und Hinweisen für Planung und Ausführung, Teil 5 enthält die für die Auslegung erforderlichen Rechenverfahren. Auf die relativ umfangreichen Berechnungen wird an dieser Stelle verzichtet, zugunsten von Begriffsdefinitionen und praktischen Beispielen.

Wenn auf beiden Seiten eines Bauteils ein unterschiedliches Klima (Temperatur und relative Feuchte) besteht, so findet - ähnlich wie der Wärmedurchgang - ein Wasserdampfdurchgang durch das Bauteil statt. Diese Wasserdampfdiffusion (verursacht durch den unterschiedlichen Wasserdampfteildruck der relativen Luftfeuchte) ist bezüglich ihrer Geschwindigkeit und Menge abhängig von der Temperaturdifferenz und/oder der relativen Luftfeuchte.

Die Dampfdiffusion durch ein ebenes Bauteil kann für baupraktische Anwendungen nach einer Formel berechnet werden, die der Gleichung für den Wärmedurchgang formal entspricht:

$$G = k_D \cdot F \cdot (p_1 - p_2) \cdot z$$

G = Wassermenge durch Diffusion in kg
F = Fläche in m^2
z = Zeit in h
p_1, p_2 = Teildampfdrücke zu beiden Seiten des Bauteils in Pa
k_D = Wasserdampfdurchgangskoeffizient in kg/m^2hPa

Ähnlich der k-Wert Formel wird gerechnet:

$$k_D = \frac{1}{1/\beta_1 + s_1/\delta_1 + s_2/\delta_2 + \ldots + s_n/\delta_n + 1/\beta_2}$$

δ sind die Wasserdampfdiffusionsleitkoeffizienten und β sind die Wasserdampfdiffusionsübergangskoeffizienten. Letztere können bei praktischen Rechnungen vernachlässigt werden.

Unter Berücksichtigung der Dicke der einzelnen Bauteilschichten lassen sich die Wasserdampfdiffusionsdurchlaßwiderstände s/δ bilden und es folgt:

$$1/\Delta = s_1/\delta_1 + s_2/\delta_2 + \ldots + s_n/\delta_n$$

Die exakte physikalische Kennzeichnung eines Baustoffes in Bezug auf sein Diffusionsverhalten gibt die Diffusionswiderstandszahl μ an. Sie sagt, um wieviel mal größer der Diffusionswiderstand einer Stoffschicht ist als der einer gleich dicken Luftschicht - vorausgesetzt alle Randbedingungen sind gleich.

Unter Annahme einiger zulässiger Vereinfachungen, läßt sich aus der Diffusionswiderstandzahl μ der Wasserdampfdurchlaßwiderstand $1/\Delta$ errechnen:

$$1/\Delta = 1{,}5 \cdot 10^6 \; (\mu \cdot s) \quad \text{m}^2\text{Pa/kg}$$

Eine weitere Kenngröße für die Diffusionseigenschaften von Stoffen ist die diffusionsäquivalente Luftschichtdicke s_d

$$s_d = \mu \cdot s$$

Diese Kenngröße sagt aus, wie dick eine Luftschicht in Metern sein müßte, um denselben Diffusionswiderstand aufzuweisen wie ein Bauteil bzw. eine Baustoffschicht mit der Dicke s und der Diffusionswiderstandszahl μ.

Für Diffusionsberechnungen werden weiterhin folgende Kenngrößen benötigt:

- Wasserdampfsättigungsdruck p_S
  Wasserdampfdruck bei 100% relativer Luftfeuchte bei einer bestimmten Lufttemperatur

- Wasserdampfteildruck p
  Wasserdampfdruck bei einer gegebenen relativen Luftfeuchte von kleiner als 100% bei einer bestimmten Lufttemperatur

  $$p = \psi \cdot p_S \quad (\psi = \text{rel. Luftfeuchte})$$

- (Wasserdampf)Diffusionsdichte

  Die Diffusionsdichte i wird nach folgender Gleichung berechnet, die allerdings
  einen Diffusionsstrom ohne Tauwasserausfall voraussetzt:

$$i = \frac{p_i - p_a}{1/\Delta} \quad kg/m^2h$$

  p_i, p_a = Wasserdampfteildrücke auf beiden Seiten des Bauteils

Die Grundlagen und Verfahren zur Berechnung der Dampfdiffusion sind in der
DIN 4108 "Wärmeschutz im Hochbau" Teil 5 enthalten. Die Berechnungen basieren
auf dem "Graphischen Verfahren zur Untersuchung von Diffusionsvorgängen" von
H. Glaser. Nachfolgend ist die grundsätzliche Arbeitsweise des Glaserdiagramms
dargestellt; die DIN 4108 enthält darüberhinaus verschiedene Beispiele für Tauwasserausfall in Ebenen bzw. Bereichen eines Bauteils, mit denen die Berechnungsansätze für Tauwasserausfall und Verdunstung verdeutlicht werden.

In dem "Glaser-Diagramm" werden auf der Abszisse die im Maßstab der diffusions-
äquivalenten Luftschichtdicken dargestellten Bauteilschichten, auf der Ordinate
der Wasserdampfteildruck p aufgetragen /s. Abb. 1 - 20/. In das Diagramm werden
über den Querschnitt des Bauteils die jeweiligen Wasserdampfsättigungsdrücke und
der Wasserdampfteildruck eingetragen. Diese ergeben sich als Funktion der Temperaturverteilung im Bauteil, die vorher rechnerisch oder graphisch ermittelt
werden muß /s. Abschnitt 1.5 und Abb. 1 - 20, oben/. In Abhängigkeit von diesen
Temperaturen können die Wasserdampfsättigungsdrücke aus der DIN 4108, Teil 5,
Seite 6, Tabelle 2 entnommen werden.

Wegen des nicht linearen Zusammenhanges zwischen Sättigungsdruck und Temperatur
ist der Kurvenzug des Sättigungsdruckes mehr oder weniger gekrümmt. Der Verlauf
des Teildruckes im Bauteil ergibt sich als Verbindungslinie der Dampfdrücke p_i
und p_a zu beiden Seiten des Bauteils. Überschreitet die Gerade des Teildrucks
die Kurve des Sättigungsdruckes nicht, so ist unter den angenommen Randbedingungen nicht mit Tauwasserausfall zu rechnen.

Würde die Gerade des Teildruckes hingegen die Sättigungsdruckkurve schneiden, so
müssen ersatzweise von den Punkten der Teildrücke p_i und p_a Tangenten an die
Kurve des Sättigungsdruckes gelegt werden. Die Berührungspunkte der Tangenten
mit dem Kurvenzug des Sättigungsdruckes ergeben die Ebene /Abb. 1 - 21 links/
oder den Bereich /Abb. 1 - 21 rechts/ im Bauteil, innerhalb dessen Kondensation
erwartet werden muß. Bei Schichtwänden erfolgt die Kondensation normalerweise in
der Ebene /Abb. 1 - 21 links/.

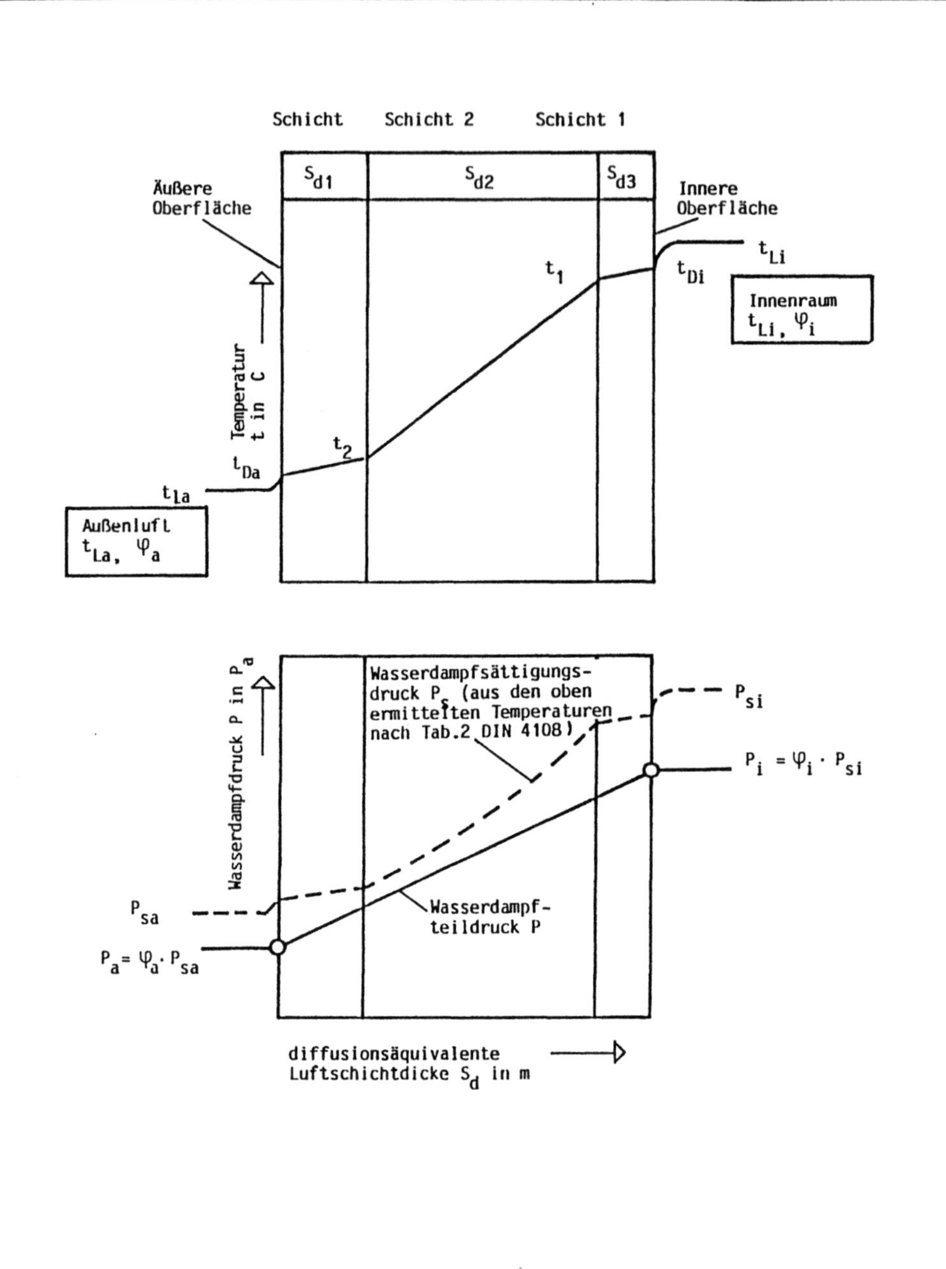

Abb. 1-20   Schematische Darstellung des Verlaufs der Temperatur, des Wasserdampfsättigungs- und -teildrucks durch ein mehrschichtiges Bauteil zur Ermittlung etwaigen Tauwasserausfalls

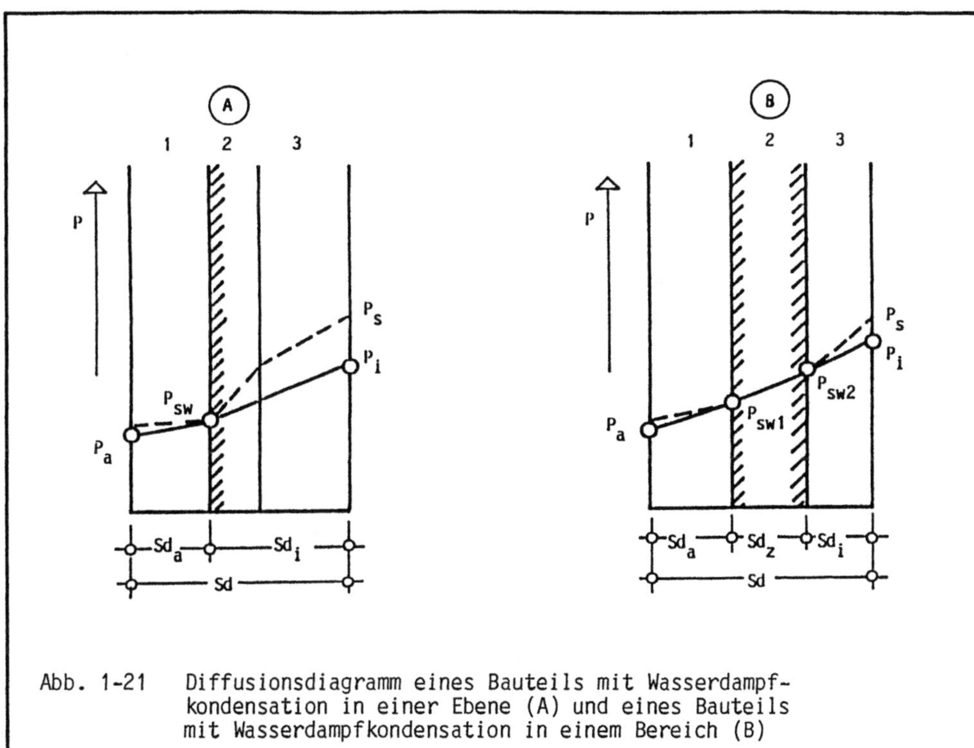

Abb. 1-21   Diffusionsdiagramm eines Bauteils mit Wasserdampf-
            kondensation in einer Ebene (A) und eines Bauteils
            mit Wasserdampfkondensation in einem Bereich (B)

Klimagerechtes Planen und Bauen

Peter Epinatjeff

Hauptaufgabe für das Planen und Bauen ist die Sicherung der Lebensgrundlage des Menschen. Er bewohnt Landschaften der unterschiedlichsten Klimazustände, die vielfältige Existenzvoraussetzungen bieten.

Standort sowie Einpassung in die örtlichen Natursysteme haben die Bauformen des nicht technisierten Zeitalters geprägt. Erst der Mensch des hochtechnisierten Zeitalters konnte es sich erlauben, standortspezifische Klimate zu ignorieren. Globale und regionale Klimazonen, Lokal- und Kleinklimate wurden bei Planung und Ausführung seiner Wohn- und Arbeitsstätten vernachlässigt: Unbegrenzte Energieverwendung durch bedenkenlose Rohstoffausbeutung ermöglichten stereotype Architekturen vom Äquator bis zum Polarkreis, nur zu unterscheiden am wechselseitigen Aufwand für Heizung, Kühlung und Lüftung. Aufgabe des Planens und Bauens muß es jedoch sein, den menschlichen Bedürfnissen unter den unterschiedlichen Bedingungen Rechnung zu tragen. Dies kann in planerischer, konstruktiver und bauphysikalischer Hinsicht geschehen.

Die Gebäudehülle und die innere Organisation von Gebäuden haben entscheidenden Einfluß auf deren Energiebilanz. Neben Kriterien wie Orientierung und Größe der Verglasungsflächen, Speicherfähigkeit der Konstruktion, temporären Wärmeschutz und Sonnenschutz sind thermische Durchlässigkeit, Zonung und Pufferung entsprechend den jahreszeitlich unterschiedlichen Temperaturanforderungen wichtige Hilfsmittel zur Verringerung des Energiebedarfs und zur Optimierung des solaren Energiegewinns.

Diese Möglichkeiten und die Kriterien ihrer Anwendung bei der Planung von Neubauten aufzuzeigen ist Ziel dieses Abschnitts.

Meteorologische Grunddaten zur Planung

Voraussetzung für die Einpassung eines Gebäudes in ein lokales energetisches System ist die Kenntnis natürlicher klimatologischer Prozesse. Mittel- und Extremwerte sowie Häufigkeitsverteilungen ausgesuchter Parameter in verschiedenen Jahreszeiten können zu Forderungen an die Baustruktur führen, die nicht miteinander vereinbar sind. So sind Windgeschwindigkeitszunahmen an heißen Sommertagen angenehm, während der kalten Jahreszeit können sie als unangenehm empfunden werden. Die Sonneneinstrahlung ist im Winter und in der Übergangsjahreszeit durchaus erwünscht, an strahlungsintensiven Hochsommertagen kann sie den Baukörper unangenehm aufheizen. Die für das energetische System Gebäude bedeutsamen meteorologischen Grundlagen werden im /Band IV/ behandelt.

2.1   Klimatische Einflüsse des Planungsfeldes

Unter dem Klima eines Ortes wird der mittlere Zustand der atmosphärischen
Elemente Temperatur, Wind, Luftfeuchte, Strahlung sowie der gasförmigen,
flüssigen und festen Bestandteile der Luft verstanden. Das Wetter eines Ortes
ist der augenblickliche Zustand und die andauernde Veränderung der uns umgeben-
den Lufthülle. Diese Veränderungen entstehen durch die Einwirkung der Sonnenstrahlen auf Erde und Lufthülle und die daraus resultierenden Temperatur-,
Feuchtigkeits- und Druckunterschiede. Neben den klimatischen Mittelwerten von
Wind, Besonnung, Temperatur, Feuchte und Luftverunreinigung sind für die
Untersuchung des lokalen Klimas auch die örtlichen Randbedingungen von Bedeutung, da durch sie die Behaglichkeitsbereiche für den Menschen wesentlich
eingeschränkt werden können. /siehe Band IV/. Behaglichkeitsbereiche werden
durch die Meßgrößen Wind, Temperatur und relative Luftfeuchtigkeit bestimmt. Die
körperliche Tätigkeit des Menschen, der Grad der Bekleidung und, wegen des
subjektiven, jahreszeitlich schwankenden Temperaturempfindens auch die Jahreszeit, sind bei der Definition der Behaglichkeitsbereiche zu berücksichtigen.
Das Klima eines Ortes unterliegt verschiedenen Einflußgrößen. Aus den Überlage-
rungen von Zonenklima und Regionalklima, den topographischen Gegebenheiten und
der Vegetation entsteht ein für den jeweiligen Ort typisches Kleinklima.

2.1.1   Topographische Einflüsse Land und See

Durch ihre geringere Wärmeleitfähigkeit erwärmt sich die Landoberfläche tagsüber
schneller als angrenzende Gewässer. Die aufsteigende Warmluft über dem Land
zieht die kühlere Luft über dem Wasser ins Land nach, es entsteht der kühlende
Seewind. Da das Wasser eine höhere Wärmespeicherfähigkeit besitzt, kühlt es
nachts langsamer ab als das Land; der Kreislauf kehrt sich um.

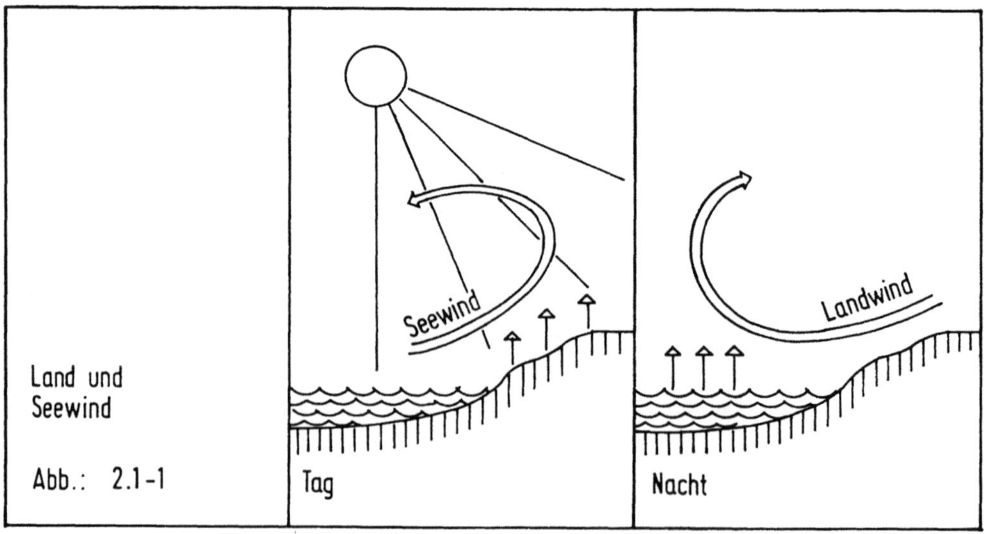

Durch ihre hohe Wärmeleit- und Speicherfähigkeit haben Gewässer einen erheblichen Einfluß auf das örtliche Klima:
Die phasenverschobene Wärmeabgabe mäßigt die Temperaturschwankungen der Umgebung, die durch Verdunstung auftretende hohe Luftfeuchte verringert die nächtliche Abstrahlung. So können auch kleine Gewässer tiefe Nachttemperaturen
angrenzender Gebiete mäßigen.

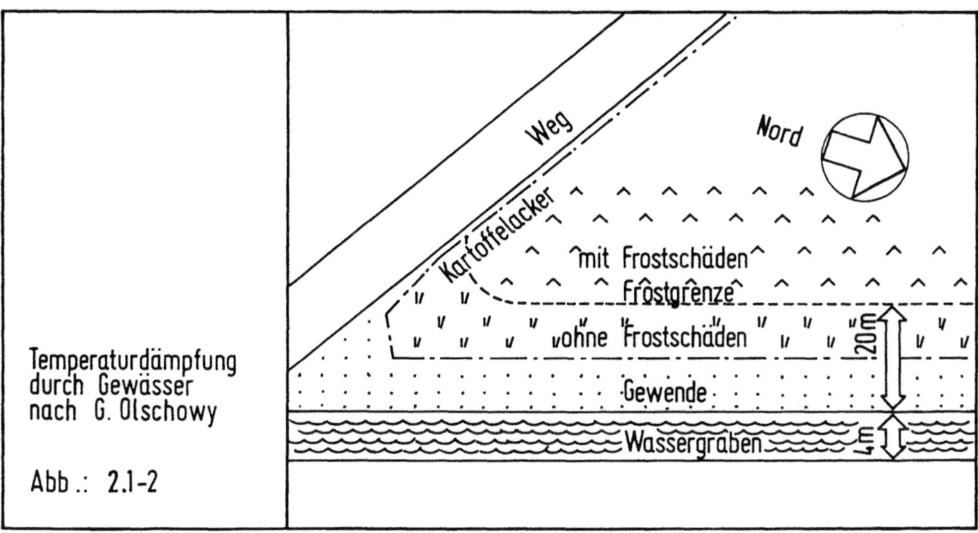

2.1.2   Topographische Einflüsse von Berg und Tal

Sonnenstand und Hangneigung sorgen gerade in unseren Breiten für unterschiedliche Hang- und Talklimate. Je nach Höhenlage und Orientierung finden wir günstige
Weinbaulagen oder kalte, zugige Wetterdurchzugsgebiete. Von der Sonne beschie-
nene Hangflächen erwärmen sich stärker und rascher als die Tallagen. Die warme
Luft steigt auf und zieht kühlere nach (Hang-und Talaufwinde).

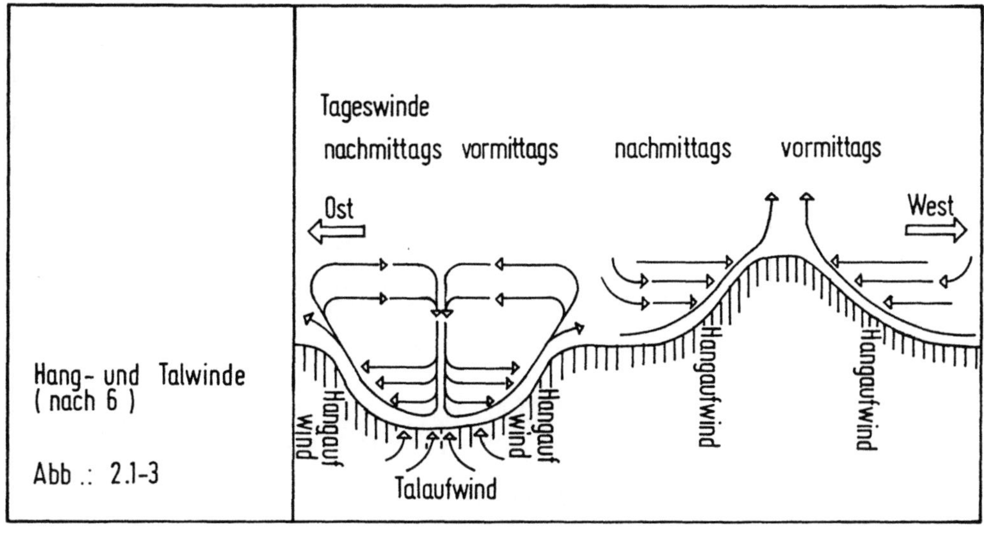

Nachts sorgt die stärkere Auskühlung der Bergkuppen für eine Umkehrung dieses
Vorgangs. Dabei kann es beim langsamen Abfließen der Kaltluft in das Tal zu
Temperaturschichtungen und Kaltluftstaus kommen. Diese "Kaltluftseen" sind
frostgefährdet und dehnen sich bis ins untere Drittel der Hanglagen aus. In ihnen sammelt sich auch die verunreinigte Luft. Bevorzugtes Siedlungsgebiet ist
deshalb das mittlere Drittel der Hanglagen.

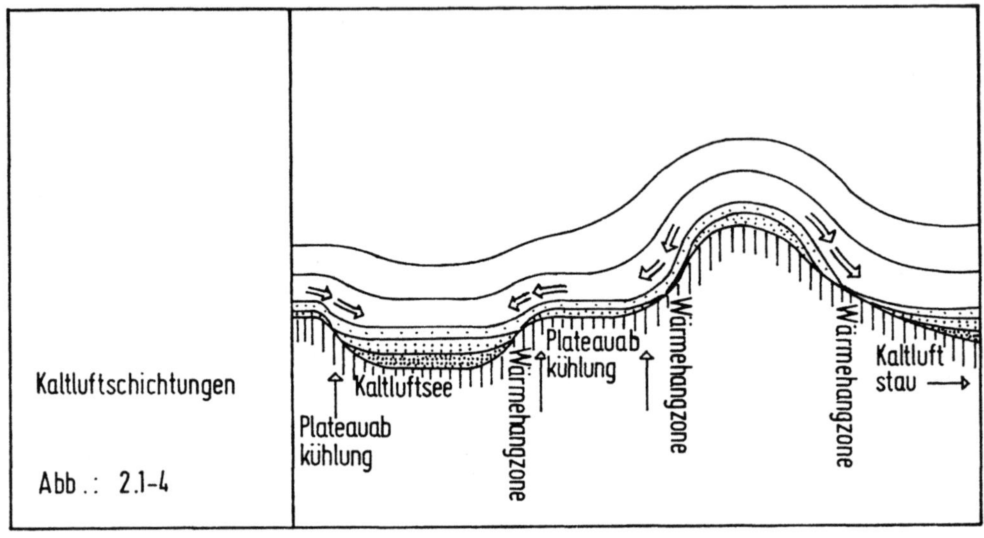

2.1.3   Mikroklima

Neben dem großmaßstäblichen Klima wird das Mikroklima eines Ortes erheblich von
der Sonneneinstrahlung und der Art ihrer Energieumsetzung beeinflußt. Wärmeleitung und Wärmestrahlung, Windbewegung und Feuchtehaushalt werden zum Teil am Ort
selbst produziert. Ein Stein auf einer Wiese erzeugt in seiner Umgebung über die
Sonneneinstrahlung ein wechselhaftes Mikroklima mit verschiedenen Lebensbe-
reichen.

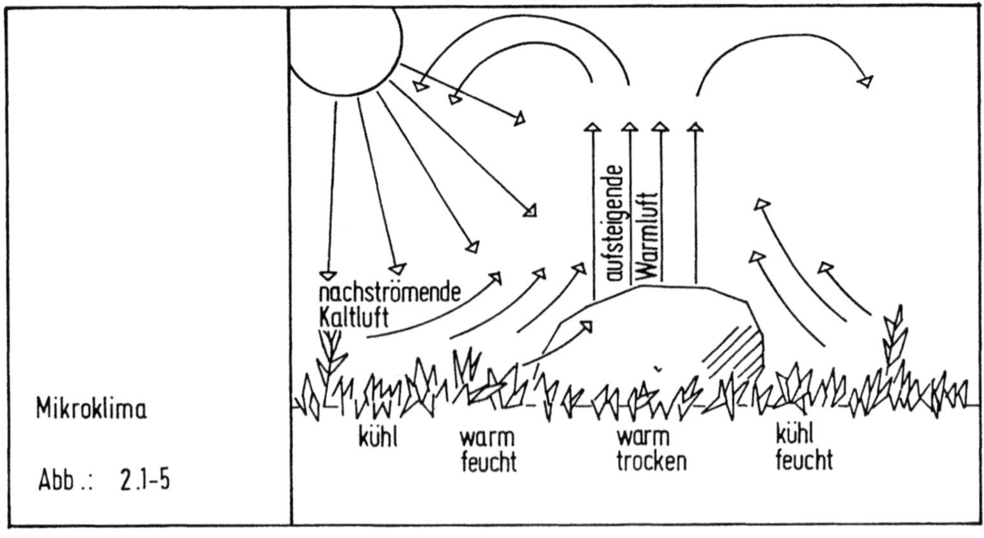

In gleicher Weise üben Bauten Einflüsse auf ihre Umgebung aus. Die bewußte Gestaltung kann klimatische Vorteile schaffen, die der Energiebilanz der Behausungen des Menschen zugute kommen und eine angenehmere Nutzung der Außenräume zulassen.

2.1.4 Eingriffe des Menschen in das Klima

Änderungen der Vegetations-, Boden- und Wasserflächen bringen das ganz besondere Kleinklima eines Ortes hervor. Ebenso verändern auch alle vom Menschen vorgenommenen Eingriffe in die Umwelt die bestehenden Klimate. Rodungen, Änderungen der Gewässerführung, Verkehrstrassen und Gebäudemassen bewirken Veränderungen der zugehörigen Kleinklimate. Verdichtete Siedlungsformen und extensive Landwirtschaft spielen dabei zum Teil schon seit langer Zeit eine entscheidende Rolle in den kleinklimatischen Zusammenhängen.

2.1.5 Stadtklima

Siedlungsformen mit hoher Bebauungsdichte weisen im allgemeinen eine höhere Durchschnittstemperatur (+ 2°K), höhere Spitzentemperaturen (6 - 12°K) und geringere Luftfeuchten (- 6%) auf.

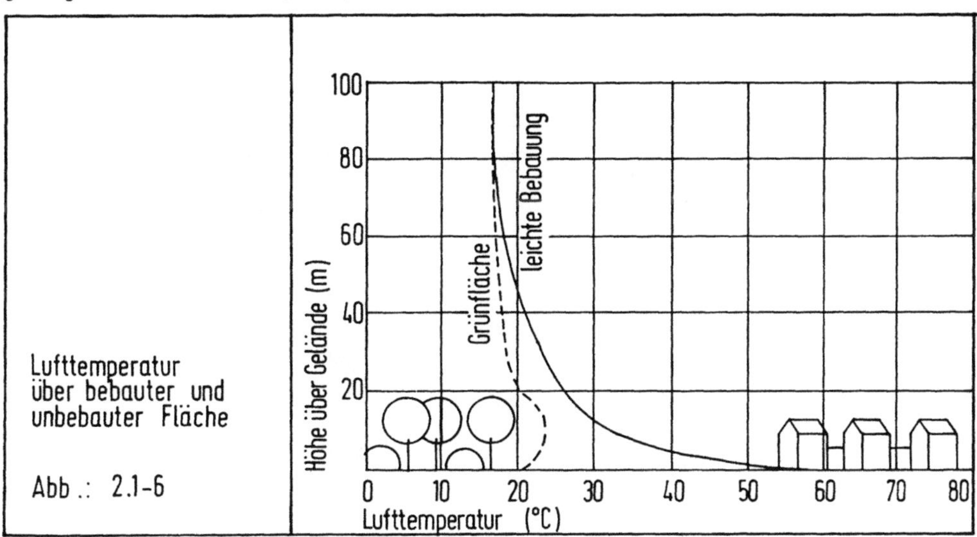

Diese Kennzeichnung des Stadtklimas hat mehrere Ursachen:

- Straßen und Gebäude haben eine höhere Wärmeleit-, Absorptions- und Speicherfähigkeit als das unbebaute Freiland,
- durch die Mehrfachreflexion in den Straßenschluchten wird ein zusätzlicher Strahlungsanteil absorbiert,

- die nächtliche Abstrahlung wird durch wechselseitige Abschirmung und Reflexion
  an der "Dunstglocke" vermindert,
- mangelnde Verdunstung durch fehlende Oberflächenfeuchte
- fehlende Vegetation, die der Umgebung zur Verdunstung Wärme entzieht
- mangelnde Durchlüftung durch hohe Bebauungsdichte
- hohe Eigenproduktion von Wärme durch Hausbrand, Verkehr und Industrie

Die genannten Faktoren führen zur Bildung einer Wärmeinsel.

Die thermischen Verhältnisse in der Stadt, die Überwärmung, führen zur Ausbildung eines eigenen Windsystems, des Flurwindes. Er strömt aus dem freien Umland
(der Flur) durch die Stadt in Richtung auf das Zentrum. Er ist in vielen Städten
nachgewiesen. Die durch Konvektion. aufsteigenden Luftmassen über der Stadt
werden durch den nachströmenden Flurwind ersetzt. Er bildet sich jedoch nur,
wenn geringe Windgeschwindigkeiten außerhalb der Stadt herrschen, ungefähr unter
3 m/sec. Seine Funktion als Frischluftbringer ist kritisch zu beurteilen. Er
führt, bald nachdem er in die Stadt eingedrungen ist, die Verunreinigungen der
Luft mit sich, transportiert sie in Richtung auf das Stadtzentrum und schafft
dort Konzentrationsfelder. Allenfalls am Stadtrand sorgt er für die Zufuhr
sauberer Luft. Somit vergrößern die erhöhte Überwärmung, der erhöhte Auftrieb
und damit verbunden der auftretende Flurwind in zunehmend stärkerem Maße die
städtische Dunstglocke. Erst mittlere Winde heben diesen Zyklus auf, trennen die
Dunstglocke von der Stadt und zerstreuen sie.

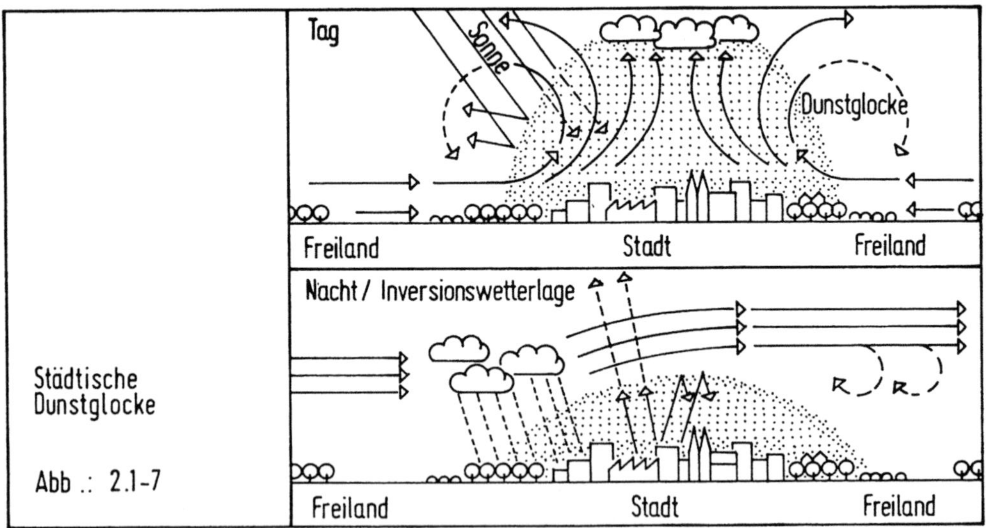

Nächtliche Wärmeabstrahlung und Luftaustausch werden vermindert. Bei ungünstigen
Wetterlagen wird aus dieser Dunstglocke der gesundheitsgefährdende Smog.

Architekten und Ingenieure haben die Aufgabe, ein Raumklima zu schaffen, das das Wohlbefinden des Menschen in seinen Aufenthaltsräumen erhalten kann.

Ein Raumklima wird als behaglich empfunden, wenn es sich in einem bestimmten Verhältnis von Temperatur, Feuchtigkeit und Luftzusammensetzung bewegt. Letztere sollte dabei der reinen Außenluft entsprechen und Geruchsstoffe nur in geringem Maße, Staub überhaupt nicht enthalten. Somit sind Temperatur und Feuchtigkeit wesentliche Faktoren für das körperliche Befinden des Menschen /s. Band IV/.

Weitere Einflüsse sind durch die Temperatur der Umschließungsflächen, die Luftgeschwindigkeit, die Bekleidung und schließlich die Tätigkeit des Menschen gegeben /s. Band IV/.

2.2.1   Wärmehaushalt des Menschen

Der menschliche Organismus ist darauf angewiesen, eine Kerntemperatur von 37°C zu halten. In den Gliedmaßen und an der Hautoberfläche treten dabei erhebliche Temperaturunterschiede auf, als vermehrtes Wärmeangebot bei körperlicher Tätigkeit oder als Wärmedefizit bei Unterkühlung. Diese Temperaturschwankungen werden durch die Hautdurchblutung als Wärmetransportsystem reguliert. Während des Kreislaufes kühlt sich das Blut ab, besonders in den äußeren Gliedmaßen wie Händen und Füßen. In den inneren Organen wird es durch die langsame Verbrennung von Eiweiß, Fett und Kohlehydraten wieder erwärmt. Dieser ständige Wärmeaustausch des Körpers mit seiner Umgebung erfolgt über Wärmeleitung, Konvektion, Strahlung und Verdunstung.

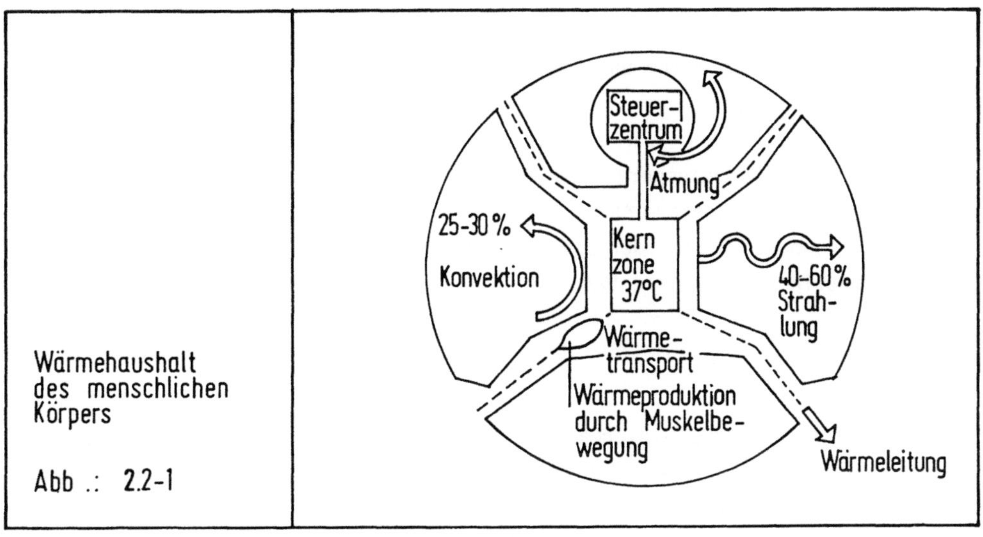

Wärmehaushalt des menschlichen Körpers

Abb .: 2.2-1

Ein Wohlbefinden stellt sich beim Menschen ein, wenn ein gewisses Gleichgewicht zwischen im Körper erzeugter und von ihm abgegebener bzw. gespeicherter Wärme besteht. Temperatureinflüsse, die extrem von der Körpertemperatur abweichen, werden durch besondere Regelmechanismen ausgeglichen: Bei sinkenden Temperaturen wird durch Verengung der Blutgefäße die Hautoberfläche verringert (Gänsehaut). Steigenden Temperaturen wird durch zusätzliche Wärmeabgabe über Verdunstung (Schwitzen) begegnet.

Das Gebäude als Schutzschild gegen extreme Witterungsbedingungen soll den Aufwand dieses Regelmechanismus begrenzen. Zur Unterstützung werden dazu klimatechnische Anlagen - Heizung und Kühlung - benötigt.

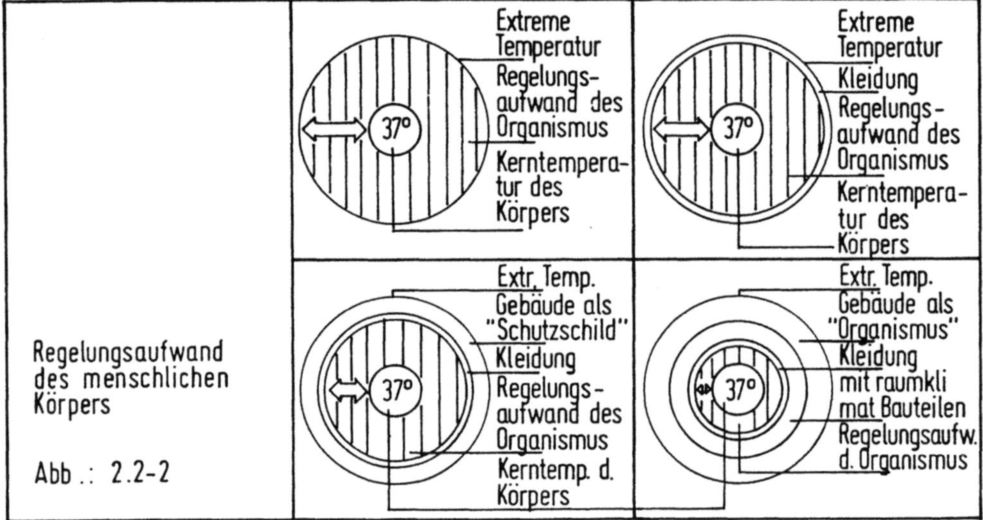

Ein sinnvolles Gebäudekonzept schafft ein gesundes und angenehmes Raumklima, bei dem der Wärmehaushalt des Menschen mit minimalem Aufwand funktioniert.

2.2.2   Lufttemperatur und empfundene Temperatur

In unseren klimatischen Verhältnissen werden von dem normal gekleideten, sitzenden Menschen Raumtemperaturen von 20° - 22°C als angenehm empfunden. Die empfundene Temperatur ist jedoch nicht die gemessene Lufttemperatur, sondern eine "Mitteltemperatur" aus der Lufttemperatur und der Oberflächentemperatur der Umschließungsflächen /s. Band IV/.

$$T_e = \frac{T_{LUFT} + T_{UM}}{2}$$

Wesentlich ist auch die Gleichmäßigkeit der Temperaturverteilung im Raum. Sie wird bestimmt durch Art und Anordnung der Heizung und der Außenwände. Raumlufttemperaturen müssen sich nach der körperlichen Betätigung und der Raumnutzung richten.

So werden aus physiologischer Sicht für verschiedene Räume Empfehlungen ausgesprochen. Diese Temperaturen sollten aus physisch-physiologischen Gründen um ± 2 - 3°C regelbar sein.

Raum	Empfohlene Raumlufttemperatur °C	Erwünschter regulierbarer Bereich
Bad	22	20-23
Wohnzimmer mit und ohne Eßplatz (Menschen im Ruhezustand)	20	20-21
Eßdiele, Küche + Eßplatz	19	18-20
Kinderzimmer, geistige Arbeit 12-18 Jahre	19	19-21
Küche mit Eßplatz	19	18-20
Arbeitsküche	18	17-19
Kinderzimmer, Spielen	18	18-20
Schlafzimmer (Schlafen, leichte Handarbeit)	17	17-20
WC	16	16-18
Dieie, Empfang	15	15-16
Windfang	15	14-16
Treppenhaus, Flure, geschlossen	14	
Abstellräume innerhalb der Wohnung	14	

Tab. 2-1 Empfohlene Raumlufttemperatur für Wohnungen /4/

Diese Temperaturen sind jedoch als Mittelwert zu betrachten. Sie sind insbesondere von der Außentemperatur abhängig. So werden an heißen Sommertagen Raumlufttemperaturen von 21°C als zu kalt empfunden. Temperaturen, die in der Mitte zwischen 20°C und der jeweiligen Außentemperatur liegen, werden dann als angenehm empfunden.

2.2.3   Temperatur der Umschließungsflächen

Zu den Raumumschließungsflächen werden alle Flächen gerechnet, mit denen der Mensch im Strahlungsaustausch steht, also Wände, Decken, Fußböden, Fenster, Heizflächen und Möbel.

Das Temperaturempfinden des Menschen entspricht dem Mittelwert aus Lufttemperatur und Umschließungsflächentemperatur. So wird eine Absenkung der Umschließungsflächentemperatur von 20°C auf 18°C durch eine Anhebung der Lufttemperatur um 2°C auf 22°C ausgeglichen werden können: die empfundene Temperatur beträgt 20°C. Dieser Temperaturausgleich findet aber nur in einem bestimmten Bereich statt, dem sogenannten Behaglichkeitsfeld. Der Unterschied beider Temperaturen sollte nicht mehr als 3°C betragen. Hier wird der Zusammenhang zwischen wärmedämmenden Bauteilen und der Behaglichkeit deutlich. Die Oberflächentemperaturen sollen Werte von $t_0 = 16°C$ nicht unterschreiten.

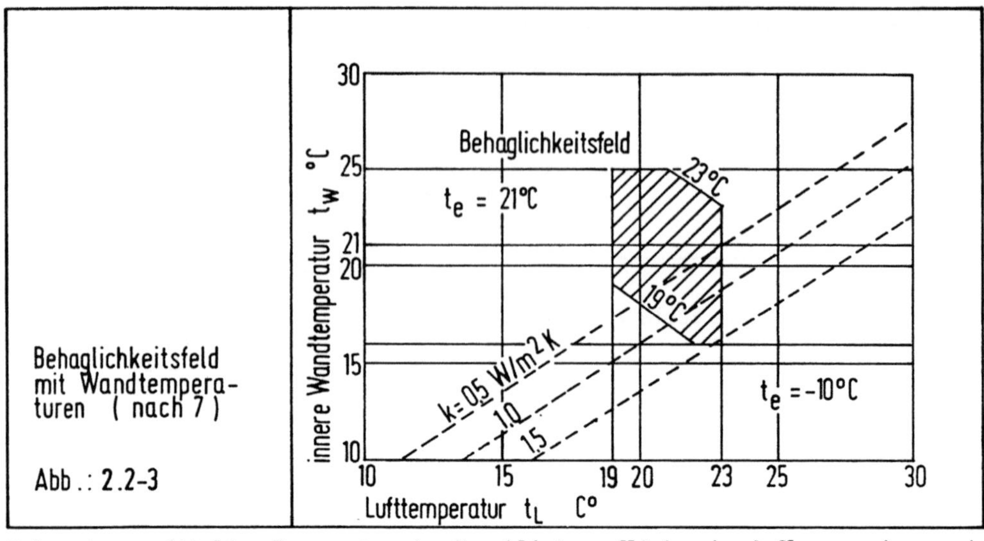

Behaglichkeitsfeld
mit Wandtempera-
turen (nach 7)

Abb.: 2.2-3

Neben der gemittelten Temperatur der Umschließungsflächen beeinflussen aber auch starke Temperaturunterschiede das Empfinden des Menschen. Vor kalten Fensterflächen kommt es zu unsymmetrischen Wärmeabgaben, die als "Zugerscheinung" unangenehm empfunden werden.

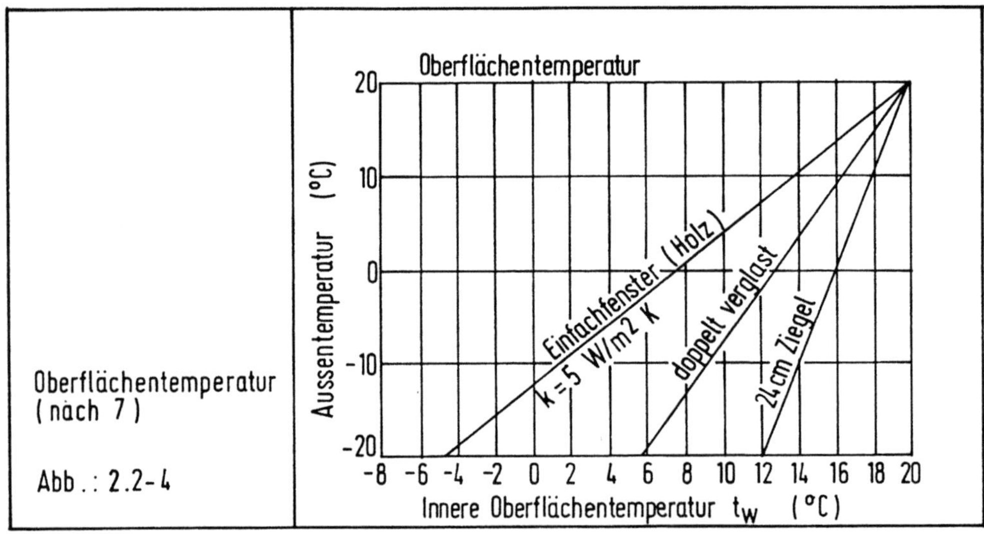

Oberflächentemperatur
(nach 7)

Abb.: 2.2-4

Auch durch entsprechend angeordnete Heizflächen können solche Temperaturunterschiede ausgeglichen werden /s. Band IV/.

2.2.4 Luftfeuchtigkeit

Ein Teil der Wärmeabgabe des Menschen erfolgt über die Atemluft. So wird also auch die Feuchtigkeit der Luft Einfluß auf die Behaglichkeit des Menschen haben. Zu geringe Luftfeuchtigkeit beeinträchtigt die Schleimhäute und setzt die

Selbstreinigung des Atemsystems herab - der Mensch wird anfälliger für Erkältungskrankheiten. In trockener Luft schweben zudem noch Staubteilchen in der Luft, die bei Verschwelung auf den Heizkörpern die Atemwege zusätzlich reizen. Kunststoffe werden bei trockener Luft elektrisch aufgeladen, bei Berührung kommt es zu unangenehmen Entladungserscheinungen. Eine relative Raumluftfeuchte von 30 - 35% sollte deshalb nicht unterschritten werden.

Die relative Luftfeuchtigkeit ist vom Temperaturniveau abhängig. Je höher die Temperatur, desto mehr Feuchtigkeit kann sie aufnehmen.

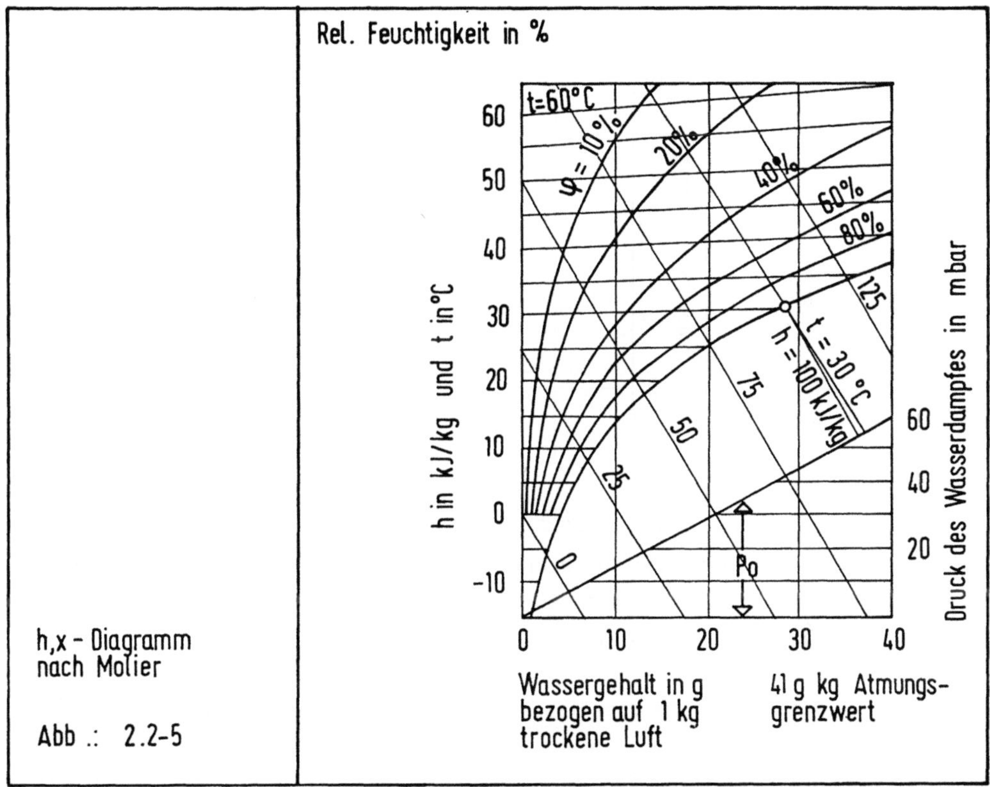

h,x - Diagramm
nach Molier

Abb.: 2.2-5

Kalte Winterluft (± 0°C) mit einer relativen Luftfeuchte von 50% enthält ca. 2 g Wasser/kg trockene Luft. Wird diese Luft im Raum auf 20°C erwärmt, beträgt ihre relative Luftfeuchte nur noch 20 - 30%, die trockene sog. "Zentralheizungsluft".

Bei zu hoher Luftfeuchtigkeit wird die Verdunstung über die Atemluft erschwert, die Verdunstung erfolgt über die Hautoberfläche, der Mensch schwitzt. Bei weiter steigender Luftfeuchtigkeit geht auch diese Regelmöglichkeit zurück.

In Verbindung mit den jeweiligen Raumtemperaturen sollte die relative Feuchtigkeit zwischen 35 und 65% liegen, um ein angenehmes Raumklima zu erzielen.

2.2.5 Luftbewegung

Die Bewegung der Raumluft wirkt sich direkt auf die konvektive Wärmeabgabe des Körpers aus. Am meisten wird das Wohlbefinden gestört, wenn die bewegte Luft eine geringere Temperatur als die Raumluft hat und aus einer Richtung einen Körperteil trifft. Luftbewegung innerhalb eines Raumes darf - in Abhängigkeit von der Raumtemperatur, der Tätigkeit und der Aufenthaltsdauer - einen bestimmten Wert nicht überschreiten, um nicht zu unangenehmen Zugerscheinungen zu führen.

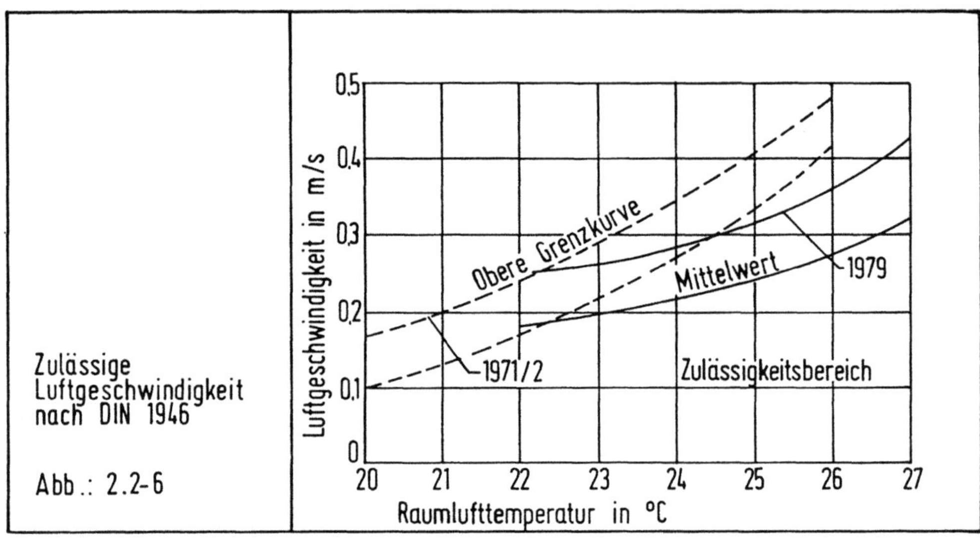

Der Staubgehalt der Luft hängt ebenfalls von ihrer Bewegungsgeschwindigkeit ab. Stark bewegte Luft (z. B. bei Konvektionsheizungen) wirbelt Schadstoffe auf und führt sie mit sich, die Atemluftqualität wird herabgesetzt.

2.3 Städtebauliche energiesparende Planungsgrundlagen

Obwohl die Möglichkeit einer freien Standortwahl für Siedlungs- und Gebäudeplanung heute stark begrenzt ist, müssen die unterschiedlichen mikroklimatischen Bedingungen eines Standortes erkannt und genutzt werden, um energiesparende Bauweisen zu verwirklichen.

Beurteilungskriterien klimagerechter Siedlungskonzepte sind unter drei Zielen zusammenzufassen:

- <u>Vermeidung</u> des Entstehens des typischen Stadtklimas
- <u>Verminderung</u> bestehender Mißstände durch städtebauliche Maßnahmen
- <u>Verbesserung</u> des Stadtklimas durch klimagerechte städtebauliche Planungen

Diese Ziele sind zu erreichen durch

- Bereitstellung einer ausreichenden Frischluftzufuhr und ausreichender Flächen
  zur Kaltluftproduktion
- Verminderung der Luftaufheizung des Stadtgebietes durch Erhöhung des Grünflächenanteils
- Verminderung der Luftverschmutzung durch städtebauliche Nutzungskonzepte,
  durch Maßnahmen der Verkehrsplanung und durch Verbesserungen im technologi-
  schen Bereich.

2.3.1   Freiraumplanung

Die für die Frischluftzufuhr notwendige Kaltluft kann nur auf Flächen entstehen,
die schon im Siedlungskonzept dafür vorgesehen sind. Dies sind Wiesen, Rasen und
Ackerflächen sowie Schonungen mit niedriger Vegetation. Durch hohe Abstrahlung
und Konvektion kühlen sie nachts besonders stark ab.

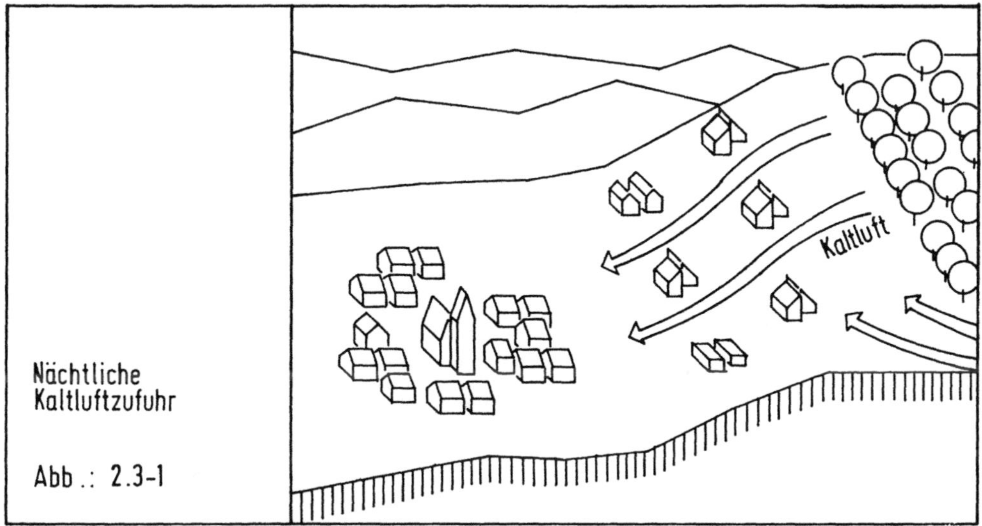

Hänge in Nord- bis Ostrichtung sind ganztägig kühle Flächen. Sie produzieren
Kaltluft und sorgen für deren Abfluß in niedere Regionen.

Hänge in Süd- bis Westrichtung sorgen nur nachts für Kaltluftproduktion. Mit
zunehmender Höhe steigt allerdings auch der Kaltluftanteil dieser Gebiete.
Um die erzeugte Kaltluft in die Stadt zu bringen, müssen Zuflußmöglichkeiten für
den Kaltlufttransport von außen in die innerstädtischen Bereiche geschaffen
werden. Sie sollen sich sowohl am Verlauf der Hauptwindrichtungen als auch am
lokalen Windsystem orientieren.

Neigungen und sanfte breite Täler begünstigen den Kaltluftabfluß. Diese Luft-
strombahnen sollten durch keinerlei Hindernisse, wie bewaldete Querriegel,
Dämme, Brücken und insbesondere Bebauungen, behindert werden.

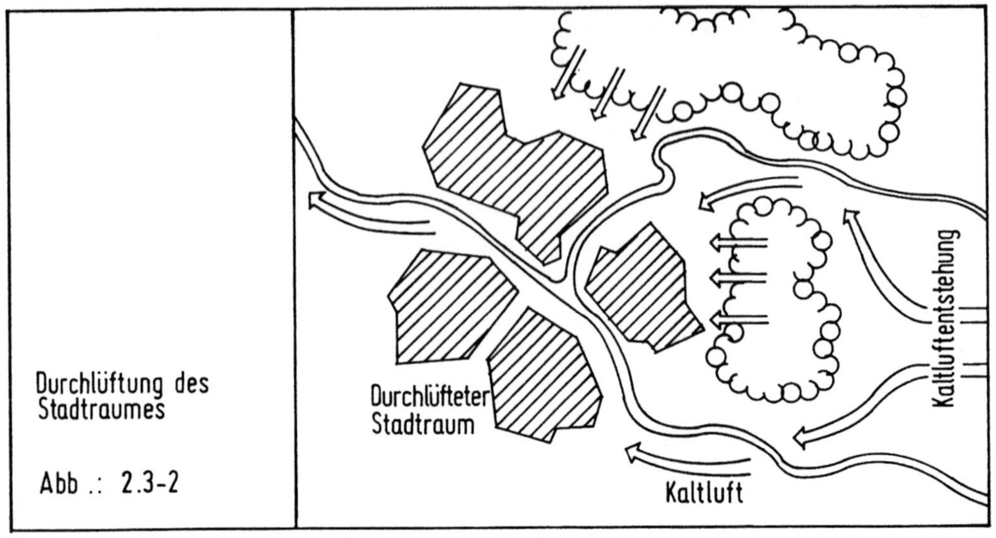

Auch im innerstädtischen Bereich können Flächen zur Verbesserung der lufthygienischen Situation bereitgestellt werden. Grünflächen mit Bäumen und Büschen tragen zur Erhöhung der Luftfeuchtigkeit bei, wirken temperaturausgleichend und bremsen Böen und Starkwinde.

Die Wirkung von innerstädtischen Grünflächen auf die behandelten Klimaelemente ist mikroklimatisch bedeutsam, sowohl für die Ausbildung eines eigenen Klimas innerhalb einer Grünfläche angeht, als auch für die horizontale und vertikale Wirkung auf städtische Gebiete außerhalb der Grünfläche selbst.

Die Einstrahlung wird im Kronenraum größerer Bäume absorbiert. Die Höchsttemperaturen innerhalb der Grünfläche liegen niedriger, die Tiefsttemperaturen höher als in der vegetationsfreien Stadt. Die Pflanzen verbrauchen im Sommer bei der Verdunstung Wärme und tragen so zur Erniedrigung der Temperatur und zur Erhöhung der Luftfeuchtigkeit bei.

Von Versiegelung freie Grünflächen beeinflussen den Wasserhaushalt des Bodens; der oberirdische Wasserabfluß wird verringert, Regen kann versickern und wird im Boden zurückgehalten. Eine Ausfilterung von Luftverunreinigungen durch Grünflächen findet im wesentlichen im Bereich größerer Teilchen, Stäuben, statt; in die Grünfläche eingedrungene verschmutzte Luftmasse wird in ihrer Geschwindigkeit und Turbulenz gebremst, die Teilchen, die relativ hohe Fallgeschwindigkeit haben, sinken ab.

Neben der Größe der Freiflächen ist die erforderliche Gestaltung der Bebauung am Rande dieser Grünflächen von besonderer Bedeutung. Die Bebauung darf die erwünschte mikroklimatische Wirksamkeit der Vegetation nicht behindern. Die Höhe der Bebauung im Verhältnis zur Freiflächengröße, besondere Dachformen und Erdgeschoßausbildungen, Öffnungen in der Bebauung und deren Orientierung können die Entstehung eines günstigen Mikroklimas unterstützen.

Jede Vergrößerung des Grünflächenanteils ist wichtig für die Klimaverbesserung und Staubbindung, dazu gehören auch Begrünung von Dächern, Garagen und Parkplätzen.

2.3.2 Strukturplanung

Um die hohe Schadstoff- und Wärmebelastung des innerstädtischen Bereichs zu mindern, sind bei der Aufstellung von Nutzungskonzepten auch klimatische Faktoren zu berücksichtigen:

- Trennung von Wohn- und Industriegebieten. Bei der Ausweisung von Industrie-und Gewerbegebieten sind Hauptwindrichtungen und Inversionslagen zu beachten.

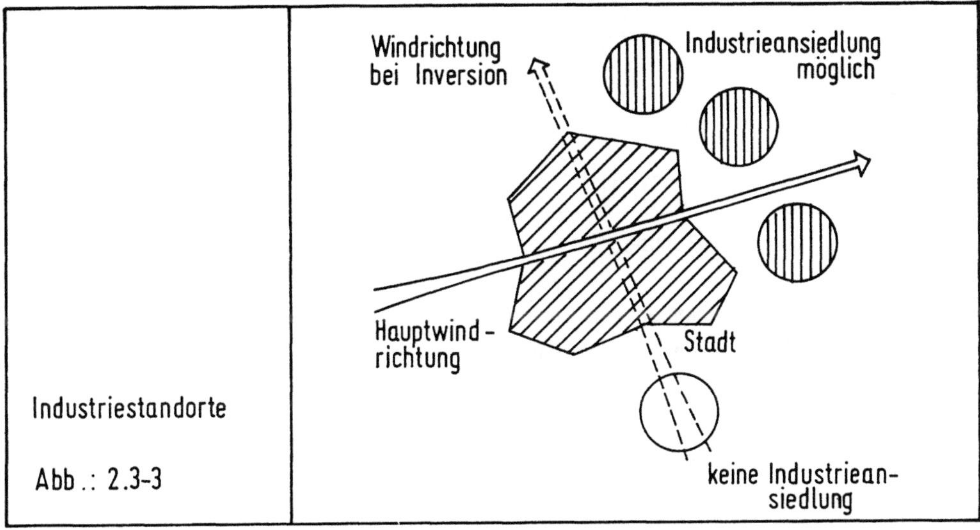

- Bei emittierenden Industriegebieten ist die Abgabe in verschiedene Luft- und Höhenschichtungen zu berücksichtigen. Betriebe mit hoher Wärmeabgabe (Kühltürme) bedürfen einer sorgfältigen Standortwahl, um das Mikroklima nicht zu verändern.

- Technologische Maßnahmen schließlich geben weitere Möglichkeiten zur Klimaverbesserung: Die Schadstoffbelastung kann durch Abgasentgiftung, Staubfilterung und Wärmerückgewinnung gemindert werden. Der Einsatz alternativer, umweltfreundlicher Technologien führt ebenfalls zur Senkung der Umweltbelastung des innerstädtischen Bereichs.

- Die Grünzonen sind als aufgelockerte, flächenhafte Bepflanzungen in verschiedenen Niveaus vorzusehen, um den Wind abzubremsen, Schmutzteile aufzufangen,
  Staubwirbel zu vermeiden und Regenwasser zu binden.

- In den Siedlungsgebieten sollte die Kaltluftzufuhr durch eine Verzahnung von
  Grünzonen ermöglicht werden. Randbebauungen der Wohngebiete dürfen keine
  Sperriegel zur Kaltluftzufuhr bilden. Bei größeren Gebäudekomplexen sind deren
  Lokalwinde und Wirbelbildungen zu beachten.

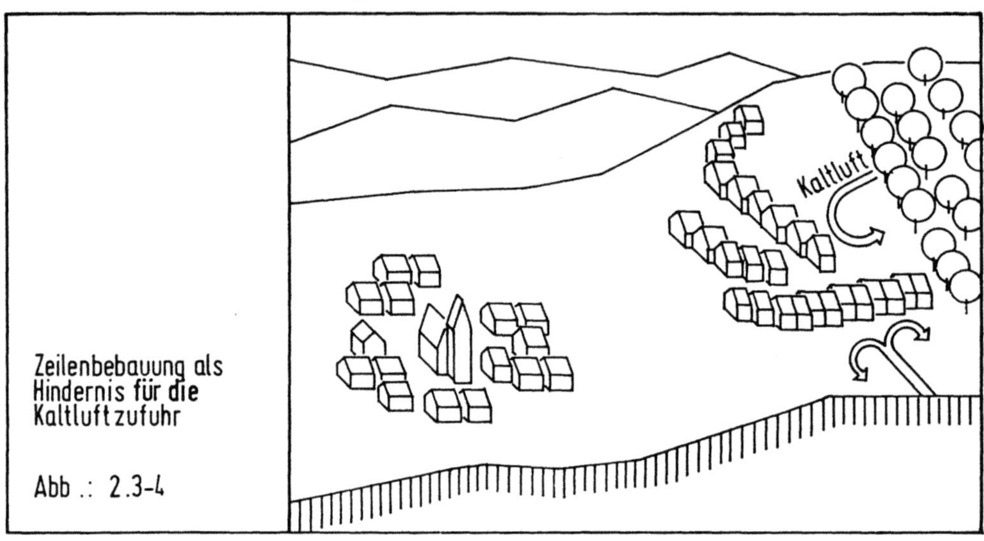

2.3.3 Quartierplanung

Unterschiedliche Zuordnungen von Gebäuden und Gebäudetypen haben Einfluß auf das
Mikroklima des unmittelbaren Wohnungsumfeldes. Der Energieverbrauch richtet sich
nach der

- Kompaktheit der Bebauungsstruktur
- Ausnutzung der Sonnenenergie (Verschattungsfreiheit, Windverhältnisse)
- Anpassung an die gegebenen klimatischen und topographischen Verhältnisse

Aufgrund zahlreicher Erhebungen hat U. ROTH /13/ neun Siedlungsstrukturen
ausgewählt und deren Daten klassifiziert.

In einer Tabelle wurden planerische Kenngrößen (Geschoßflächenzahl, Oberflä-
chen/Volumenverhältnis) und energetische Daten (Anschlußwert, Nutzwärmehöchst-
leistung) zusammengefaßt. Wie zu erwarten, zeigen Siedlungsstrukturen mit
kompakten Bauweisen erheblich niedrigere Energiebedarfswerte als aufgelockerte
Strukturen.

Siedlungstyp	GFZ Geschoßflächen- zahl	F/V Oberflächen/ Volumenziffer	Anschlußwert nach DIN 4701 W/m^2	Nutzungswärme- leistung W/m^2
ST 1 Ein- u. Mehr- familienhaus- siedlung nie- driger Dichte	0,02 - 0,18	0,6 - 1,0	160 - 180	210 - 250
ST 2 Dorfkern- und Einfamilienhaus- siedlung hoher Dichte	0,1 - 0,5	0,55 - 0,65	100 - 130	130 - 170
ST 3 Reihenhaus- siedlung	0,2 - 0,4	0,5 - 0,6	100 - 110	135 - 145
ST 4 Zeilenbebauung mittlerer Dichte	0,4 - 0,8	0,35 - 0,45	110 - 120	145 - 155
ST 5 Zeilenbebauung hoher Dichte	0,8 - 1,2	0,25 - 0,35	70	95
ST 6 Blockbebauung	0,5 - 1,5	0,3 - 0,4	75 - 85	100 - 115
ST 7 Citybebauung ab Mitte 19. Jh.	1,0 - 3,0	0,2 - 0,3	35 - 55	50 - 70
ST 8 Mittelalterliche Altstadt	1,5 - 4,5	0,2 - 0,25	50 - 70	75 - 90
ST 9 Industrie- und Lagergebiete	0,8 - 1,2	0,25 - 0,35	65 - 80	90 - 105

Tab. 3-1 Planerische und energetische Kenngrößen der neun Siedlungstypen /13/.

Es bleibt eine planerische Aufgabe, alle diese Erkenntnisse so umzusetzen, daß energiegerechte Siedlungsformen keinen gestalterischen Verlust, sondern einen Gewinn an Lebensqualität mit sich bringen. Ansätze dazu finden wir in Deutschland bisher nur in Wettbewerbsprojekten (Landstuhl, Pfarrsiedlung Berlin-Rudow).

Zum Abschluß des Kapitels Siedlungsstrukturen sollen an einem Projekt die vorgestellten energetischen Planungskriterien gezeigt werden.

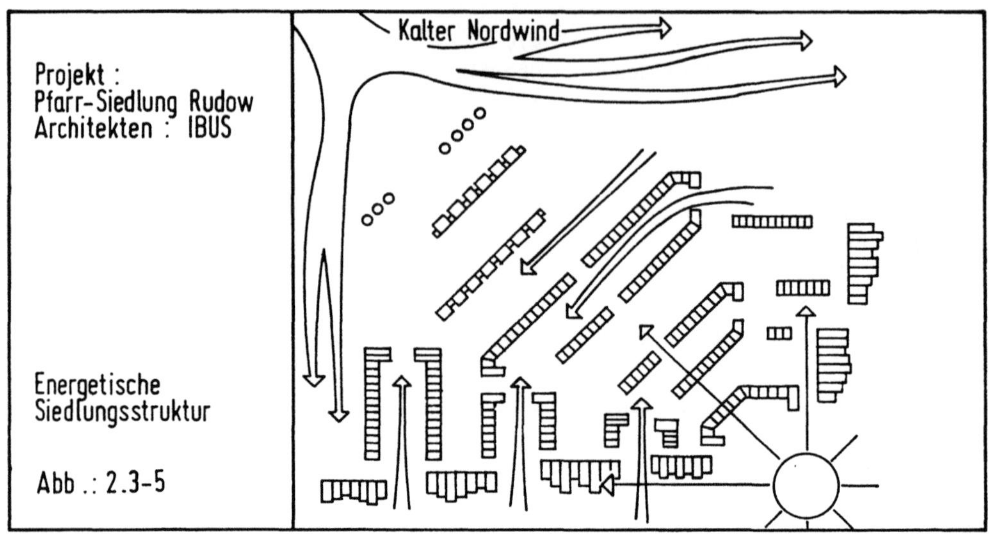

Das städtebauliche Konzept der Siedlung in Berlin-Rudow basiert auf einer ringförmig nach Südosten, Süden und Südwesten orientierten Baustruktur, die optimal besonnt ist.

Um ein möglichst günstiges Verhältnis zwischen Bauvolumen und Hüllfläche zu erreichen, wurde vorwiegend der Reihenhaustyp gewählt.

Durch die ringförmige Bebauung wird die Hauptwetterrichtung abgeschirmt und ein siedlungseigenes Mikroklima begünstigt, das außerdem durch die dichte Bepflanzung unter weitgehender Erhaltung des vorhandenen Baumbestandes unterstützt wird. Die im Winter auftretenden Nordwinde werden abgeleitet und somit wird die windbedingte Auskühlung der Gebäude verringert.

Die intensive Bepflanzung der öffentlichen und teilöffentlichen Anlagen und der teilweise geplanten Flachdächer ist eine weitere Maßnahme zur Stabilisierung des ökologischen Gleichgewichts.

Die Wärmebilanz beschreibt den Energiebedarf eines Gebäudes. Um hochwertige Heiz- bzw. Kühlenergie einzusparen, ohne die Behaglichkeit und den Komfort zu ändern, müssen die Wärmeverluste deutlich verringert und Wärmegewinne aus regenerativen Energiequellen vergrößert werden.

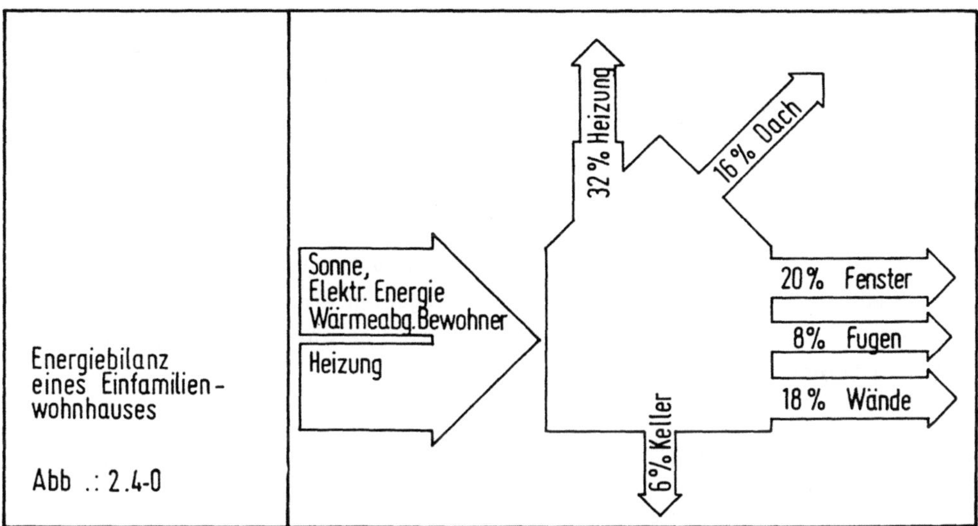

Die Wärmeverluste sind abhängig von der Wärmeleit- und Dämmqualität der Umfassungsflächen – dem Transmissions-Wärmeverlust; außerdem den Undichtigkeiten von Fenstern und Türen – dem Lüftungswärmeverlust.

Für die Behaglichkeit eines Raumklimas sowie für die Selbstregulierung der Außenbauteile gegenüber extremen Temperaturunterschieden ist die Speicherfähigkeit der Bauteile von großer Bedeutung.

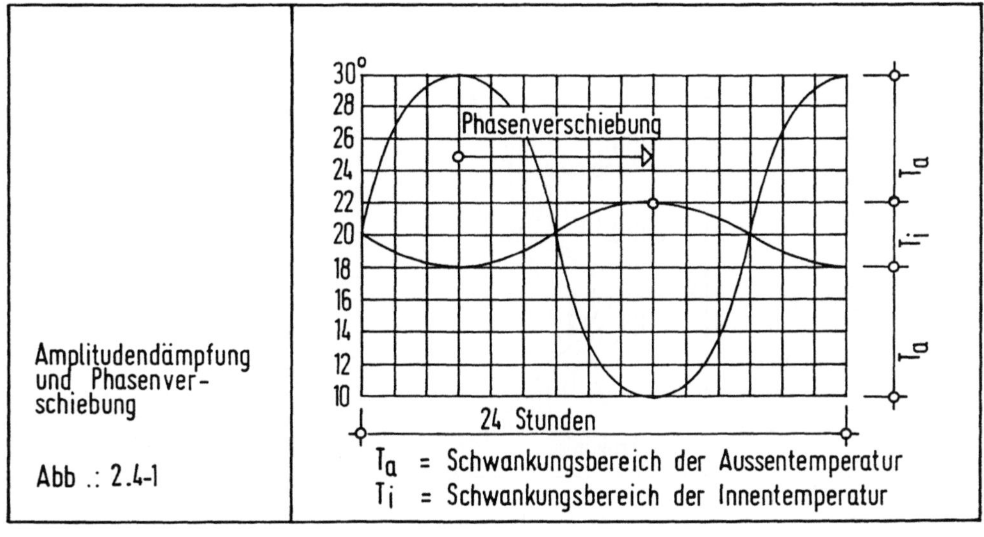

Durch die Amplitudendämpfung des Temperaturdurchgangs werden Temperaturspitzen abgebaut und durch die Phasenverschiebung treten die höchsten Belastungen zu einer Zeit auf, in der sie ohne Beeinträchtigung des Raumklimas an die Raumluft oder an die Außenluft abgegeben werden können.

Die Wärmeverluste sind aber auch vom Temperaturunterschied der gewählten Raumtemperatur zur Umgebungstemperatur abhängig. Während die Innentemperatur von der Nutzung des Gebäudes abhängig ist, werden die Außentemperaturen auch vom "Lokal- oder Mikroklima" bestimmt, auf das bei der Gebäudeplanung eingegangen werden muß.

Die energiesparende Planung hat somit die Aufgabe:

- ein Gebäude dem vorhandenen natürlichen Energiepotential anzupassen
- im Entwurfskonzept Energiebedarf und Energiegewinn einzubeziehen
- in der Detailplanung Energiespeicherung und Energieverteilung im weitesten
  Maße zu berücksichtigen

2.4.1   Einbindung in das Gelände

Seit frühesten Zeiten wurden in windgeschützten Lagen, an Südhängen, Siedlungsformen entwickelt, die sich den topographischen Verhältnissen anpassen.

So werden Standorte mit relativ höheren Umgebungstemperaturen, geringerer Windbelastung, hohen Sonneneinstrahlungswerten und geringerer Schadstoffbelastung auch Standorte für eine energetisch günstige Bauweise sein.

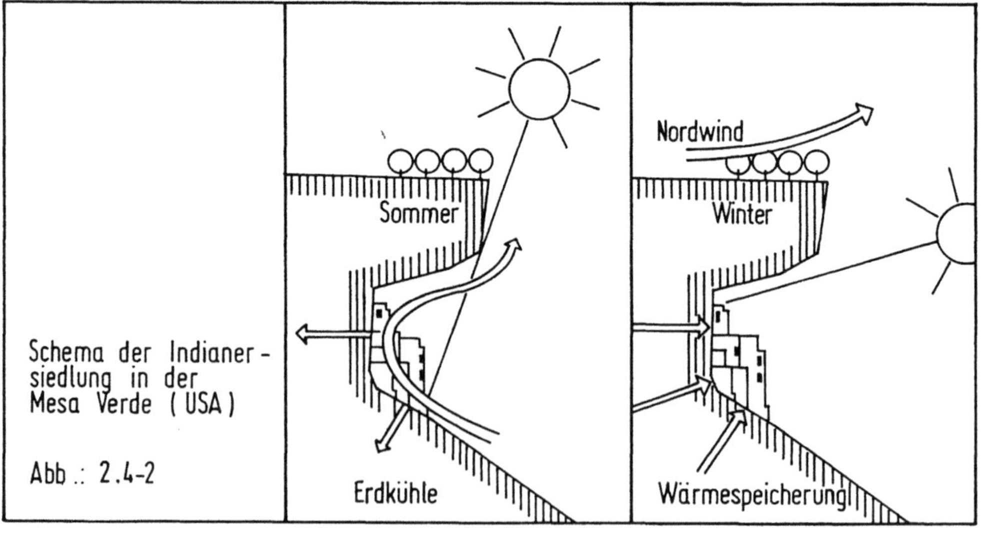

2.4.1.1 Topographische Einflüsse

Der Standort des Gebäudes sollte sich dem Geländeverlauf anpassen. Die örtlichen Temperaturverhältnisse werden stark von der unterschiedlichen Bodenmodellierung beeinflußt.

Es können dabei Temperaturunterschiede bis zu 35%, unabhängig von den Windverhältnissen, auftreten.

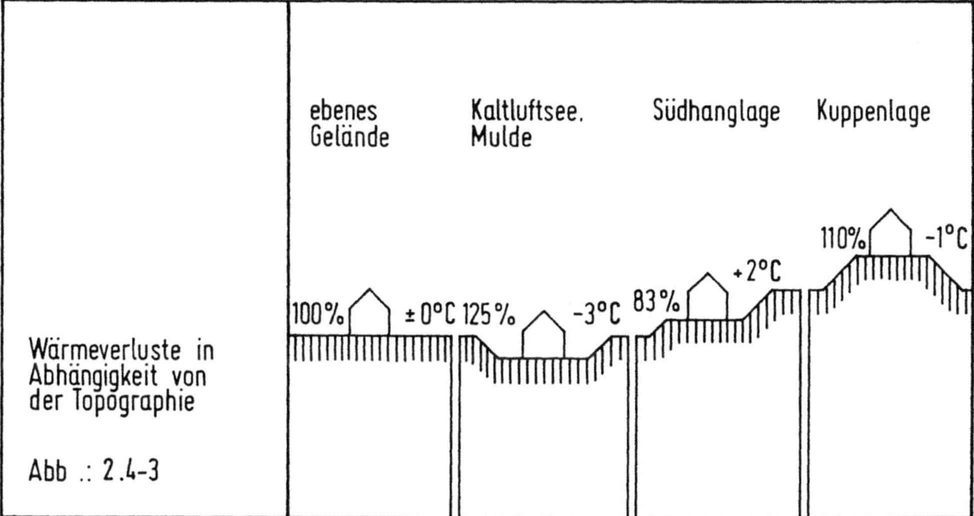

Wärmeverluste in Abhängigkeit von der Topographie

Abb.: 2.4-3

Der Standort sollte also so gewählt werden, daß das Gelände eine potentielle Schutzfunktion übernehmen kann. Die konsequente Ausnutzung des Wärmeschutzes durch Bodenmodellierung ist das eingegrabene Haus.

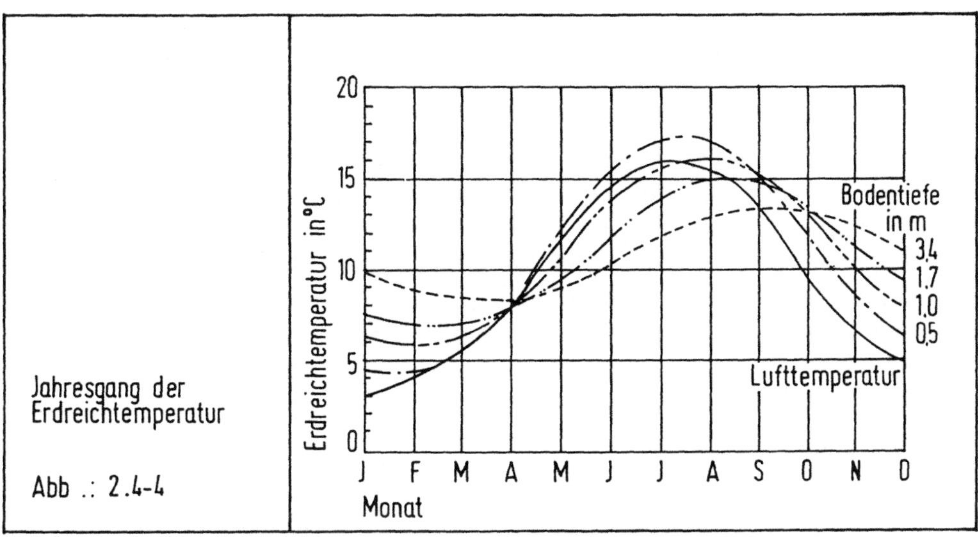

Jahresgang der Erdreichtemperatur

Abb.: 2.4-4

Kurzzeitige Temperaturschwankungen der Außenluft haben nur einen sehr geringen Einfluß auf die Bodentemperaturen, saisonale Temperaturschwankungen werden durch den Erdboden stark gedämpft und beeinflussen die Temperatur nur bis zu einer Tiefe von 8 m, mit einer Verzögerung von mehreren Monaten /Phasen- und Amplitudendämpfung, Abschnitt 2.4.1/

Der Vorteil einer Überdeckung durch eine entsprechend starke Erdschicht wird deutlich, die Erdbedeckung wirkt als Wärmedämmung und als Speichermasse. Zusätzlich wird die Beanspruchung des Baumaterials durch extreme Temperaturschwankungen herabgesetzt, Frost und Dehnungsschäden werden verhindert.

Ein Entwurfskonzept füreinen solchen Haustyp zeigt der Beitrag UNGERS/Köln und IBUS/Berlin zum Gutachten "Solartypologie Molkerei Landstuhl".

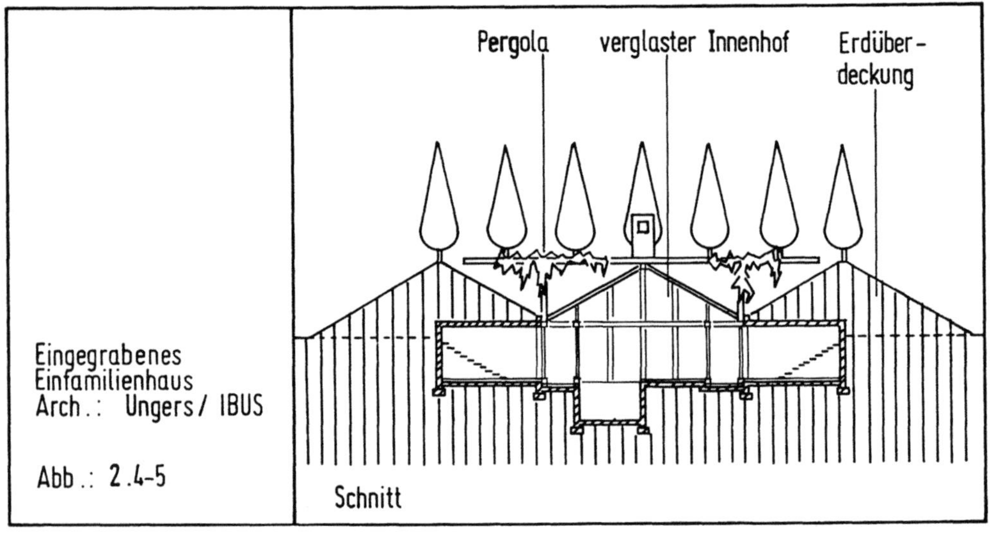

2.4.1.2   Windschutzmaßnahmen

Bei der Freiraumplanung zeigen Windschutzmaßnahmen in unseren windreichen Klimaverhältnissen die größten Erfolge in Bezug auf die Gestaltung des Mikroklimas. Neben der erheblichen Verringerung des Transmissions- und Lüftungswärmebedarfs schützen diese Maßnahmen auch vor Windzerstörungen und Schlagregen. Der Feuchtigkeitshaushalt des geschützten Bereichs wird erheblich verbessert. Zusätzlich wird der zum Gebäude gehörige Außenraum zeitlich länger nutzbar.

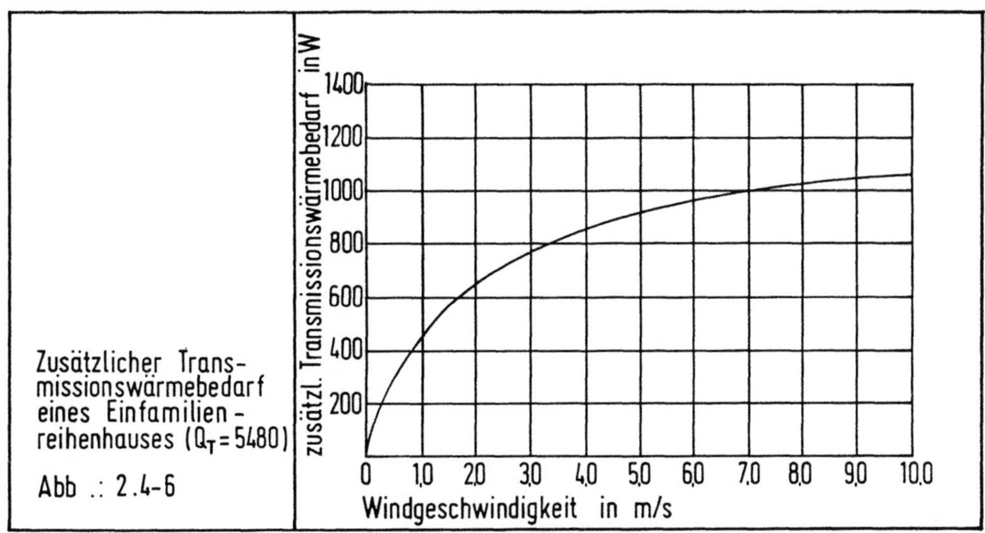

Zusätzlicher Transmissionswärmebedarf eines Einfamilienreihenhauses ($Q_T = 5480$)

Abb .: 2.4-6

Diese Funktionen waren jahrhundertelang bekannt. Hecken und Schutzwaldpflanzungen prägen noch heute das Landschaftsbild vieler Gegenden. Für die Anlage der Schutzzonen reicht im allgemeinen die Kenntnis der Hauptwindrichtungen.

Windschutzanlagen sollten nach folgenden Kriterien angelegt werden:

- Wälle und bauliche Maßnahmen wirken sich schlechter aus als Schutzpflanzungen, da sie zusätzliche Luv- und Leewirbel erzeugen und der Schutzbereich kürzer ist.

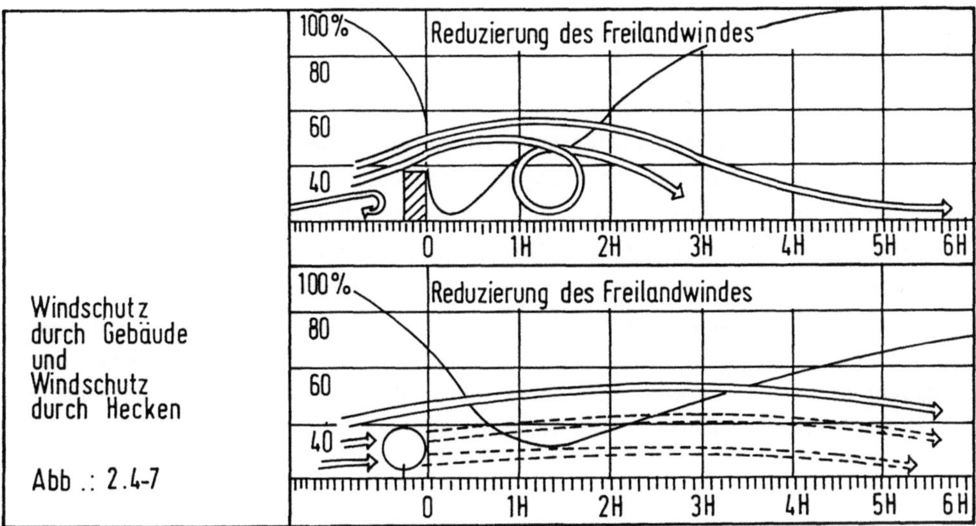

Windschutz durch Gebäude und Windschutz durch Hecken

Abb .: 2.4-7

- Windschutzpflanzungen sollten so angelegt werden, daß unnötige Verschattungen
der Gebäude, besonders in den Wintermonaten, vermieden werden. Laubabwerfende
Bepflanzung gestattet im Winter die Nutzung der Sonnenstrahlung, der Windschutz wird dennoch nicht wesentlich reduziert.

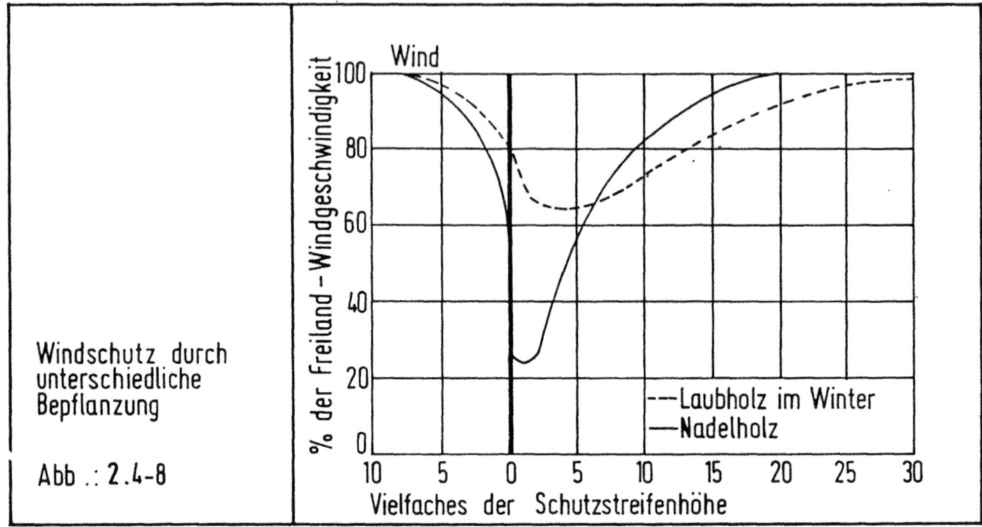

Von porösen Anlagen wird der Wind nicht bloß abgelenkt, sondern durch Geäst
und Blattwerk gebremst. Die Hecke erzeugt ihren größten Windschutz nicht in
ihrer unmittelbaren Nähe, sondern erst in einiger Entfernung.

- Die vorhandene Bepflanzung sollte bei den Windschutzfunktionen berücksichtigt
werden. Neuanpflanzungen sollten sich grundsätzlich an den ortsüblichen
Vegetationsarten orientieren.

2.4.1.3   Innerstädtische Windverhältnisse

Die durch die Stadt modifizierten Sonneneinstrahlungsverhältnisse erzeugen
stadtspezifische Temperaturverteilungen, die wiederum eigene Luftdruck- und
Windverhältnisse entstehen lassen. Sie können zur Durchlüftung der Stadträume
herangezogen werden und sorgen dann für den Abtransport von Schadstoffen und das
Heranbringen kühlerer sauberer Luft aus der ländlichen Umgebung, wenn ihnen
nicht durch die Bebauung Hindernisse in den Weg gestellt werden. Diese Luftbewegung soll einerseits eine kleinräumige Zirkulation aufrechterhalten, gerade auch
in geschlossenen Bauformen, wie etwa hofbildenden Bebauungen, andererseits
müssen dabei störende Windzugerscheinungen vermieden werden.

Innerhalb der Stadt beeinflussen sich die dicht beieinander stehenden Gebäude
gegenseitig (Interferenz). Druck- und Geschwindigkeitsverteilungen sind abhängig
von den Höhen der einzelnen Gebäude, den Höhenverhältnissen und Abständen von

Gebäudegruppen, den Proportionen und den Formen der Gebäudeteile, z.B. des Daches. In Verbindung mit der Orientierung der Gebäude zur Hauptwindrichtung kann eine Häufigkeit des Auftretens bestimmter Windgeschwindigkeiten in gewissen Grenzen vorhergesagt werden.

Andererseits können Form und Orientierung von Gebäuden und Gebäudegruppen u. U. den Abtransport von Schadstoffen aus innerstädtischen Straßen erschweren oder zu Schadstoffansammlungen und Rezirkulation in hofbildenden Bebauungen führen.

Während die Gefährlichkeit der Übergeschwindigkeiten mit größer werdender Windgeschwindigkeit vor den Gebäuden wächst, nimmt die Gefährlichkeit der Schadstoffkonzentration mit kleiner werdender Windgeschwindigkeit zu. Ein Planungskriterium muß also die Einhaltung von Grenzwerten nach oben und unten berücksichtigen.

2.4.2   Gebäudeorientierung

Um energiesparend und klimagerecht zu planen, muß die einstrahlende Sonnenenergie je nach dem Stand der Sonne optimal genutzt werden können. Diese Hauptwärmequelle wird die Gliederung der Grundrisse und Fassaden, die Hausgestalt wesentlich beeinflussen. Grundsätzlich gilt es dabei, südlich orientierte Flächen zu vergrößern und die nördlichen zu verkleinern.

Die natürliche Wärmequelle der Sonnenstrahlen nahm sich schon Sokrates zu Hilfe. Sein aus dem üblichen "Megaron-Typ" entwickeltes Haus nutzt die unterschiedlichen Sonnenstände. Die trichterförmige Öffnung der Südfassade läßt die Wintersonne herein, während durch den entsprechend ausgelegten Dachüberstand und die Vorhalle die störende Sommersonne ausgeschlossen wird. Der schwarze, als Wärmespeicher ausgebildete Steinfußboden hält die Wärme für die kühle Nacht.

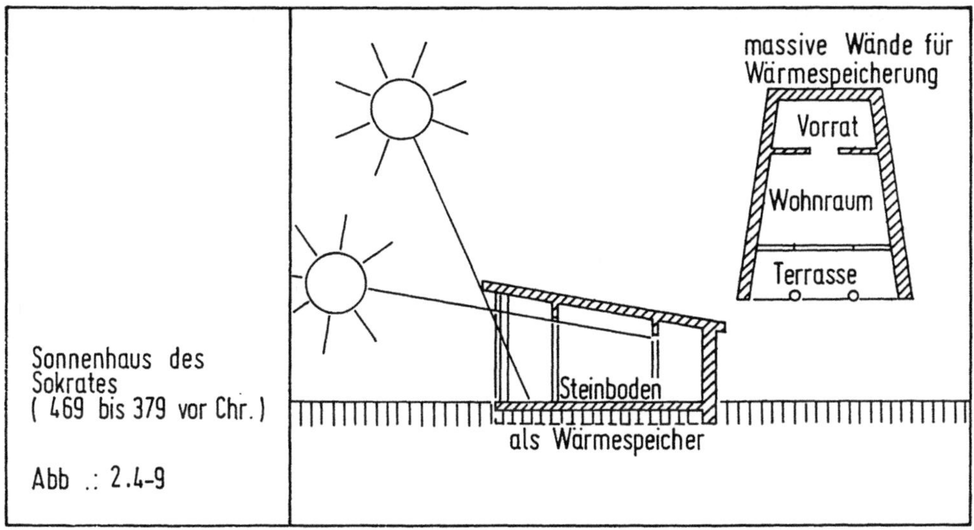

Voraussetzung für die passive Nutzung der Sonnenenergie sind also Kenntnisse der Sonneneinstrahlung oder Verschattung im Tages- und Jahresverlauf. Zur Überprüfung der Sonneneinstrahlung im Entwurfsstadium dienen zeichnerische und rechnerische Methoden.

Bei der Anordnung von Nachbargebäuden ist also auf eine möglichst verschattungsfreie Südfassade zu achten. Der Gebäudebestand wird dabei in der Gleichung

$$\tan \alpha = \frac{\text{Gebäudehöhe}}{\text{Abstand}}$$

erfaßt.

Die Sicherung verschattungsfreier Südfassaden kann im allgemeinen ohne zusätzlichen Flächenbedarf erreicht werden, wenn Geländemodellierung und Gebäudeformen (Dachformen) entsprechend bedacht werden.

Zur Überprüfung der Verschattungsfreiheit in komplexen Entwürfen ist vom Battelle-Institut der Heliograph entwickelt worden, mit dessen Hilfe Besonnungsversuche am Modell durchgeführt werden können.

Bestimmung von Sonnenhöhe und Azimut erfolgen nach dem Sonnenbahndiagramm /s. Band IV/.

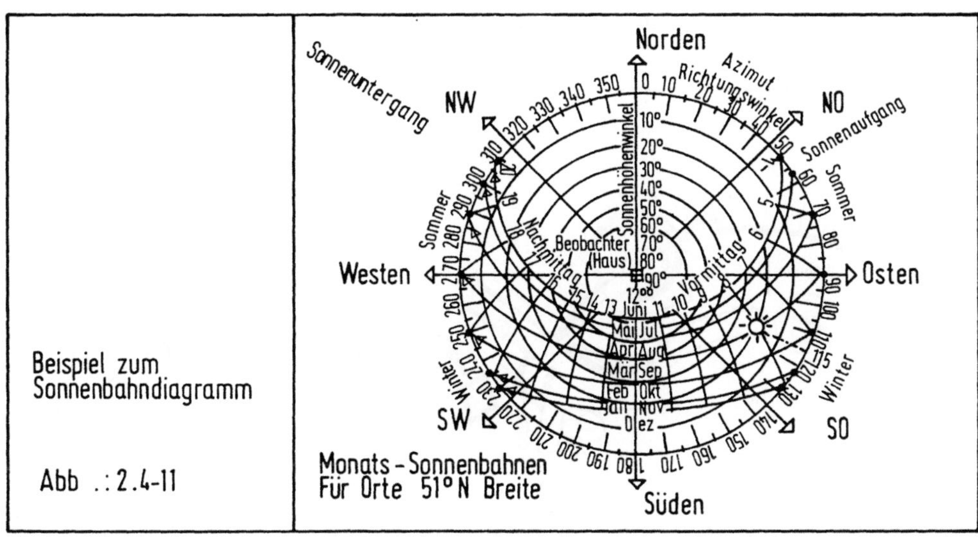

Die Fassadenbeschattung durch Nachbargebäude kann durch einfache Parallelprojektion ermittelt werden. Eine rechnerische Methode zur Ermittlung der Beschattung von Fassadenflächen ist in den VDI-Richtlinien 2078 beschrieben. Der Strahlungsgewinn einer Empfängerfläche aus diffuser Himmelsstrahlung wird nur durch Horizonteinengung (Verbauung) gemindert. Der Strahlungsgewinn aus direkter Sonnenstrahlung ist jedoch vom tages- und jahreszeitlich bestimmten Einfallswinkel auf die Empfängerfläche abhängig.

Planungsrelevante Daten der beschriebenen Art sind von VALKO (1975) zusammengestellt worden. Die Diagramme dieser Arbeit geben die Strahlungswärme an, die auf drei aufgestellte quaderförmige Körper unter natürlichen Bedingungen einstrahlt. Unterteilt nach direkter Sonnenstrahlung, diffuser Strahlung, Globalstrahlung und Lufttrübung wird die zugestrahlte Energie für verschieden proportionierte Gebäude bei verschiedenen Sonnenhöhen und Azimut angegeben. Je nach Anwendung sind die einzelnen Größen örtlich festzulegen. Die vorhandene oder geplante Bebauung der Umgebung und die damit einhergehende Horizonteinengung wird in ein Polarkoordinatensystem eingetragen. Es lassen sich damit Diagramme zur Ermittlung der Besonnungsdauer zeichnen, in die die Verbauung - aus Grundriß und Schnitten ermittelt - eingetragen wird. Die Diagramme eignen sich für Innen-und Außenräume.

Ein hervorragendes Beispiel für eine Architektur, die sich dem Gebäude anpaßt und die Sonneneinstrahlung nutzt, ist das 1944-49 errichtete Haus "Solar-Hemicycle" Wisc./USA von F.L. WRIGHT. Der ringförmige Grundriß ist mit seiner Außenschale nach Norden bis zur Unterkante der Fenster im Obergeschoß eingegraben bzw. mit Erde angeschüttet. Dieser ringförmige Erdwall schützt vor Wind und

Wetter. Ein Tunnel durch den nördlichen Erdwall erschließt den sich nach Süden öffnenden Vorgarten.

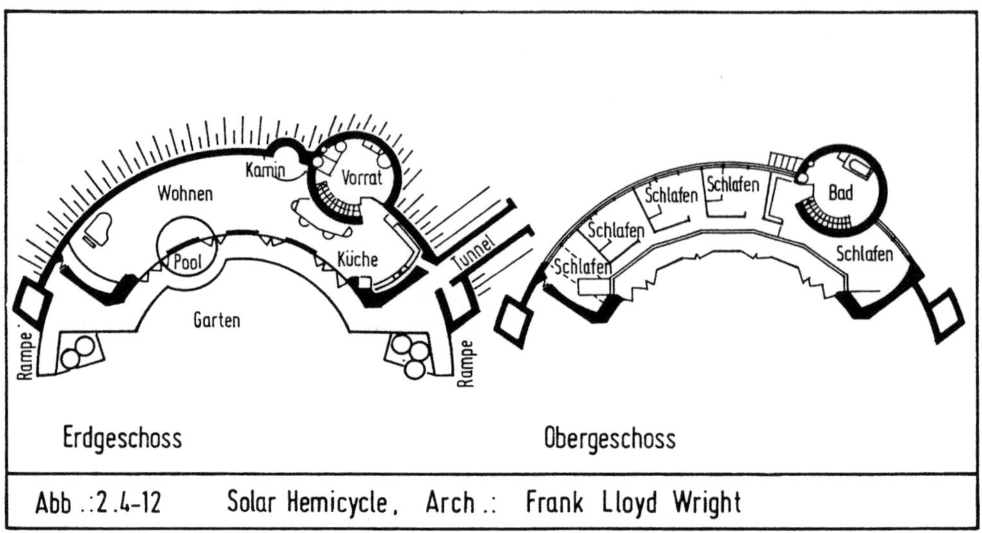

Abb .:2.4-12   Solar Hemicycle, Arch.:   Frank Lloyd Wright

Dachüberstand und Galerie schützen vor der hohen Sommersonne. Die tiefstehende Wintersonne kann den Steinfußboden und die rückwärtige massive Nordwand erwärmen. Ein kreisförmiges Wasserbecken wirkt als zusätzlicher Speicher und Reflektor.

2.4.3   Gebäudeform

Der Wärmebedarf eines Gebäudes wird durch eine Reihe von Parametern bestimmt. Einen wesentlichen Einfluß auf die Höhe der Transmissions- und Lüftungswärmeverluste haben Gebäudevolumen und -formen.

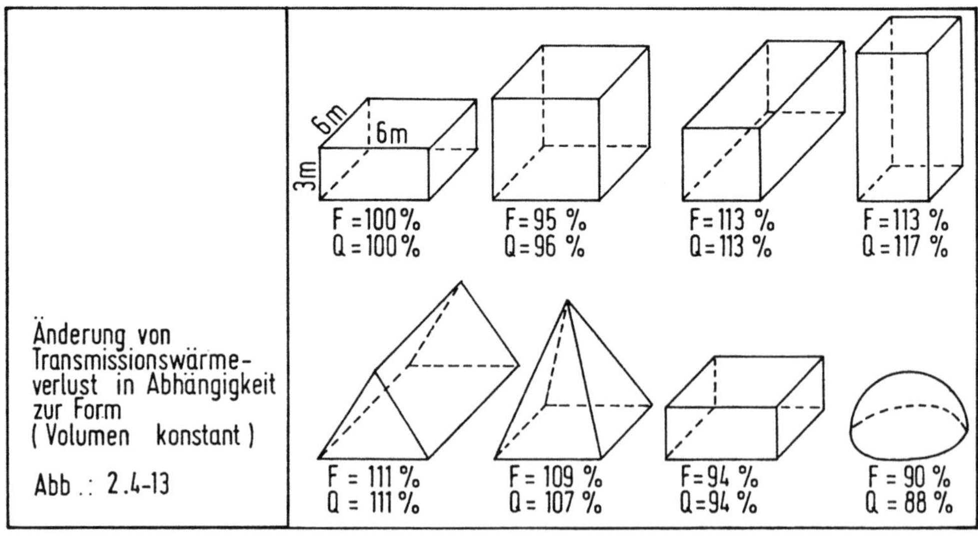

Änderung von Transmissionswärmeverlust in Abhängigkeit zur Form (Volumen konstant)

Abb .: 2.4-13

Energetisch günstige Gebäudeformen sind solche, die durch richtige Anordnung und Größe ihrer Oberflächen diese Verluste verringern. Dabei ändert sich der Wärmeverlust proportional zur Oberfläche, wobei der Anteil der Grundfläche eine untergeordnete Rolle spielt, da der Wärmeverlust an das Erdreich geringer ist.

Energiebedarf verschiedener Gebäudetypen Abb .: 2.4-14	Gebäudetyp	Bungalow	Einfami-lienhaus	Doppel-haus	Reihen-haus	Mehr-spanner	Kernbe-bauung
	Gebäudestruktur Baujahr Wohngeschosse Wohneinheiten Wohnfl. pro WE.qm F/V–Zahl	1973 1,5 1 160 0,9	1964 1,5 1 140 0,75	1964 2 2 180 0,65	1969 2 1 105 0,3	1954 3 6 90 0,5	1975 4 3 120 0,3.
	Siedlungsstruktur Geschossflächenz. Grundflächenzahl	0,4 0,35	0,18 0,1	0,55 0,2	0,47 0,4	0,67 0,2	3,0 1
	Energiebedarf in Wh/a pro m2 Wfl.	240-300	170-230	130-180	160-220	120-160	120

Einige Gebäudetypen weisen einen besonders hohen Wärmebedarf auf. In einer Untersuchung der Prognos AG in Baden-Württemberg wird nachgewiesen, daß Bautypen einer verdichteten Bauweise einen erheblich niedrigeren Energiebedarf haben als freistehende Einfamilienhäuser.

Aber auch die Lage eines Raumes im Gebäude hat einen Einfluß auf seinen Wärmeverbrauch. Nach einer Studie von Nikolic /14/ ist der spezifische Wärmeverbrauch eines Mittelraums um über 80% geringer als der eines Dacheckraums, und zwar unabhängig von der Fassadenausrichtung.

Wärmebedarf eines Raumes nach der Lage (nach Nikolic /14/) Abb .: 2.4-15	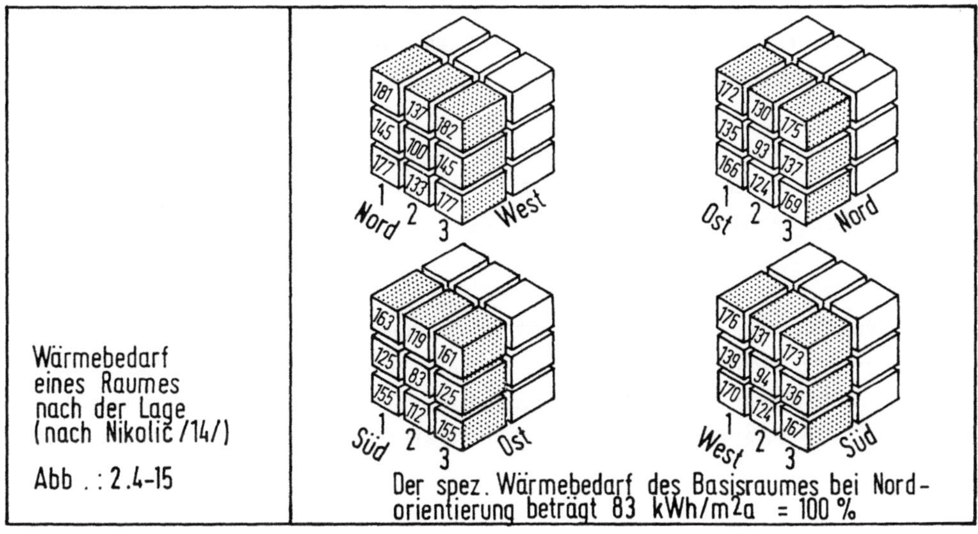

Eine kompakte Bauweise wird also aus energetischen Gründen stets vorzuziehen
sein, da sie insgesamt eine größere Anzahl von Räumen mit mittlerem bis niedri-
gem Wärmebedarf ermöglicht.

2.4.4   Gebäudeart und -nutzung

Zwischen Umwelt, Gebäudeart, Gebäudenutzung und Heizungs- bzw. Klimatisierungs-
system bestehen verschiedene qualitative Abhängigkeiten, die sich im folgenden
Schema darstellen lassen:

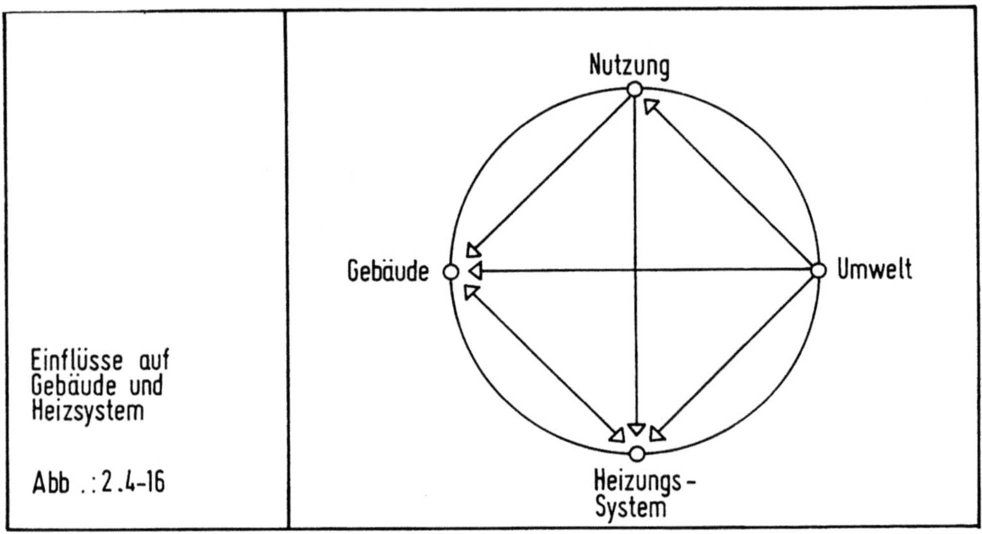

Welchen quantitativen Einfluß Gebäudeart und -nutzung auf den spezifischen
Wärmebedarf unterschiedlicher Gebäudetypen haben, geht aus einer Untersuchung
des Battelle-Instituts hervor.

Dieser Tabelle ist zu entnehmen, daß Art und Dauer der Nutzung erheblichen
Einfluß auf den Jahreswärmebedarf eines Gebäudes haben.

Bei der entwurflich-konstruktiven Bearbeitung eines Gebäudes haben also nicht
nur die äußeren Lasten Einfluß auf die Gestaltung, innere Lasten und deren
Verwendungsmöglichkeiten sollten ebenfalls als Entwurfskriterien herangezogen
werden.

Aus der Nutzungsdauer und der damit verbundenen kurz- oder langfristigen
Beheizung regelt sich der konstruktive Einsatz von Wärmedämm- und Speichermassen. Erst nach planerischer Verarbeitung dieser Bedingungen in ein Gebäudekonzept sollten die aktiven Heizungs- und Klimatisierungsmöglichkeiten herangezogen
werden.

GEBÄUDEART	Ungefährer Bestand in 10^6 m^3	Ungefährer Wärme- bedarf GWh/a	Jahres- wärmebedarf kWh/m^{2}a
Ein- und Zwei- familienhäuser	1.300	180.000	138
Mehrfamilienhäuser	1.200	115.000	95
Krankenhäuser	90	15.000	167
Schulen	180	9.000	50
Universitäten, Labors, Forschungszentren	100	7.000	70
Büro- und Verwaltungs- gebäude	280	30.000	107
Warenhäuser, Supermärkte	90	3.000	33
Theater, Kinos usw.	8	400	50
Kirchen, Kulturgebäude	50	400	8
Sport- und Turnhallen	60	2.000	33
Schwimmhallen	25	8.500	340

Tab. 2.4-1: Bestandsvolumen und Wärmebedarf der Gebäudearten des Wohn- baus und wohnähnlichen Nichtwohnbaus, Bundesrepublik Deutsch- land, 1978 (Battelle-Institut).

2.4.5 Grundriß und Aufrissdisposition

Der Entwurfsphase kommt beim klimagerechten Planen die Aufgabe zu, das Gebäude dem vorgegebenen natürlichen Energiepotential anzupassen, also durch planerische Maßnahmen Entwurfskonzeptionen zu entwickeln, bei denen Energiegewinnung, Wärmespeicherung und -bewahrung ein Optimum erreichen.

Der Einsatz moderner Heizungstechnik hat die uneingeschränkte Temperierung der Räume ermöglicht, und zwar unabhängig von den klimatischen Verhältnissen des Außenraumes und den räumlichen Bedingungen des Innenraumes. Mit erheblichem Aufwand an Technik und Energie sind alle Gebäudekonzeptionen beheiz- und klimatisierbar geworden, ohne daß besondere Grund- und Aufrißlösungen erforder- lich sind. Bei vielen historischen Bauformen Europas finden wir jedoch eine Gebäudekonzeption, die in Grundriß und Raumabfolge nach ihrem Wärmebedarf angelegt ist.

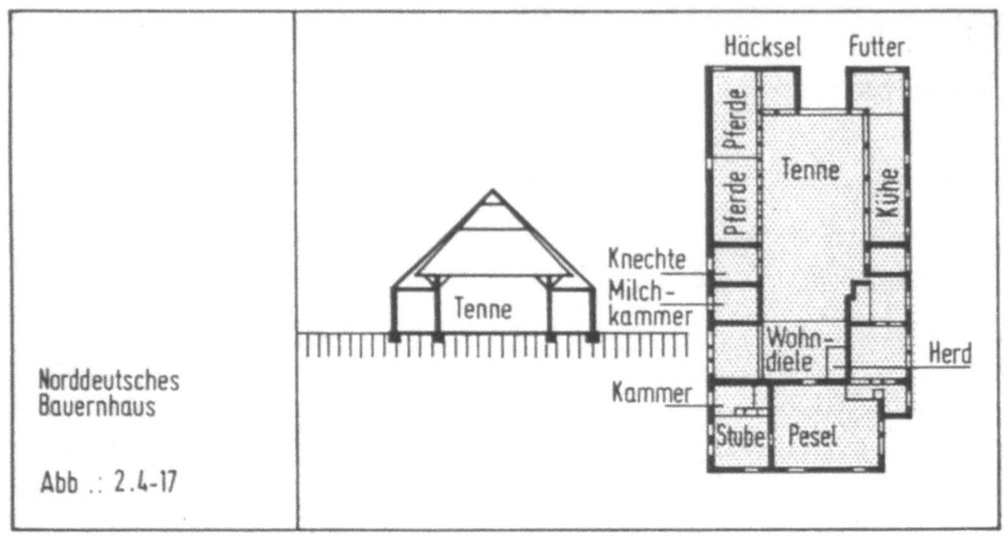

Bei diesen Häusern bildet der Dachraum, Trockenspeicher für Heu und Getreide, einen ausgezeichneten Wärmepuffer. Da Mensch und Tier unter einem Dach leben, werden die Körpertemperaturen des Viehs genutzt, indem man die Ställe der Tiere als thermische Puffer an der Außenfassade anordnet. Im Innern befinden sich die beheizbaren Räume des Wohnbereichs. Der Schlafbereich liegt, umhüllt von mehreren Räumen, im inneren Teil des Hauses.

Aber auch im Süden Europas sind die Gebäude nach klimatischen Gesichtspunkten orientiert worden. Anspruchsvolle Wohngebäude sind um einen Innenhof gruppiert. Das zweigeschossige Hauptgebäude mit den Wohnräumen befindet sich auf der Nordseite des Innenhofes, während die Südseite mit den Nebengebäuden nur eingeschossig bebaut ist. Die flachstehende Wintersonne durchflutet die Wohngebäude, während die Sommersonne durch vorstehende Dächer abgehalten wird.

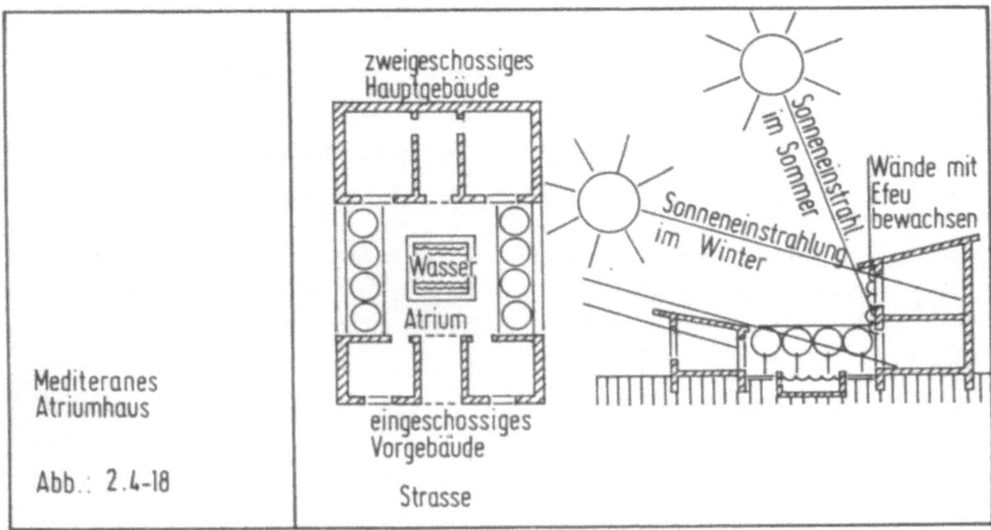

Die Steinmauern der Gebäude und Umfassungen speichern im Winter die Sonnenwärme.
Im Sommer unterstützen Bepflanzungen und Wasserbecken die nächtliche Abkühlung
und erhöhen die Luftfeuchtigkeit.

Klimagerechte Grundrißlösungen für Wohngebäude in Mittelamerika sehen ebenfalls
ein Atrium zur Kühlung vor. Die Gebäude stehen hier aber östlich und westlich
des Innenhofes, die Umfassungsmauern sind durchbrochen, um auch die leichten
Luftbewegungen zum Kühlen zu nutzen.

2.4.5.1   Grundrißzonung

In unseren Breitengraden kann die Raumanordnung entsprechend einer Temperaturab-
stufung helfen, die Transmissionswärmeverluste zu senken.

Raum	Empfohlene Raumlufttemperatur ^{o}C	erwünschter regulierbarer Bereich	Wichtung nach ^{o}C (Zonierung)
Bad	22	20 – 23	1
Wohnzimmer	20	20 – 21	2
Eßdiele, Küche u. Eßplatz	19	18 – 20	3 Kernzone
Kinderzimmer, geistige Arbeit	19	19 – 21	3
Kinderzimmer, Spielen	18	18 – 20	4 Zone II
Schlafzimmer	17	17 – 20	5
WC	16	16 – 18	6
Diele, Windfang	15	15 – 16	7
Treppenhaus, Flure, geschlossen	14	–	8 Zone I

Tab. 2.4-2 Zonung von Räumen /4/

Dieses Konzept der "Zonung" folgt dem Aufbau einer Zwiebel, die äußeren Schalen
schützen die inneren. Die äußere Schale nimmt als thermische Pufferzone Erschließungsflächen, Nebenräume, Wintergärten und zeitlich begrenzt genutzte
Räume auf. Verglaste Bereiche außerhalb des beheizten Volumens können mit einer
dreidimensionalen Außenhaut verglichen werden, die zeitweise bewohnt ist.

In der zweiten Zone sollten die Räume angeordnet werden, die ein niedrigeres
Temperaturniveau haben als die Räume der Kernzone. Sie werden durch den Außen-
puffer geschützt und erhalten gleichzeitig über die Transmissionswärmeverluste
Energie von der Kernzone zugeführt.

Räume mit abwärmeerzeugenden Installationen wie Bad und Küche (mit Herd,
Kühlschrank, Waschmaschine, Warmwasserbereiter) und der eigentliche Wohnbereich
mit Kamin oder Kachelofen liegen in der Kernzone dieser Grundkonzeption.

Diese Grundrißzonung nach Wärmehierarchien deckt sich auch mit anderen Entwurfskriterien, z. B. der Intimität und Geräuschentwicklung innerhalb der Wohnung.

Zonungsschema

Abb.: 2.4-19

Durch diese Zonung wird aber nicht nur Heizenergie eingespart. Bei entsprechender Gestaltung der Pufferzonen kann in den Übergangszeiten auch ein erheblicher solarer Wärmegewinn durch die Einstrahlung in Wintergärten, Loggien und Blumenfenster erzielt werden.

Die in den konstruktiven Teilen tagsüber gespeicherte Wärme sorgt dann nachts für eine Temperierung der Pufferzonen. Um den Wärmegewinn auf der Südseite auch für die anderen Gebäudeteile zu nutzen, ist der Grundriß so zu organisieren, daß eine natürliche Durchlüftung von Süd nach Nord möglich ist.

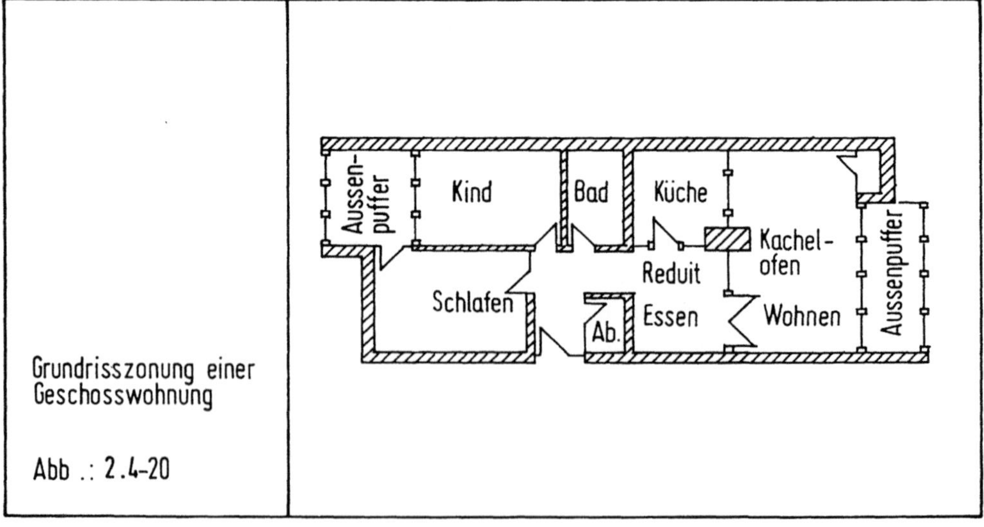

Grundrisszonung einer
Geschosswohnung

Abb.: 2.4-20

Voraussetzung für die Funktionsfähigkeit solcher Grundrisse ist die aktive
Beteiligung des Benutzers: zieht er sich im Winter in einen Teilbereich seiner
Wohnung zurück (Reduitzone) und beheizt nur diesen, und erweitert er seine Wohnfläche im Frühjahr, Herbst und Sommer durch Zuschalten der verschiedenen Zonen,
kann er den Energieverbrauch seiner Wohnung in hohem Maße selbst bestimmen.

Sicherlich erfordert diese Grundrißlösung gegenüber dem öffentlich geförderten
Wohnungsbau größere Nutzflächen. Werden aber Loggien und Wintergärten, Abstell-
räume und Erschließungsflächen geschickt in das Grundrißkonzept einbezogen, muß
sich der Gesamtflächenbedarf nicht wesentlich erhöhen. Eine deutliche Wohnwert-
steigerung wird überdies durch die verlängerte Benutzbarkeit von verglasten
Loggien und Wintergärten erreicht.

2.4.5.2   Aufrißdisposition

In der Aufrißdisposition werden bei alten Hausformen wie im Grundriß die
thermischen Eigenschaften der Raumluft ausgenutzt. Küche und Kamin befinden sich
im Zentrum des Erdgeschosses. Von dieser Energiezentrale werden die darüberlie-
genden Räume über die Geschoßdecken und den Wärmespeicher der mächtigen Kamin-
wand beheizt. Besonders deutlich wird dieses Prinzip bei den turmartigen
Tessiner Hausformen.

Auch im mehrgeschossigen Wohnungsbau früherer Kulturen finden wir solche
Aufrißentwicklung. Die Grund- und Aufrißkonzeption des indianischen Terras-
senhauses ermöglicht eine den Jahreszeiten entsprechende Bewohnbarkeit des
Gebäudetraktes.

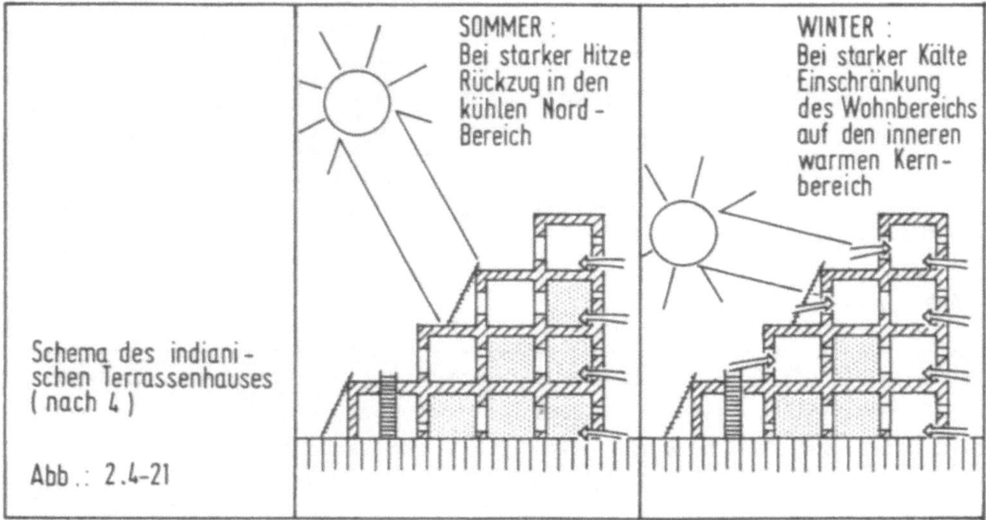

Im Sommer dient die terrassierte Südfassade mit den anschließenden Räumen als
Wärmepuffer, der die aufgenommene Wärmelast nachts wieder abstrahlen kann. Die
Bewohner ziehen sich in den kühleren nördlichen Teil zurück.

Im Winter dienen die an Nord- und Südfassade gelegenen Räume als Kältepuffer,
der Wohnbereich wird auf die innenliegenden Kernräume reduziert.

Im Frühling und Herbst speichern die terrassierten Südflächen des Gebäudes die
einstrahlende Sonnenenergie und geben sie, phasenverschoben, nachts an die
dahinter liegenden Räume teilweise ab. Während dieser Jahreszeiten ist die
größte Ausdehnung des Wohnbereichs sowie die Nutzung der Sonnenterrassen
möglich.

Ein schematisches Beispiel für den Wärmekern im vertikalen Aufbau zeigt die
/Abb. 2.4-22/.

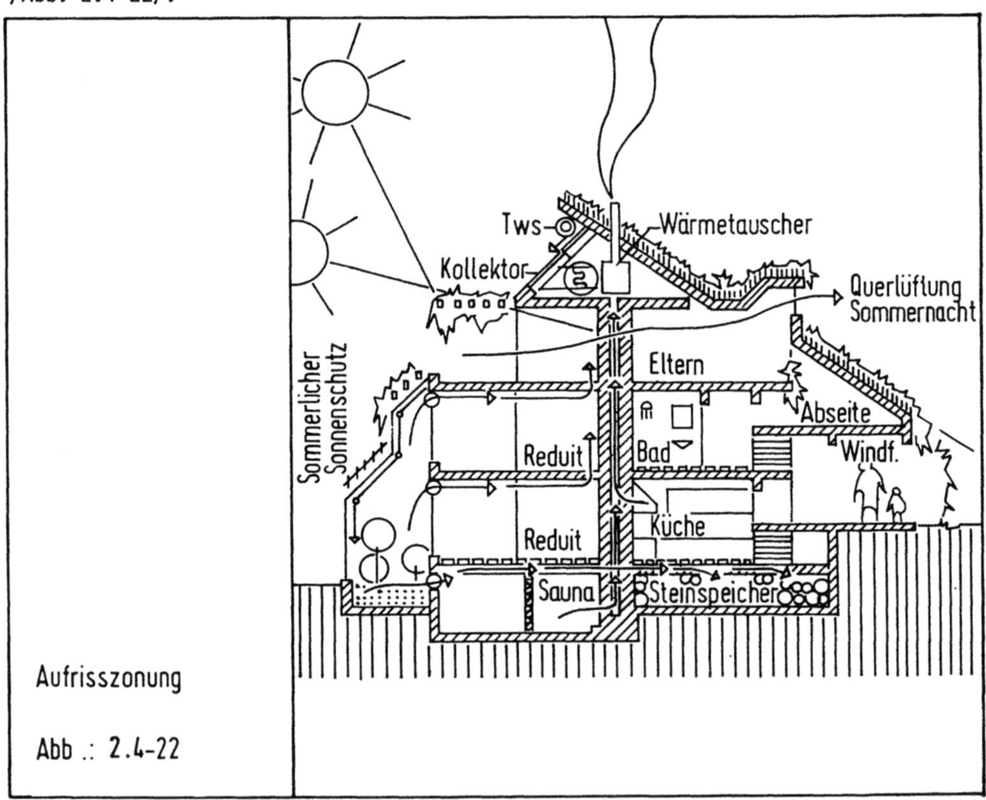

Im Winter ist der Wärmekern Zentrum der Wärmehierarchie: Kachelofen, Küchenherd,
Warmwasserbereitung, eventuell Saunaofen und Abwasserrückgewinnung im Keller
bilden mit den Speicherwänden ein System der Wärmeerzeuger. Im Dach kann
zusätzlich ein Abwärmetauscher angeschlossen werden. Die Beheizung der Kernzone
erfolgt durch Wärmestrahlung und zusätzlich durch ein in die tragenden Bauteile

integriertes Hypocaustensystem. Zu diesen Wärmezentren werden die einzelnen Raumzonen geöffnet bzw. geschlossen.

Diese äußere Raumzone dient als Puffer bzw. als passives Solarhaus, das auch in der kalten Jahreszeit bei Sonnenstrahlung tagsüber genutzt werden kann.

In der Übergangszeit kann über das gleiche System die Wärme aus den Gewächshäusern bzw. den dazugehörigen Speichern zur Temperierung der Wohnräume während der kühleren Stunden herangezogen werden. Im Sommer verhindern Dachüberstände, Sonnenschutz und bewachsene Pergolen ein übermäßiges Aufheizen der Südfassade. In der Sommernacht dient dann die Querlüftung durch das gleiche System der Temperaturreduzierung und Klimatisierung.

Der Erfolg, im Entwurf einen konzeptionellen Beitrag zur Energieeinsparung bei Gebäuden zu leisten, hängt davon ab, wie diese Überlegungen vom Nutzer verstanden und akzeptiert werden. Die Entwurfsidee muß so einfach und auffällig und mit der Natur abgestimmt sein, daß sie von den Benutzern ohne Komplikationen übernommen werden können.

Mit sechs Entwurfsprinzipien läßt sich das klimagerechte und energiesparende Bauen zwischen dem 25° und 55° nördlichen Breitengrad beschreiben.

1. Ein Gebäude sollte eine Hülle haben, die es vor Hitze, Kälte und Wind schützt.
2. Bauweisen und Bauformen sollten eine möglichst geringe Energieintensität haben.
3. Das Gebäude sollte nach Süden ausgerichtet und geöffnet sein.
4. Das Gebäude muß über ausreichende Wärmespeicherkapazitäten verfügen.
5. Stellenweise überschüssige Wärme muß im Gebäude verteilt werden können.
6. Das Gebäude muß während der Sommerzeit mit seiner Bauweise zur Lüftung beitragen.
7. Die ersten sechs Prinzipien sollten so angewandt werden, daß ihre Anwendung nicht Planung und Bau benachbarter Gebäude beeinträchtigt.

Ehe der Planer Systeme zur solaren Energiegewinnung einsetzt, sind seine Konstruktionsdetails auf möglichst effektive Energierückhaltung (Energy conservation design) auszulegen. Hierzu gehören:

1. Sommerlicher Wärmeschutz gegen Überhitzung durch Sonneneinstrahlung
2. Anwendung physikalischer Gesetzmäßigkeiten zur Förderung gleichmäßiger Raumdurchwärmung und Lüftung
3. Erhöhte Wärmedämmung für transparente und nicht transparente Teile der Außenhülle (temporärer und stationärer winterlicher Wärmeschutz)
4. Anordnung ausreichender Speichermassen

Diese Planungsfaktoren werden sich - unabhängig von den gewählten Energiegewinnungssystemen - immer positiv auf das Raumklima eines Gebäudes auswirken.

2.5.1   Sonnenschutz

Die Nutzung der Sonnenenergie bei der Gebäudeplanung ist stets mit dem Problem sommerlicher Überhitzung solcher Gebäude verbunden. Sonnenschutz und Sonnennutzung müssen zu einer Synthese in der Gebäudekonzeption führen. Der Sonnenschutz ist als Membran der Außenhülle an der natürlichen Raumklimatisierung beteiligt. Er muß die jeweils gewünschte Menge von Wärme und Lichteinstrahlung in das Gebäude hineinlassen. Der Sonnenschutz kann durch vorspringende oder überragende Bauteile, Sonnenschutzgläser, starre und bewegliche Sonnenschutzanlagen und durch Vegetation erreicht werden. Für die richtige Lösung müssen Sonnengeometrie, Mechanik, Thermodynamik und Optik herangezogen werden.

2.5.1.1   Horizontaler Sonnenschutz

Starre Vorrichtungen benötigen im allgemeinen keine Wartung und wirken nur für einen genau festgelegten Zeitraum (Sonneneinfallswinkel). Der Innenraum wird je nach der Tiefe des auskragenden Bauteils mehr oder weniger verschattet. Ist der Sonnenschutz jedoch nicht nach Süden und sommerlichem Azimut ausgerichtet, so wird er auch in Zeiten, in denen die Sonneneinstrahlung erwünscht ist, das Gebäude verschatten.

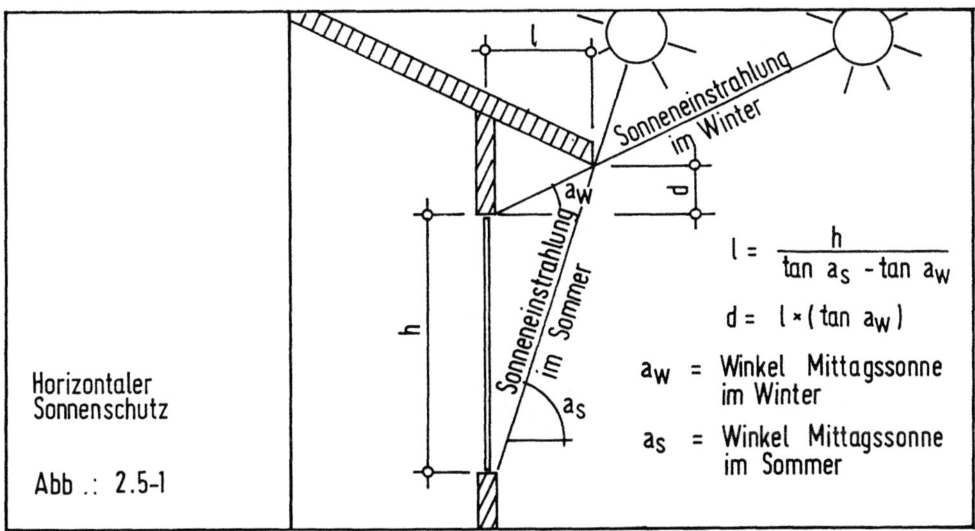

Horizontaler Sonnenschutz

Abb .: 2.5-1

Für die Auslegung der Verschattung durch Dachüberstand sind die örtlichen Klimadaten entscheidend.

Wird zum Beispiel als Einstrahlungswinkel a_S das Azimut vom 21. Juni gewählt, so wird man auch im Spätsommer wenig Schatten auf der Verglasung haben. Mit einfachen Faustregel:

$$a_S = 102^o - \text{Breitengrad}$$

wird bis Ende August eine Verschattung von ca. 70% erreicht.

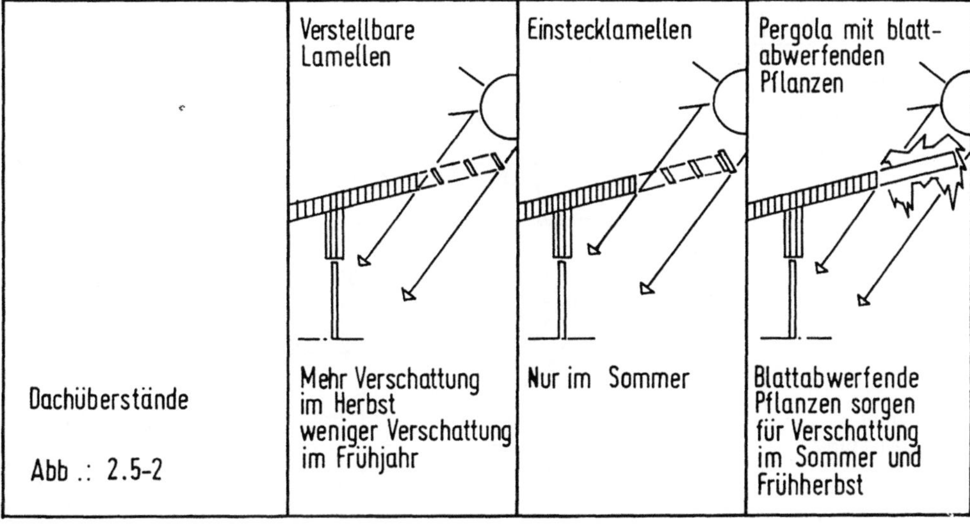

Dachüberstände

Abb .: 2.5-2

Um den Verschattungsgrad durch feste Dachüberstände zu erhöhen, können Varianten mit beweglichen oder zeitlich begrenzt einsetzbaren Sonnenblenden gewählt werden.
Um die Sonneneinstrahlung den jeweiligen Temperaturverhältnissen anzupassen, können auch bewegliche Dachüberstände gewählt werden. Hier gelten die gleichen geometrischen Verhältnisse wie bei den festen Dachüberständen.

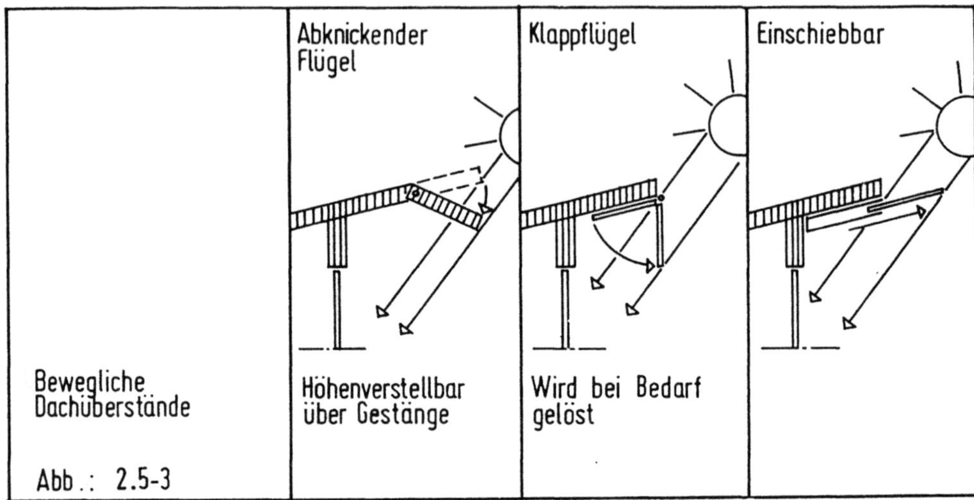

Diese Konstruktionen ermöglichen Sonneneinstrahlung im kühlen Frühling und Verschattungen im warmen Herbst.

2.5.1.2 Vertikaler Sonnenschutz

Der Verschattung von West- und Ostfassaden dienen außenliegende, senkrechte Lamellen. Im richtigen Winkel eingebaut, verhindern sie sommerliche Einstrahlung, lassen aber die Wintersonne herein.

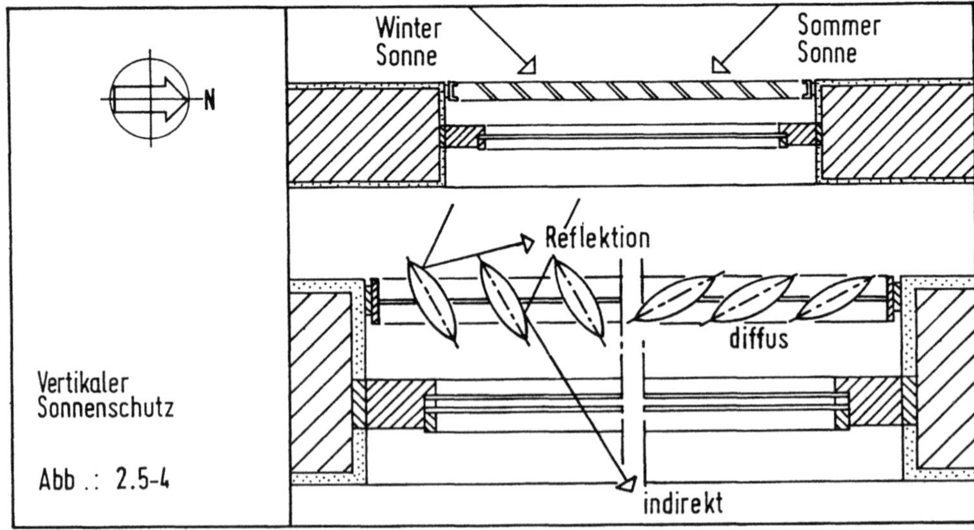

Werden diese Lamellen beweglich eingebaut und mit reflektierendem Anstrich versehen, so kann die direkte Sonneneinstrahlung verhindert werden, ohne daß die natürliche Belichtung zu stark herabgesetzt wird.

2.5.1.3   Sonnenschutzanlagen

Markisen, Klappläden, Metalljalousien und Vorhänge sind gebräuchliche Sonnenschutzelemente. Ihre Wirkung wird wesentlich von ihrer Lage zur Fassade bestimmt.

- Außenliegende Sonnenschutzeinrichtungen reflektieren und absorbieren die einfallende Strahlung schon außerhalb des Gebäudes. Um die absorbierte Wärme abzuführen, muß eine ausreichende Hinterlüftung gewährleistet werden. Diese Anlagen stellen höchste baukonstruktive Ansprüche, da ihre außenliegende Mechanik ständig wechselnden Witterungsverhältnissen unterliegt.

- Zwischen den Scheiben liegende Anlagen: Die einfallende Strahlungsenergie wird zunächst im Kastenfenster gehalten und bildet so einen Puffer zum dahinter liegenden Raum. Diese Energie kann kontrolliert abgeführt werden. Die Mechanik ist durch die äußere Scheibe gut geschützt.

- Innenliegende Anlagen reflektieren bzw. absorbieren die einfallende Strahlung erst im Rauminnern. Sie sind deshalb meist nur als Sichtschutz geeignet. Spezialrollos und Markisen können gleichzeitig dem Sonnen- und dem Wärmeschutz dienen. Ihre Handhabung ist unproblematisch, da die einfachsten Konstruktionen denkbar sind.

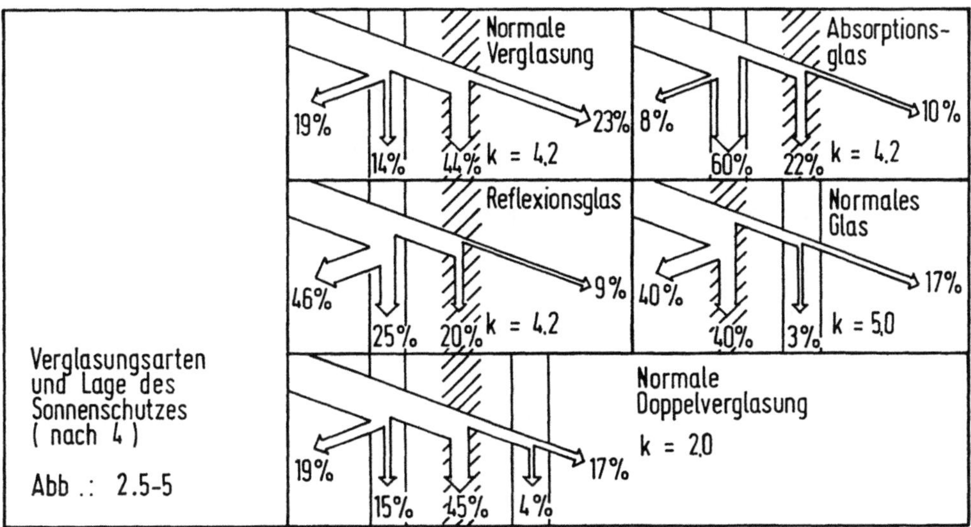

2.5.1   Sonnenschutzgläxer

Sonnenschutzgläser (Reflexions-, Interferenz- und Absorptionsgläser) sollten nur
dort verwendet werden, wo andere Sonnenschutzmöglichkeiten aus konstruktiven
Gründen ausscheiden müssen, da sie sowohl erwünschte (Winter) als auch unerwünschte (Sommer) Einstrahlung vermindern.

2.5.1.5   Begrünte Rankgerüste

Außenliegende Sonnenschutzeinrichtungen sind die zur natürlichen Klimatisierung
dienlichsten Maßnahmen. Sie sollten beweglich angeordnet sein, um auf wechselnde
Einstrahlungs-Temperaturverhältnisse zu reagieren und eine ausreichende Hinterlüftung zur Vermeidung von Wärmestaus aufweisen.

Begrünte Rankgerüste zählen ebenfalls zu diesen Maßnahmen. Blattabwerfende
Pflanzen werden in der kalten Jahreszeit die willkommene Sonneneinstrahlung in
das Gebäude lassen, während sie im Sommer den größten Teil der direkten kurzwelligen Sonnenstrahlung absorbieren und reflektieren. Die absorbierte Wärme wird
überwiegend zur Verdunstung und zur Photosynthese verbraucht, der Rest im
Flüssigkeitsanteil der Pflanze gespeichert.

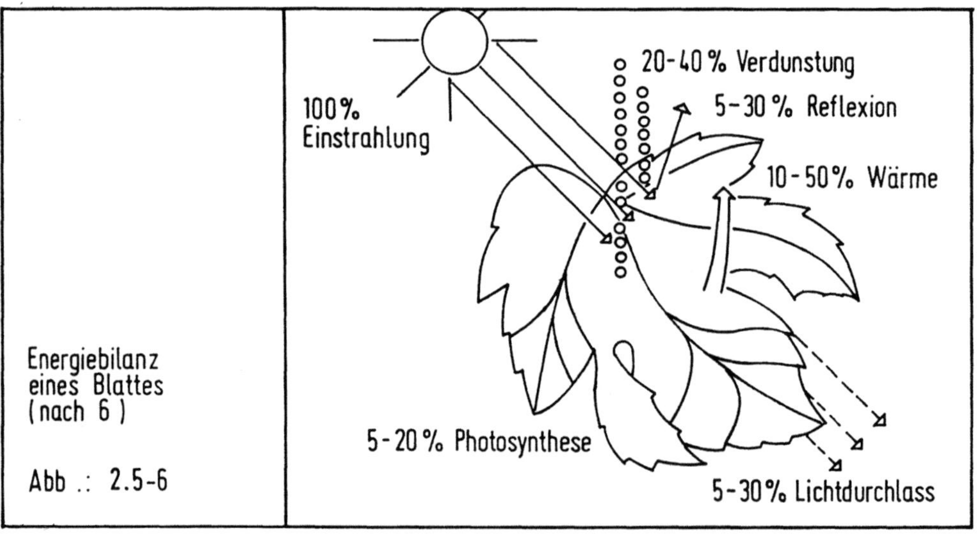

2.5.1.6   Farbgebung

Bei der Absorption verwandelt sich die Wärmestrahlung in innere Energie (fühlbare Wärme) des Körpers zurück. Dieser Vorgang erfordert stets eine bestimmte Schichtdicke. Sie beträgt bei festen und flüssigen Stoffen im allgemeinen wenige hundertstel Millimeter, bei Gasen ist sie dagegen so groß, daß man Gase als durchlässig bezeichnen kann. Wasserdampf und Kohlendioxyd zeigen hiervon abweichend eine Absorption in bestimmten Wellenlängenbereichen.

Die Reflexion der Wärmestrahlung erfolgt an der Körperoberfläche. Sie kann diffus oder spiegelnd erfolgen.

Der größte Teil der Sonnenstrahlung wird von den meisten Baustoffen absorbiert, nur von metallisch polierten Oberflächen jedoch reflektiert. Abhängig von Farbe und Oberflächenbeschaffenheit entstehen die verschiedenen Absorptionsfaktoren:

Material	Absorptionsfaktor
Weisser Putz	0,08
Alufolie	0,15
Weißer Anstrich	0,20
Grüner Anstrich	0,50
Asbest, Zement, Beton	0,60
Galvanisierter Stahl	0,65
Dunkle Farben	0,74
Asphalt	0,82
Teerpappe	0,93
Schwarze Farbe	0,96

Tab. 2.5-1 Absorptionsfaktor

Die Wärmeabstrahlung ist dagegen nahezu unabhängig von der Farbe eines Baustoffes. So sollten also dunkle oder helle Baustoffe so eingesetzt werden, daß sie entsprechend den klimatischen Bedingungen Absorption oder Reflexion der Sonneneinstrahlung unterstützen.

In Abhängigkeit von Jahreszeiten und Außenklimaverhältnissen wird die Lüftung nicht nur als Frischluftversorgung oder als Maßnahme zur Kühlung von Räumen angesehen. Die natürlichen Luftströmungen innerhalb eines Gebäudes können auch dazu dienen, erwärmte Luft durch das Gebäude zu transportieren. So wird beim Luftwechsel nicht nur die verbrauchte Luft erneuert, sondern gleichzeitig sollte gezielt Wärme von außen nach innen, von innen nach außen oder von einem Speicher in das Gebäude transportiert werden. Die Häufigkeit des Luftwechsels ist von den hygienischen Anforderungen an die Luftqualität abhängig.

| Raum | Luftwechselzahl | | Lüftungsart |
	Mindest- werte	erwünschte Werte	
Wohnraum	2	2–3	Fenster
Schlafzimmer	2	2–3	Fenster
Kinderzimmer	2	2–4	Fenster
Kleine Küchen (20m^3)	10	20–30	Fenster/mechanisch
Mittlere Küchen (20–30m^3)	8	15–20	mechanisch
Große Küchen (30m^3)	6	10–20	mechanisch
Badezimmer (12–15m^3)	4	5–8	Fenster/mechanisch
Außenliegende WC (4–6m^3)	2	4–6	Fenster
Innenliegende WC (4–6m^3)	2	4–6	mechanisch
Korridor	1	2	Türen
Treppenhaus	1	2	evtl.Schacht

Tab. 2.5-2 Stündliche Luftwechselrate (Granjean) /7/

Als Lüftungsverfahren dienen dazu die freie Lüftung (z.B. Fugenlüftung, Querlüftung) und die Zwangslüftung (Unter- bzw. Überdrucklüftung durch ein Gebläse).

Bei winterlichen Klimaverhältnissen gilt es, Wärmeverluste durch Lüftung so gering wie möglich zu halten. Unkontrollierte Fugenlüftung oder undosierte Querlüftung kommen diesem Ziel nicht näher. Zwangslüftungen dagegen sind gut dosierbar, aber relativ aufwendig; hier besteht zusätzlich die Möglichkeit, der Abluft Wärme zu entziehen.

2.5.2.1   Freie Lüftung

Luftbewegungen lassen sich mit einfachen entwurflichen Mitteln, z.B. durch differenziert angeordnete Öffnungen bei der Querlüftung erreichen. Je nach Stellung der Fenster oder Lüftungsklappen zur vorhandenen Hauptwindrichtung werden Räume von der Luft durchströmt:

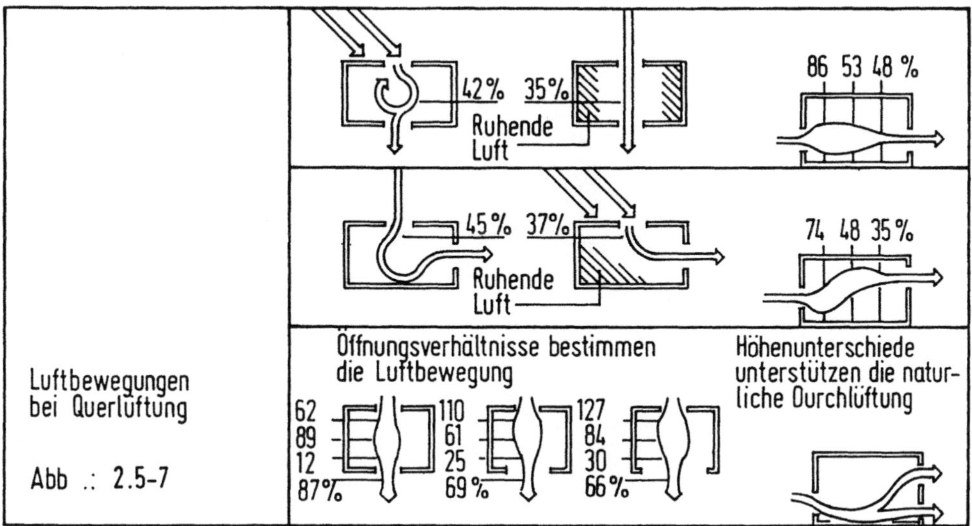

Durch Schiebe- oder Drehfenster lassen sich die Luftbewegungen im Raum gezielt verändern.

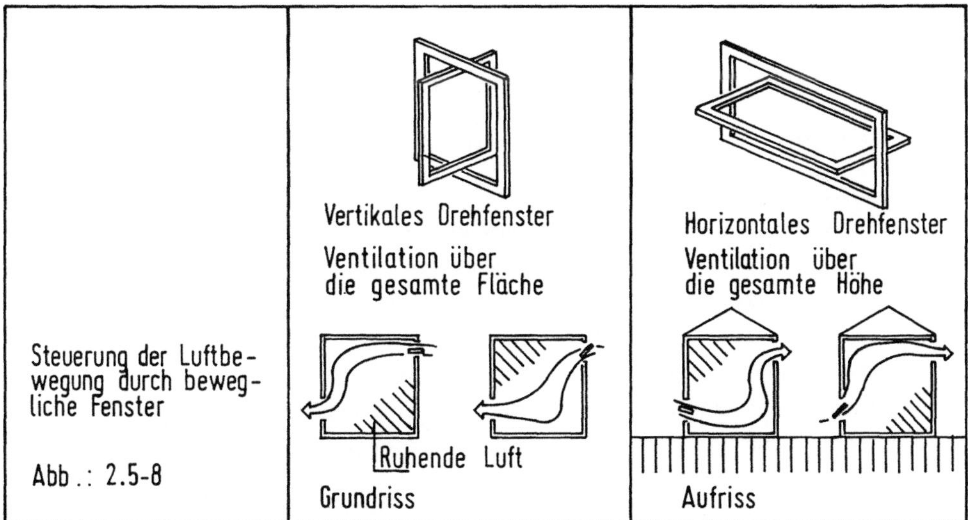

Werden die Fassaden nicht zur Entlüftung herangezogen, so läßt sich der Luftaustausch durch Dachaufsätze beschleunigen bzw. in Gang setzen. Feste Dachaufsätze sind entweder direkt in die Hauptwindrichtung gestellt oder nutzen die beidseitige Sogwirkung. Turbinen bieten sich bei wechselnden Windrichtungen an.

Dachkuppeln und Shedoberlichter ermöglichen außerdem eine zusätzliche natürliche Belichtung. Bei Lüftungskaminen schließlich bewirkt die Sonneneinstrahlung auf eine Absorberfläche eine erhöhte Lufttemperatur im Kaminrohr und beschleunigt die Luftbewegung.

Bei allen diesen Lüftungssystemen kann der Lüftungsprozeß durch Klappen gesteuert werden.

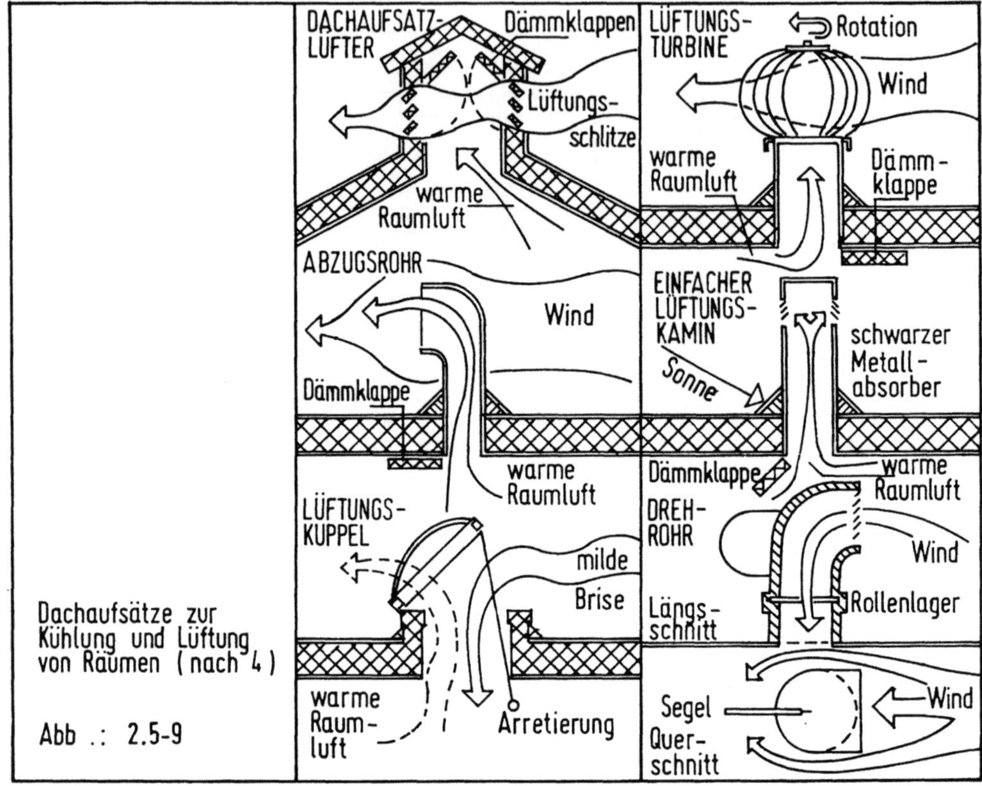

Die bisher gezeigten Beispiele beschreiben den Luftwechsel und die damit verbundene Kühlung von Gebäuden durch Konvektion. Es ist aber auch Kühlung durch Wärmeleitung und Abstrahlung möglich.

In sehr warmen Gebieten wird die thermische Speichermasse des Erdreichs oder eines Steinspeichers zur Kühlung herangezogen. Die erzielbare Kühlung ist durch die Berührungsfläche von Raum und Speicherfläche begrenzt.

2.5.2.2   Strahlungs- und Verdunstungskühlung

Versuchsbauten in den USA und in Israel mit offenen bzw. geschlossenen Wasserdächern haben Temperaturabsenkungen um 15°C gegenüber der Außentemperatur ermöglicht. Der Temperaturunterschied wird hier durch nächtliche Abstrahlung und Verdunstung erreicht.

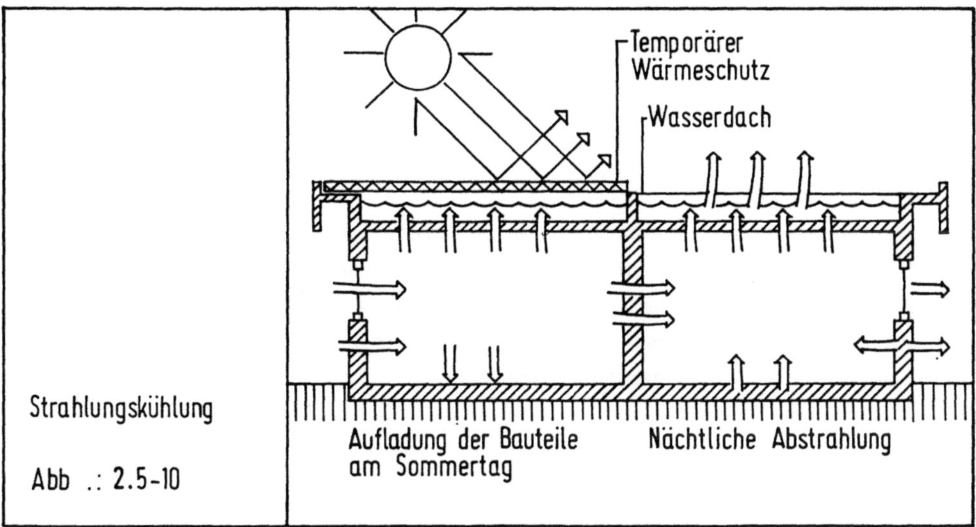

Diese Systeme sind jedoch durch das zusätzliche Gewicht des Wassers sehr aufwendig. Die offenen Systeme sind zusätzlich durch Algenbildung und Beckenverschmutzung problematisch.

2.5.2.3   Natürliche Lüftung im Verwaltungsbau

Das Ziel, Investitionskosten, Energieverbrauch und Betriebskosten beim Verwaltungsbau einzuschränken, kann durchaus mit dem Ziel in Einklang gebracht werden, eine ständige Klimatisierung zu vermeiden.

So gingen erste Überlegungen dahin, Bürogebäude als speichernde Massivgebäude auszubilden, die die sommerlichen Belastungen absorbierten. Das Gebäude der Europäischen Investitionsbank (Brüssel 1979) beispielsweise wurde mit 35 cm Ziegelmauerwerk versehen. So werden Sonneneinstrahlung und innere Lasten so weit absorbiert, daß die Temperaturen 28°C nicht übersteigen. In der Nacht wird die Konstruktion mit kalter Außenluft durchspült, um die absorbierten Wärmemengen abzuführen.

Der Nachteil schwer speichernder Gebäude liegt im trägen Regelverhalten der
großen Speichermassen und dem raumakustischen Problem durch den sparsamen
Einsatz von Dämmaterialien im Boden- und Deckenbereich. Neuere Konzeptionen
begrenzen die mechanische Be- und Entlüftung auf die extreme Winterzeit und hohe
Lastanfälle.

Aufgrund der gewünschten Begrenzung in der minimalen relativen Feuchte (Winterbetrieb) bzw. maximalen Raumtemperatur (Sommerbetrieb) hat jeder Raumnutzer die
Möglichkeit, die natürliche Be- und Entlüftung der mechanischen vorzuziehen. Er
hat dann jedoch keinen Anspruch auf Zugfreiheit, Einhaltung von Feuchtegrenzen
und Raumtemperaturen.

Bei derartigen Systemen der natürlichen Durchlüftbarkeit sind zunächst nicht die
Raumlufttechniker, sondern die Architekten zu neuen Lösungen des Gebäudezu-
schnitts, der maximalen Raumtiefe und der Fassadenausbildung aufgerufen. Für ein
Bürogebäude mit nahezu ausschließlich natürlicher Belichtung und Belüftung ist
der Grundriß von ausschlaggebender Bedeutung.

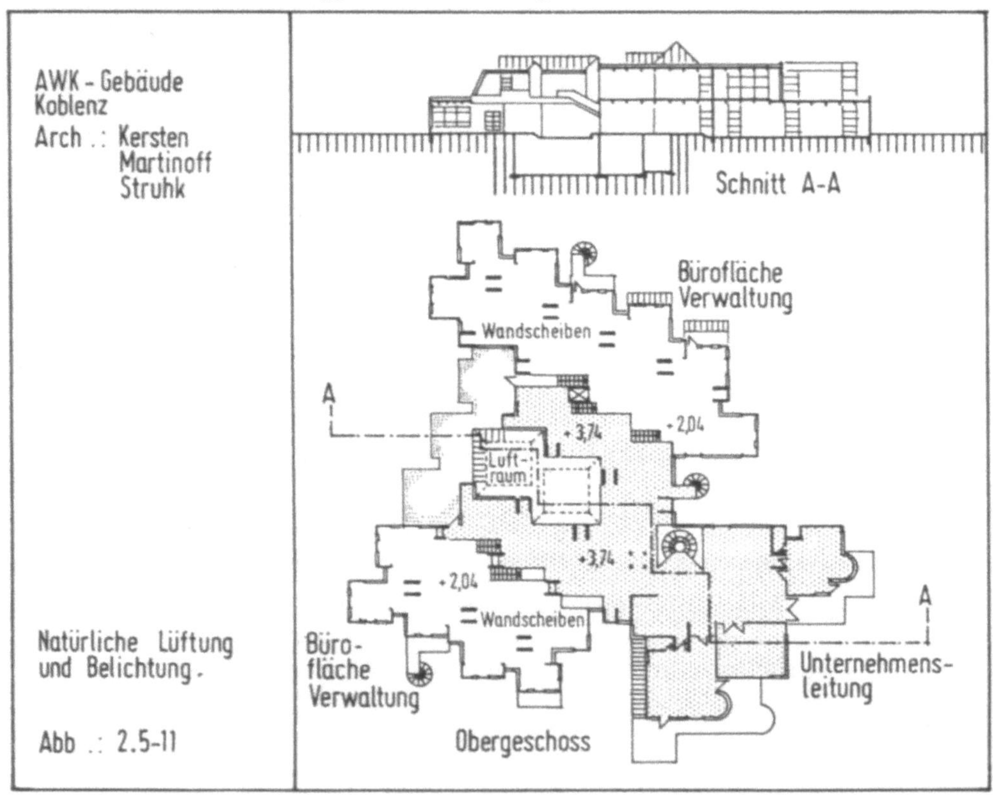

Zu beachten ist von vornherein, daß ständige Arbeitsplätze nur bis zu einer
maximalen Raumtiefe von etwa 7 m angelegt werden, um bei Windanfall ihre
Durchlüftung zu erreichen. Tiefer liegende Räume sollten nicht mehr dem ständi-

gen Aufenthalt von Personen dienen und keine zusätzliche Erwärmung durch Geräte
oder Einstrahlung erfahren. Ein großes Raumvolumen und konstruktive wärmeabsor-
bierende Elemente (z.B. frei liegende Deckenstrukturen, Betonträger, Pfeiler und
Wandscheiben) absorbieren die zufließende Wärme von Einstrahlung, Beleuchtung,
Personen, Maschinen.

Die Fassade eines solchen Gebäudes soll die im Sommer einfließende Wärmemenge
begrenzen und im Winterbetrieb nur geringe Mengen abfließen lassen, d. h. sie
sollte zugleich wärmespeichernd und wärmedämmend ausgelegt sein. Um zu vermeiden, daß dem Gebäude im Sommerbetrieb zu viel Wärmeenergie zufließt, ist es
notwendig, den Fensteranteil auf das notwendige Maß für Belichtung und Ausblick
zu begrenzen. So sollte der Fensteranteil, bezogen auf die Außenwandfläche, bei
20 % liegen.

Als Fenstermaterial kommt Wärmeisolierglas (z. B. Thermoplus k = 1,4 W/m^2) und
in Teilbereichen Sonnenschutzglas zur Anwendung. Der Sonnenschutz bzw. Blend-
scnutz ist je Fenstereinheit durch außenliegende Markisen oder Rollos zu
regulieren. Pergolen, Rankgerüste mit Kletterpflanzen und höhere Laubbäume
spenden im Sommer Schatten und lassen im Winter die Sonnenenergie ungehindert
zufließen.

2.5.3 Wärmerückhaltende Konstruktionen

Alle Planungshinweise zum klimagerechten Bauen dürfen nur in Verbindung mit
ausreichender Wärmedämmung aller Außenbauteile eines Gebäudes gesehen werden.
Nach heutigen Erkenntnissen kann die wirtschaftlichste Energieeinsparung durch
einen verbesserten baulichen Wärmeschutz erzielt werden. Erst nach sinnvoller
Verbesserung des baulichen Wärmeschutzes ist die Anwendung neuer Techniken
erfolgreich /s. auch Abschnitt 12/.

Die DIN 4108 "Wärmeschutz im Hochbau", das Energieeinsparungsgesetz und die
Wärmeschutzverordnung werden als bekannt vorausgesetzt. Leider erschöpft sich
ihre Anwendung großenteils darin, daß ihren Anforderungen gerade genüge getan
wird. Weiterführender Wärmeschutz wird selten in Erwägung gezogen oder gar
ausgeführt.

2.5.3.1 Konstruktiver Wärmeschutz

Die Verbesserung des Wärmeschutzes ist einfach auszuführen und, effektiv
geplant, auch kostengünstig herstellbar. Der konstruktive Wärmeschutz umfaßt
dabei folgende Maßnahmen an einzelnen Bauteilen:

1. Erhöhung des Wärmeschutzes an den Gebäudehüllflächen (Wände, Dächer, Decken)
2. Vermeidung von Wärmebrücken (auch zur Vermeidung von Bauschäden)
3. Verbesserung der Fugendichtigkeit an Fenstern und Türen
4. Doppel- und Dreifachverglasung
5. Temporärer Wärmeschutz für transparente Flächen
6. Temporärer Wärmeschutz der Gebäudehüllflächen durch Bepflanzung

In der DIN 4108 sind die Mindestanforderungen an den Wärmeschutz aufgeführt. Sie sollen im Winter ein hygienisch einwandfreies Raumklima und den Schutz der Baukonstruktion vor Feuchtigkeit sicherstellen. In der folgenden Tabelle werden den Werten der 1. Wärmeschutzverordnung höhere Werte gegenübergestellt, die noch immer als wirtschaftlich und technisch sinnvoll gelten können.

Bauteil	Geforderter Wärme-schutz W/m^2 K	Empfohlener Wärme-schutz W/m^2 K
Außenwand	0,9	0,35
Fenster	2,6	1,9
Dach	0,55	0,3
Kellerdecken	0,75	0,5

Tab. 2.5-3 Wärmeschutzwerte

Bei allen Wärmedämmaßnahmen ist der Einsatz überlegt zu gestalten.

- So sollte die Fähigkeit der Bauteile, Energie aufzunehmen, nicht weggedämmt werden. Das betrifft insbesondere die Südseite der Gebäude. Vergrößerte Fensterflächen beeinflussen die Energiebilanz hier positiv.

- Die Lage der Wärmedämmung außen oder innen kann das Raumklima erheblich beeinflussen. Wird das Speicherverhalten von Bauteilen weggedämmt, führt dies zu Veränderungen der tatsächlichen und empfundenen Raumtemperaturen, die auch Änderungen im Heizsystem zur Folge haben können.

2.5.3.2   Temporärer Wärmeschutz

Fenster jedweder Konstruktion zeichnen sich vor allen übrigen Wandbauteilen durch einen wesentlich geringeren Wärmeschutz aus. Die thermische Qualität eines transparenten Bauteils kann jedoch nachts mit einer beweglichen Wärmedämmung an allen Fensterflächen wesentlich verbessert werden. So verringert sich beispiels-weise der k-Wert eines Wärmeschutzglases von 2,9 W/m^{2}K auf 0,5 W/m^{2}K durch Vorsatz einer Wärmedämmung aus 5 cm Hartschaum.

Maßnahmen, die den Wärmedurchgang durch das Fenster von innen nach außen zeitweilig begrenzen, bezeichnet man als temporären Wärmeschutz (TWS).

- Sie schaffen einen beruhigten Luftraum zwischen Fenster und Dämmelement, eine wärmedämmende Pufferzone, wenn sie dicht geschlossen sind.
- Der Wärmeschutz kann dabei außen an der Fassade montiert, in die Fassadenkonstruktion eingebaut oder innen an der Fassade angebracht werden.

Roll- und Klappläden verbessern den Wärmeschutz durch eine stehende Luftschicht hinter den geschlossenen Läden. Die meisten Konstruktionen haben keinen nennenswerten Eigendämmwert. Ein Einscheibenfenster kann aber durch dichtschließende Rolläden auf den Wärmedämmwert einer Isolierscheibenverglasung gebracht werden.

Schiebeläden auf der Außenseite eines vorgehängten Fassadensystems lassen sich auf der Außenseite günstig unterbringen. Besondere Konstruktionen dienen gleichzeitig der Verschattungen im Sommer.

Der außen an der Fassade montierte temporäre Wärmeschutz ist in der Bautradition seit langem bekannt und bauphysikalisch problemlos. Die Konstruktion muß witterungsbeständig sein und möglichst dicht schließen.

Der zwischen den Fensterscheiben liegende Wärmeschutz fordert weniger baukonstruktiven Aufwand. Er senkt ebenso die Wärmeabstrahlung und vermindert die Kondensationsbildung an der Innenscheibe.

Der an der Raumseite des Fensters angebrachte temporäre Wärmeschutz zeichnet sich durch problemlose Montage und einfache Bedienbarkeit aus. Allerdings kann sich auf der Fensterinnenseite leicht Schwitzwasser bilden. Diese Dämmelemente können zugleich an der Fensterseite mit schallschluckenden Stoffen verkleidet sein. Sie werden konstruktiv als senkrechte oder waagerechte Faltelemente, zusammenklappbar oder als Schiebeelemente ausgebildet. Bauphysikalisch erfüllen sie ihren Zweck in einfacher Ausfertigung als Sandwichelement aus Sperrholz und Hartschaumplatten.

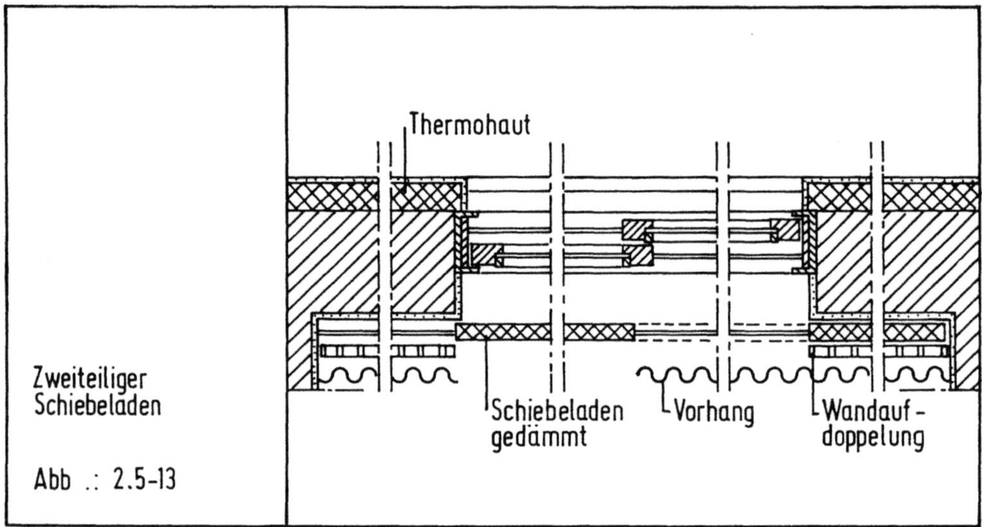

Vorhänge und Wärmeschutzrollos können den Wärmedämmwert verbessern, wenn sie möglichst dicht an der Wand und am Boden liegen.

Neben diesen herkömmlichen Konstruktionen sind in den USA zwei neue Konzepte entwickelt worden.

Beim BEADWALL-SYSTEM werden mit einem Gebläsemotor zwischen die Scheiben einer Doppelverglasung Styroporkugeln eingeblasen. Je nach Scheibenabstand und Kugeldichte lassen sich entsprechend vorteilhafte k-Werte erzielen. Der Nachteil des Systems liegt zum einen in der elektrostatischen Aufladung der Schaumstoffpartikel, die eine einwandfreie Entleerung des Fensterzwischenraumes verhindert, und in der Abhängigkeit von einem Motor.

Das SKYLID-SYSTEM wird besonders bei Oberlichtern und großen, unzugänglichen Verglasungen angewandt. Skylids sind große, horizontal drehbar gelagerte Dämmklappen. An der Ober- und Unterseite angebrachte Frigenbehälter bewirken das Öffnen und Schließen der Klappen ohne Hilfsenergie: Scheint die Sonne auf die außenliegenden Frigenbehälter, steigt der Dampfdruck und das Frigen fließt in die Behälter: durch die Schwerpunktverlagerung öffnet sich das Skylid.

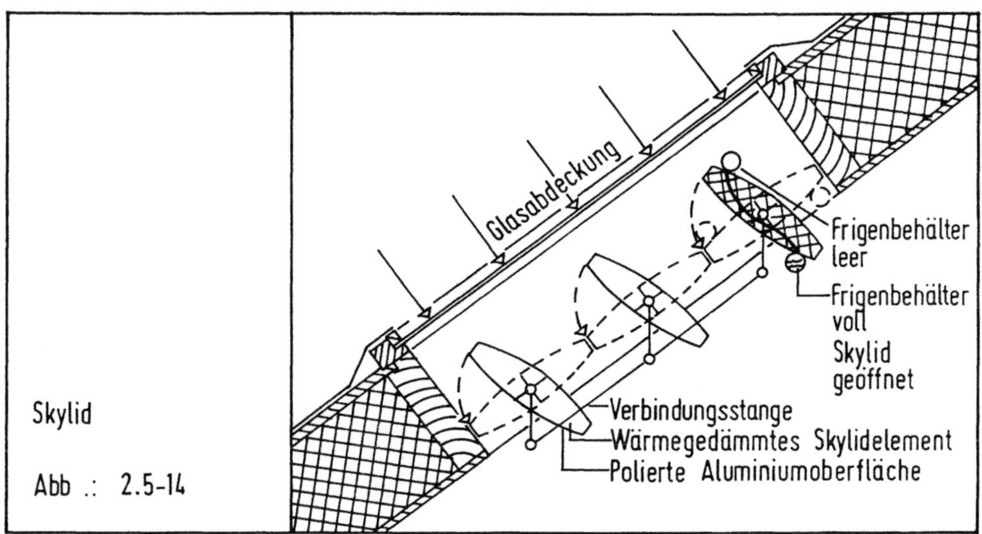

Abends vollzieht sich dieser Vorgang in entgegengesetzter Richtung. Vorteilhaft ist der wartungsfreie Ablauf dieser Automatik. Die Wirkung aller dieser temporären Dämmelemente ist stark vom Benutzerverhalten abhängig. Da aber bei Beginn der Dunkelheit das Fenster als "Kontaktöffnung nach Außen" nicht mehr unbedingt benötigt wird, ließen sich beispielsweise an vielen Wintertagen die Fenster 16 Stunden lang mit zusätzlichem Wärmeschutz versehen.

2.5.3.3 Wärmeschutz durch Bepflanzung

Bepflanzte bzw. begrünte Fassaden, Dächer oder Pergolen schützen nicht nur vor Wärmestrahlung, sie haben, bei entsprechender Wahl der Pflanzenarten, auch eine wärmedämmende Wirkung. Dieser Wärmeschutz kann hauptsächlich auf drei Ursachen zurückgeführt werden:

- Der Pflanzenwuchs bildet einen dichten Blatteppich aus, der zu einem stehenden Luftpolster von ca. 4 cm Dicke führt. Zur Berechnung des k-Wertes kann der Wärmeübergangswert verändert werden (Fall A) oder die stehende Luftschicht hinzugezogen werden (Fall B). Entsprechend verbessert sich der k-Wert.
- Der Strahlungswärmeverlust des Gebäudes verringert sich durch Absorption und Reflexion der Pflanzen.
- Die Bepflanzung bremst die Windströmungen und lenkt sie in unterschiedliche Richtungen. Der Wärmeverlust durch Windströmungen wird also erheblich verringert. Durch die geringere Anströmgeschwindigkeit kann sich die Fugendichtigkeit von Fenstern und Türen zusätzlich verbessern.

Die auf folgenden Annahmen basierenden Ergebnisse sind durch einzelne Messungen bestätigt worden.

Bauteilschichten	$1/\lambda$	A (m^2K/W)	B $1/\lambda$
$1/\alpha$ innen	0,13	0,13	0,13
2 cm Putz	0,02	0,02	0,02
36 cm Ziegelmauerwerk (1600 kg/m^3)	0,56	0,56	0,56
2 cm Putz	0,02	0,02	0,02
$1/\alpha$	0,04	-	-
$1/\alpha$ außen, verändert	-	0,13	-
4 cm stehende Luftschicht ($\lambda = 0,1$ W/m^{2}K)	-	-	0,40
$\Sigma 1/\lambda$	0,77	0,86	1,13
k(W/m^{2}K)	1,30	1,16	0,88
Energieeinsparung in %	0	11	32

Tab. 2.5-4 Verbesserung des Wärmedämmwertes einer Fassade durch Begrünung (Annahmen)

Zusätzlich zum Wärmeschutz trägt eine begrünte Fassade in weiteren Punkten zur Umweltverbesserung bei:

- Schallschutz durch Reflexion und Absorption
- Bindung von Staubpartikeln in der Luft
- Anreicherung der Luft mit Sauerstoff
- Anreicherung der Luft mit Feuchtigkeit durch Verdunstung

Weiterhin dient eine begrünte Fassade durch Dämpfen der Temperaturschwankungen auch dem baukonstruktiven Schutz von Anstrichen, Putz und Mauerwerk, Abhalten von Schlagregen und UV-Strahlung.

2.5.4 Wärmespeicherung durch massive Bauteile

Die Eigenschaft von Bauteilen, vorhandene Wärmeenergie aufzunehmen, zu speichern und bei sinkenden Umgebungstemperaturen wieder abzugeben, ist schon in den traditionellen Bauweisen bekannt.

Massive Bauteile, aus statischen Gründen ohnehin notwendig, geben tagsüber aufgenommene Sonnenenergie zeitlich verschoben nachts an das Gebäudeinnere bzw. an die Umgebung ab. So kann ein momentan vorhandenes überschüssiges Energiepotential gespeichert und dann wieder genutzt werden, wenn es die Klimabedingungen nicht zur Verfügung stellen. Massive Bauteile wirken auf das Raumklima durch

Amplitudendämpfung, d.h. Glättung des Temperaturgangs der Außentemperatur, und die vorher beschriebenen Phasenverschiebung.

Als Kenngröße für Außenwände gilt dabei das Temperatur-Amplituden-Verhältnis (TAV). Es gibt an, wie groß die Amplitude der Temperaturschwingungen auf der Innenseite eines Bauteils im Verhältnis zu denen auf der Außenseite dieses Bauteils ist. Das TAV schwankt zwischen 0 und 1. Je niedriger dieser Wert ist, desto höher ist die Speichereigenschaft dieses Bauteils für gebäudeinnere Wärmemengen.

Das Klima von Räumen ohne Speichermassen folgt dem Außenklima mit nur geringen Verzögerungen. Bei guter Wärmedämmung können solche Räume zwar schnell aufgeheizt werden, durch die ausschließliche Erwärmung der Raumluft und Verzicht auf Strahlungswärme entsteht so aber im Winter des bekannte trockene "Barackenklima" /s. auch Grundlagen der Bauphysik/.

Die Speicherfähigkeit massiver Bauteile erfüllt also ohne zusätzliche Speicherbehälter oder technische Aggregate zwei Funktionen:

- Durch die tagsüber gespeicherte und zeitlich verschoben wieder an die Räume abgegebene Sonnenenergie wird eine Minderung des Heizenergieeinsatzes erreicht.
- Im Sommer verhindern die Speichermassen das Eindringen der Wärme in das Gebäudeinnere: Durch nächtliche Lüftung und Abstrahlung wird diese überschüssige Energie wieder abgegeben und die Bauteile den tieferen Temperaturen angeglichen. Auf eine technische Raumkühlung, die rund den 10-fachen Energieeinsatz der winterlichen Beheizung erfordert, kann somit verzichtet werden.

2.5.4.1 Wärmespeicherfähigkeit von Baustoffen

Dem Gebäudeinneren wird durch Außenwärme, Sonnenstrahlung, Heizung, menschliche Körperwärme und Geräteabwärme Wärmeenergie zugeführt. Der Wärmeaustausch zu den Bauteilen bewegt sich dabei stets von der warmen zur kalten Seite durch direkte Strahlung oder Konvektion über die Raumluft. Die Speicherung dieser Wärmeenergie in den Bauteilen ist somit bedingt durch

- die Intensität der Sonneneinstrahlung und deren Dauer
- die Temperaturdifferenz zwischen Umgebungsluft und Bauteilen und deren zeitlichem Verlauf

- die Wärmeeindringungsgeschwindigkeit in das Bauteil (Wärmeeindringungskoeffi-
  zient)
- den Wärmeübergang zwischen Raumluft und Bauteiloberfläche, (Wärmeübergangskoeffizient)
- die Oberflächengröße des Bauteils
- die Wärmespeicherkapazität des Bauteils

Zur Erläuterung dieser physikalischen Größen /s. Teil Grundlagen der Bauphysik/.

2.5.4.2   Wärmeleitfähigkeit von Baustoffen

Bei der Auswahl der Baustoffe wird neben dem Wärmeaufnahmevermögen auch die
Wärmeleitfähigkeit eines Materials von Bedeutung sein. Verteilt sich die dem
Gebäudeinneren zugeführte Wärmeenergie auf die verschiedenen Baustoffe, so
erwärmen sich die schweren Baustoffe langsamer als die leichteren Materialien,
unabhängig von ihrer Gesamtkapazität.

Stahlbeton beispielsweise kann relativ viel Wärme speichern. Für eine zügige
Erwärmung ist er allerdings zu träge. Die überwiegend durch Konvektion übertra-
gene Wärme wird durch andere Baustoffe schneller aufgenommen. Es empfiehlt sich
also, schwere Baustoffe mit leichteren, z.B. Gipsputz zu beschichten. Die von
solchen leichteren Baustoffen aufgenommene Konvektionswärme wird dann durch
Wärmeleitung direkt an den schweren Baustoff weitergegeben.

Die Wärmeleitfähigkeit eines Baustoffs allerdings ist nicht nur von seiner
Dichte, sondern auch vom Feuchtigkeitsgehalt abhängig. Dabei können in der
Praxis Werte auftreten, die bis zu 60% von den Tabellenwerten abweichen.

Die Speicherkapazität eines Bauteils erhöht sich mit seinem Volumen. Ab einer
bestimmten Dichte eines Bauteils wird aber bei normalem Temperaturverlauf
(Tag-und Nachtschwankung) die zur Verfügung stehende Speicherkapazität ohne
zusätzliche Einrichtungen nicht weiter ausgenutzt werden können. Die Eindring-
tiefe der Wärmeenergie beim üblichen Ladungs-Entladungsvorgang innerhalb von
24 h ist bei einigen Baumaterialien gemessen worden:

 8 cm bei Stahlbeton
12 cm bei normalem Mauerwerk
16 cm bei Leichtbeton und Leichtmauerwerk

Diese Angaben beziehen sich auf einen 90%igen Anteil der zur Verfügung stehenden
Energie bei einseitiger Wärmeaufnahme.

2.5.5   Konstruktive Elemente zur Wärmespeicherung

Durch unterschiedlich stark ausgebildete speicherfähige Baumassen, durch
unterschiedlichen Außenflächenanteil und unterschiedliche Materialwahl entstehen
in einem Gebäude verschiedene Klimabereiche. Im folgenden wird eine Übersicht
über die Speicher- und Wärmedämmfähigkeit verschiedener Bauteile gegeben.

2.5.5.1   Außenwände

Außenwände aus schweren bis mittelschweren Baustoffen sind hervorragende
Wärmespeicher. Ihre Wirkung wird mit außenliegender Wärmedämmung verbessert und
mit innenliegender Wärmedämmung drastisch verringert. Die Gesamtkapazität einer
massiven Außenwand kann jedoch nur genutzt werden, wenn sich die Speichervorgänge über eine längere Hitzeperiode (ohne nächtliche Lüftung) bzw. die winterliche
Heizperiode erstrecken. Für die Speichervorgänge im Tagesrhythmus, also den
Nutzen der solaren Einstrahlung, sind deshalb Werte interessant, die sich auf
90% der zur Verfügung stehenden Energie beziehen.

Die folgenden vier Beispiele zeigen die wärmetechnischen Werte der bekanntesten
Konstruktionen und Kostenverhältnisse, die sich jeweils auf die einfachste
Ausführung beziehen.

Abb. 2.5-15   Wärmespeicherung von Aussenwänden
k-Wert in $W/m^2 K$,   Temperatur-Amplituden-Verhältnis TAV,
Spezifische Wärmespeicherkapazität Qsp in $kJ/m^2 K$

Wandsysteme, die besonders zur Nutzung der Sonnenenergie entwickelt worden sind,
werden in /Kap. 2.6/ vorgestellt.

Auf die zweiseitige Beanspruchung der Innenbauteile gilt es besonders zu achten. Hier können Ladungs- und Entladungsprozesse durchaus in nicht beabsichtigter Weise vorgehen. Starke Abkühlung durch Lüftung bzw. Drosselung der Raumheizung werden den Wärmefluß einer gemeinsamen Innenwand zweier Räume deutlich verändern.

Betonwände, die wir aus der Schotterbauweise beim Wohnungsbau kennen, besitzen ebenfalls eine hohe Wärmespeicherkapazität. Ihre Wirkung wird durch aufgetragene Putze noch weiter verbessert. Zusätzlich können solche Beschichtungen Feuchtigkeit aus dem Raum aufnehmen und bei sinkender Luftfeuchtigkeit wieder abgeben. Die Wärmespeicherung leichter Innenwände, z.B. in Sandwichkonstruktionen, ist unbedeutend, sie sollten daher nur bei Nebenräumen eingesetzt werden.

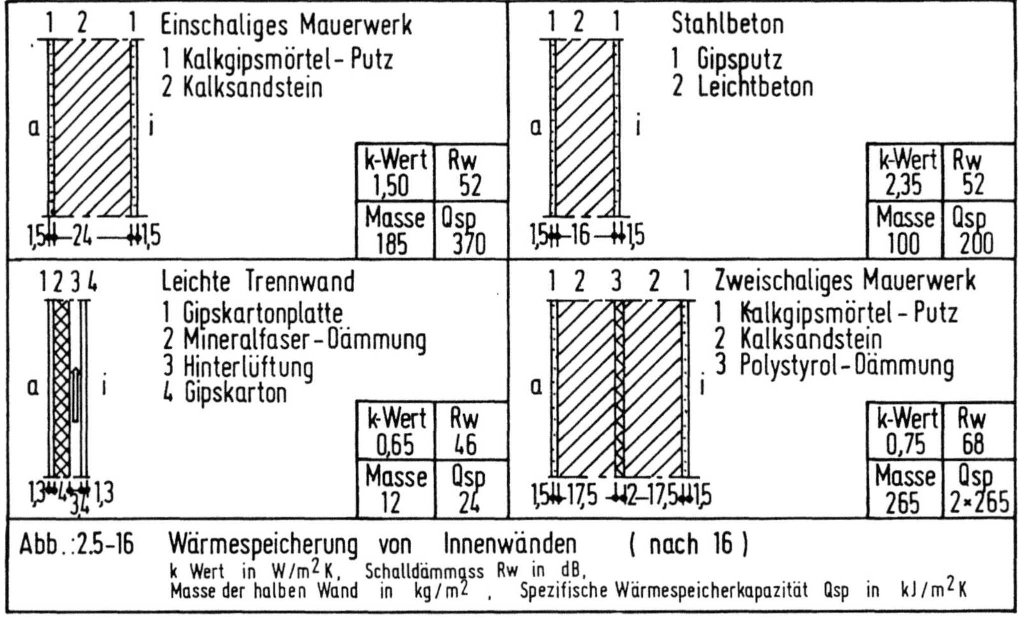

Abb.:2.5-16   Wärmespeicherung von Innenwänden   (nach 16)
k Wert in W/m^2K, Schalldämmass Rw in dB,
Masse der halben Wand in kg/m^2, Spezifische Wärmespeicherkapazität Qsp in kJ/m^2K

2.5.5.3 Fußböden

Der Fußboden eines Raumes ist für die Wohnbehaglichkeit von wesentlicher Bedeutung. Soll der Fußboden eines Raumes die einfallende Einstrahlung aufnehmen und über eine längere Zeit speichern, so sollte er aus möglichst schweren Materialien bestehen. Fliesen- und Plattenbeläge auf einer dicken Estrichschicht erfüllen diese Ansprüche am ehesten. Kommt zu den bisherigen Anforderungen von Hygiene und Fußwärme noch die Speicherfähigkeit hinzu, so werden sich die Auswahlkriterien widersprechen.

Teppichböden sind beispielsweise Wärmedämmstoffe, die die Wärmespeicherung vom Raum her behindern. Eine Alternative wäre ein dünner Belag mit einem günstigen Wärmeeindringkoeffizienten auf einer schweren Speichermasse. Bei den heute gebräuchlichen Geschoßdecken mit schwimmendem Estrich kann die Speicherkapazität immer nur bis zur Trittschalldämmung genutzt werden. Die Speicherkapazität der Betondecke kommt dann nur dem darunterliegenden Raum zugute.

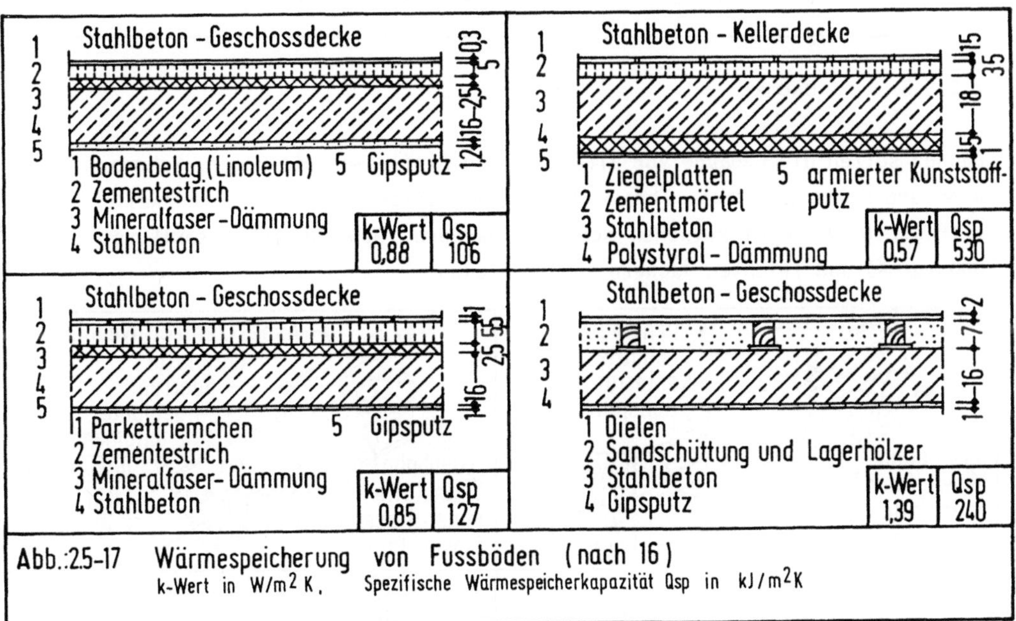

Abb.: 2.5-17 Wärmespeicherung von Fussböden (nach 16)
k-Wert in W/m²K,   Spezifische Wärmespeicherkapazität Qsp in kJ/m²K

2.5.5.4 Geschoßdecken

Da die erwärmte Raumluft nach oben steigt, sind die Geschoßdecken bevorzugte Wärmespeicherelemente, sofern sie massiv ausgeführt sind. Verschiedene Deckenkonstruktionen ermöglichen schon durch ihre statischen Voraussetzungen ein besonders günstiges Speicherverhalten. Stahlbetonrippendecken und Stahlsteindecken ermöglichen durch ihre größeren Oberflächen eine erhöhte Wärmeaufnahme bzw. können durch zugeführte Warmluft als Wärmespeicher eingesetzt werden.

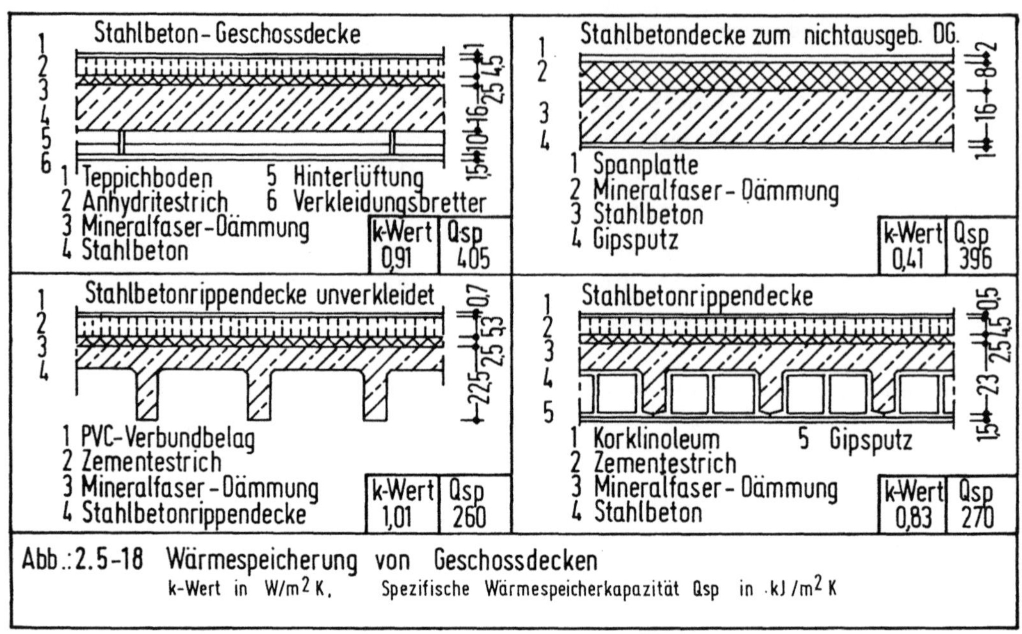

Abb.: 2.5-18 Wärmespeicherung von Geschossdecken
k-Wert in W/m²K,   Spezifische Wärmespeicherkapazität Qsp in kJ/m²K

2.5.5.5 Dächer

Dächer sollen die Gebäude vor allen äußeren Einflüssen wie Regen, Schnee, Hitze, Wind und Kälte schützen. Ihre Wärmespeicherfähigkeit ist erst in zweiter Linie gefragt. Dabei wird zwischen schweren Dächern (Gewicht der Gesamtkonstruktion 300 kg/m²) und leichten Dächern unterschieden.

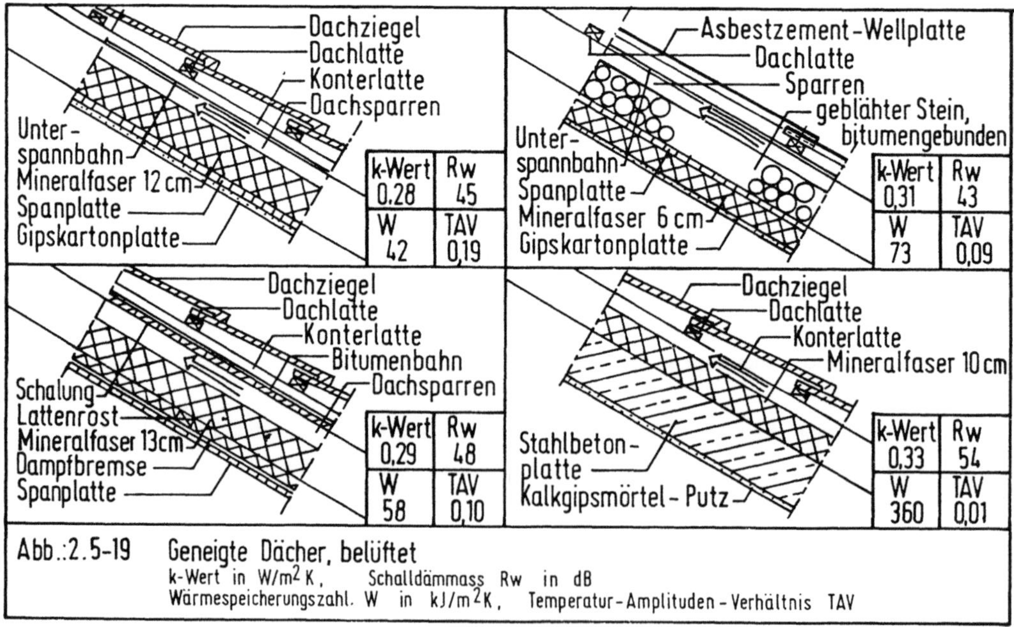

Abb.: 2.5-19 Geneigte Dächer, belüftet
k-Wert in W/m²K,   Schalldämmass Rw in dB
Wärmespeicherungszahl. W in kJ/m²K,   Temperatur-Amplituden-Verhältnis TAV

Zum Ausgleich des fehlenden Wärmespeichervermögens erhalten die leichten Dächer nach DIN 4108 eine erhöhte Wärmedämmung. Diese reicht allerdings nicht aus, um Dachräume auch im Sommer angenehm zu klimatisieren. Flachdachkonstruktionen ähneln in ihrem Speicherverhalten den Geschoßdecken. Steildächer unterscheiden sich sehr stark in ihrem Wärmespeicherungsvermögen.

2.5.5.6   Dachbegrünungen

Begrünte Dächer sind sowohl im kalten Klima Skandinaviens als auch im heißen Klima Tansanias seit Jahrhunderten bekannt. In beiden wirken Vegetation und Erdschicht ausgleichend auf die Temperaturschwankungen, sowohl wärmedämmend als auch wärmespeichernd. Zusätzlich wirkt das begrünte Dach luftreinigend, sauerstoffanreichernd und dient der Erhöhung der Luftfeuchtigkeit. Begrünte Dächer haben mehrere positive Wirkungsweisen:

1. Die Luftpolsterung der 20 - 40 cm hohen Gräser erhöht die Wärmedämmung.
2. Der Wärmeübergangswiderstand, wird durch das Graspolster verringert.
3. Es enststeht eine hohe Wärmespeicherkapazität durch die in der Erdschicht und in den Pflanzen enthaltene Feuchtigkeit.
4. Die Schalldämmung beträgt bei 20 cm Substratschicht 46 dB.
5. Bei starker Sonneneinstrahlung wird der unter dem Dach liegende Raum durch Verdunstung und Wärmeverbrauch der Photosynthese spürbar gekühlt.

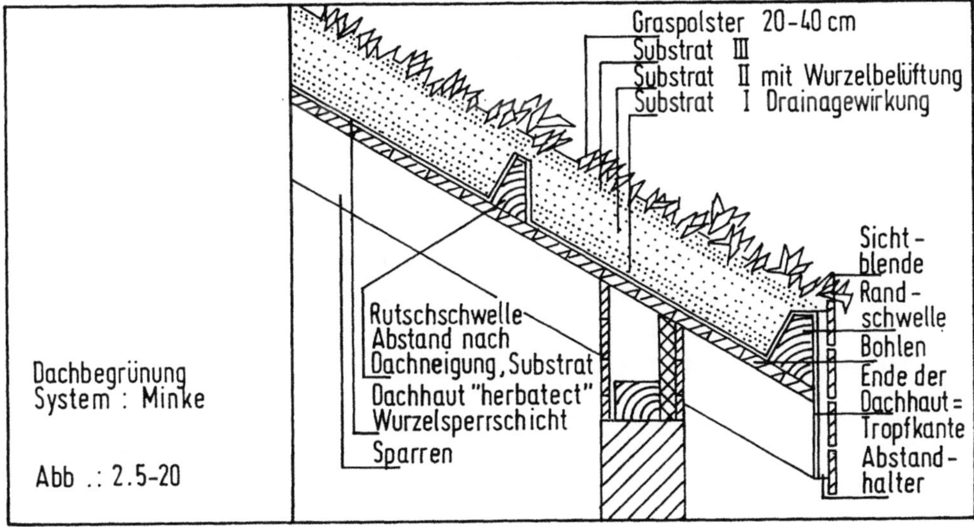

Zu diesen Punkten hat die Firma Hoechst an mehreren Grasdächern Messungen durchgeführt. Dabei wurde für ein Holzsparrendach mit Holzschalung und feuchtem Erdreich eine k-Zahl von 2 W/m^2K gemessen, für das gleiche Dach mit Substratmischung und Graspolster jedoch $k = 0{,}3$ W/m^2K /15/.

Die in letzter Zeit entwickelten Systeme zur Begrünung von Flachdächern haben einen im Vergleich zu den geneigten Dächern komplizierteren Aufbau, da hier stets mit stehendem Wasser gerechnet werden muß. Neben den baukonstruktiven Bedenken besteht dabei auch die Gefahr der Übersäuerung der Erdschichten. Ein in Deutschland entwickeltes System ist für Dächer zwischen 5° und 45° Neigungswinkel geeignet, wobei die wirtschaftlichste Lösung zwischen 5° und 30° liegt.

2.5.5.7   Wärmespeicherung der Raumausstattung

Der Wärmespeicherwert der Raumausstattung kann mit ca. 40 kJ/m^2 Grundfläche angesetzt werden /16/, d.h. etwa 5% der gesamten Speicherkapazität eines Raumes. Sie ist also denkbar gering. Es ist vielmehr wichtig, Einrichtungsgegenstände nicht vor die massiven Wände eines Raumes zu stellen, um deren Speicherkapazitäten nicht zu mindern.

Um Feuchteschäden oder Schimmelbelag zu vermeiden, sollten großflächige Möbel immer in einem ausreichenden Wandabstand (5 cm) aufgestellt werden. Nur dann kann genügend Luft durch den Hohlraum hindurchströmen und so Kondensationsschäden vermeiden. Bei Einbaumöbeln sind Sockel und Randleisten luftdurchlässig auszubilden.

Ein wesentlicher Zielkonflikt ist die Darbietung speicherfähiger Gebäudemassen und deren Abdeckung durch die Möblierung (bei Balcombs Methode werden ideal speichernde Gebäudemassen unterstellt). Dabei muß bewußt sein, daß der begrenzende Faktor für die Speicherfähigkeit eines Bauteils im allgemeinen nicht seine Masse, sondern die Größe und Qualität seiner wärmeaufnehmenden Oberfläche und deren Darbietung gegenüber der Energiequelle (Sonneneinstrahlung, Konvektionsströme u.ä.) ist.

Daher sind Konzeptionen mit Trombe-Wänden oder warmluftdurchströmten Bauteilen von Vorteil und weiterzuentwickeln, weil sie den möblierenden Einflüssen der Bewohner entzogen sind. Dies in Kombination mit Südfenstern, die immer ein wesentlicher Faktor der Auslegung bleiben sollten.

Die wesentlichen Nutzungsmöglichkeiten zur Nutzung der Solarenergie in der Architektur liegen in den Bereichen

- Sammlung von außen einfallender Strahlungsenergie
- Speicherung der gesammelten Energie
- Nutzung der gespeicherten Energie, ohne den üblichen Komfortstandard zu verlassen.

Die passive Sonnenenergienutzung ist dabei die Methode, den Energietransport zwischen Energiewandler und Energiespeicher im wesentlichen ohne zusätzliche mechanische Unterstützung erfolgen zu lassen. Die Abgabe der gespeicherten Energie soll dann zeitlich variierbar, ebenfalls ohne mechanische Unterstützung durch Konvektion und Strahlung erfolgen. Zu diesem Ziel stehen dem Planer verschiedene Systeme von Energiesammlern und Speichern zur Verfügung:

1) Direkter Energiegewinn (direct gain)
2) Indirekter Energiegewinn (indirect systems)
    - thermische Speicherwand (thermal wall heating)
    - thermisches Speicherdach (thermal storage roof)
    - Thermozirkulation (thermosyphon heating)
    - Wintergärten (solar greenhouses)

Dem Planer stehen alle Systeme zur Verfügung. Ihre Anwendung und Kombination hängen ab von den jeweiligen Umweltbedingungen und Entwurfsvorgaben. Die Schwierigkeit der Entwurfsaufgabe liegt in der harmonischen Proportion von Energiesammlung, Speichergröße und Nutzungsmöglichkeiten, d. h. im klimagerechten Entwurf.

2.6.1   Direkter Gewinn, Fenster als Sonnenkollektoren

Die Nutzung der eingestrahlten Sonnenenergie durch Fenster ist das älteste und weitestverbreitete Prinzip der Sonnentemperierung. Fenster sind, bauphysikalisch richtig dimensioniert, ausgezeichnete Kollektoren.

Bisher wurde versäumt, die Strahlungsdurchlässigkeit der Fenster und damit einen möglichen Energiegewinn während der Heizperiode in die Wärmebilanz einzubeziehen. Eine zutreffende Bewertung der Fenster kann nicht allein durch den k-Wert nach DIN 4701 erfolgen. Für die in Deutschland gültigen klimatischen Bedingungen sind von Gertis, Hauser et. al. /17/ Untersuchungen zum Solarenergiegewinn durch Fensterflächen durchgeführt worden. Dabei zeigte sich, daß der k-Wert eines Fensters in Abhängigkeit von Energiedurchlässigkeitsgrad g und Orientierung grundsätzlich abgemindert werden kann. Dies führt zum sogenannten effektiven k-Wert.

Glasart bzw. Sonnenschutz	g
Doppelverglasung aus Klarglas	0,65 bis 0,80
Dreifachverglasung aus Klarglas	0,60 bis 0,75
absorbierende Sonnenschutzgläser	0,50 bis 0,65
reflektierende Sonnenschutzgläser	0,30 bis 0,60
Klargläser mit innenliegenden Sonnenschutzvorrichtungen	0,30 bis 0,60
Klargläser mit zwischen den Scheiben liegenden Sonnenschutzvorrichtungen	0,30 bis 0,60
Klargläser mit außen liegendem Sonnenschutz	0,10 bis 0,30

Faustregel	$k_{eff} = k_F - g$
Norden	$k_{eff} = k_F - 1,2\ g$
Ost, West	$k_{eff} = k_F - 1,8\ g$
Süden	$k_{eff} = k_F - 1,4\ g$

Beispiel
Südfenster, Doppelscheibe mit Holzrahmen
Fall 1: Klarglas g = 0,8
$k_{eff} = 2,5 - 2,4 \cdot 0,8 = 2,5 - 1,9 = 0,6$ W/m²K

Fall 2: Sonnenschutzglas g = 0,4
$k_{eff} = 1,6 - 2,4 \cdot 0,4 = 1,6 - 1,0 = 0,6$ W/m²K

Tab. 2.6-1 Durchlässigkeit von Fensterflächen /nach Gertis/

Die angegebene Faustformel gilt selbst bei völliger Verschattung des Fensters während der Heizperiode.

Nach diesen Ergebnissen ergeben sich für Südfenster bereits erhebliche Energieeinsparungen gegenüber einer fensterlosen Wand. Die Verluste der Fenster zu anderen Himmelsrichtungen sind ebenfalls nicht so hoch, wie sie nach der DIN 4701 anzusetzen wären.

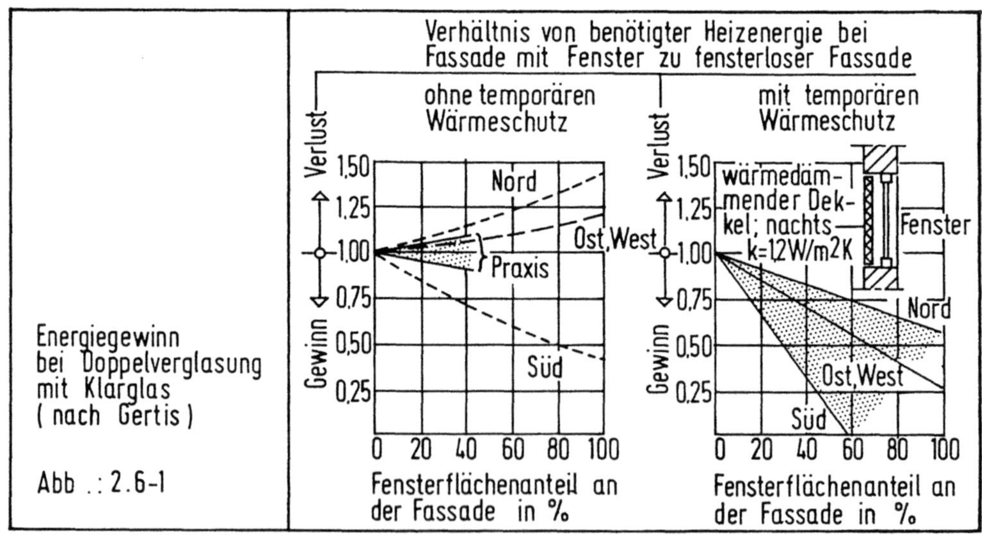

Wird während der Heizperiode in der Nachtzeit eine Abdeckung mit einem k-Wert von 1,2 W/m²K angebracht, so verbessert sich die Energiebilanz entscheidend.

Diese temporären Wärmeschutzmaßnahmen sind in Form von Roll- und Fensterläden
allgemein bekannt. Die Wirtschaftlichkeit solcher einfachen Maßnahmen, die sogar
für Nordfenster noch Energiegewinne ausweist, ist verblüffend. Bedauerlich ist,
daß derartige Passiv-Solartechniken nicht in die offiziellen Wärmeschutznach-
weise übernommen sind.

Um die Solarstrahlungsgewinne abschätzen zu können, hat J. Kiraly ein Berechnungsverfahren vorgeschlagen /s. 19/. Ebenfalls zunächst zur Auslegung von
Hochleistungskollektoren ist das von U. Bossel /13/ entwickelte Kosinus-Stunden-
verfahren gedacht. Es kann aber ebenso zum Nachweis der solaren Einstrahlung in
Fensterflächen herangezogen werden.

Fenstergestaltung

Fenster sollten stets so ausgebildet sein, daß das Sonnenlicht weit in die Räume
eindringen kann und dabei auf speicherfähige Flächen fällt. Schon geringfügige
Änderungen an der Fensterlaibung bringen Verbesserungen: Werden Laibungen abge-
schrägt und Fensterstürze bewußt niedrig gehalten, so kann bei gleicher Fenster-
größe mehr Strahlung tiefer in den Raum einfallen. Untergeschoßräume, bisher
durch Kellerlichtschächte notdürftig mit Licht versorgt, sollten ebenfalls von
der Sonnenstrahlung profitieren können.

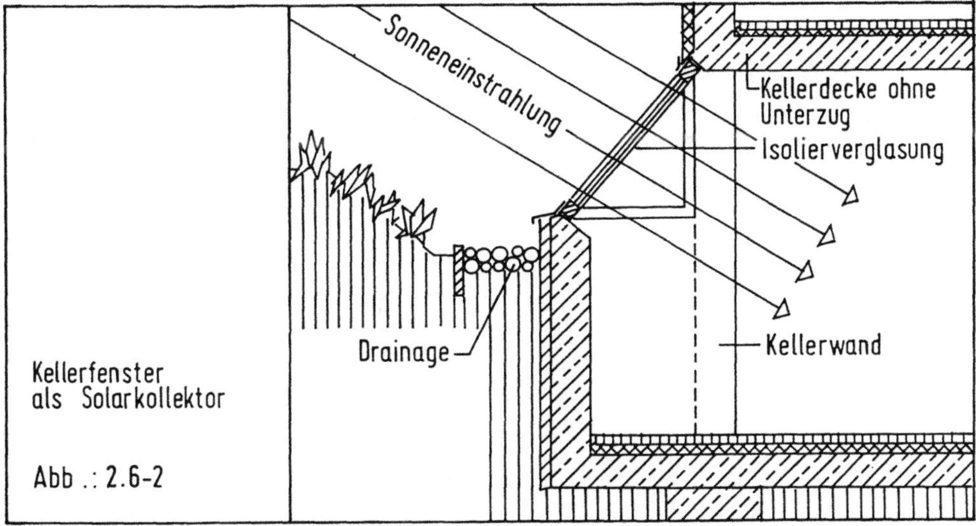

So können ein großzügig angelegter Lichtgraben, eine im Fensterbereich herausge-
rückte Kellerwand mit schräggestellten Fenstern, ein Untergeschoßfenster zu
einer vollwertigen Einstrahlungsfläche gestaltet werden.

Zur Aufheizung soll die Strahlung direkt in die Räume fallen und eine möglichst große Fläche der Speichermassen bestreichen. Gebäudeteile, die nicht direkt von der Einstrahlung erfaßt werden, werden durch Konvektion und durch Reflexion der Strahlung erwärmt. Um möglichst viel Speichermasse zu erwärmen, können zum einen die verglasten Flächen verteilt und zum anderen die angestrahlten Oberflächen reflektierend ausgebildet werden.

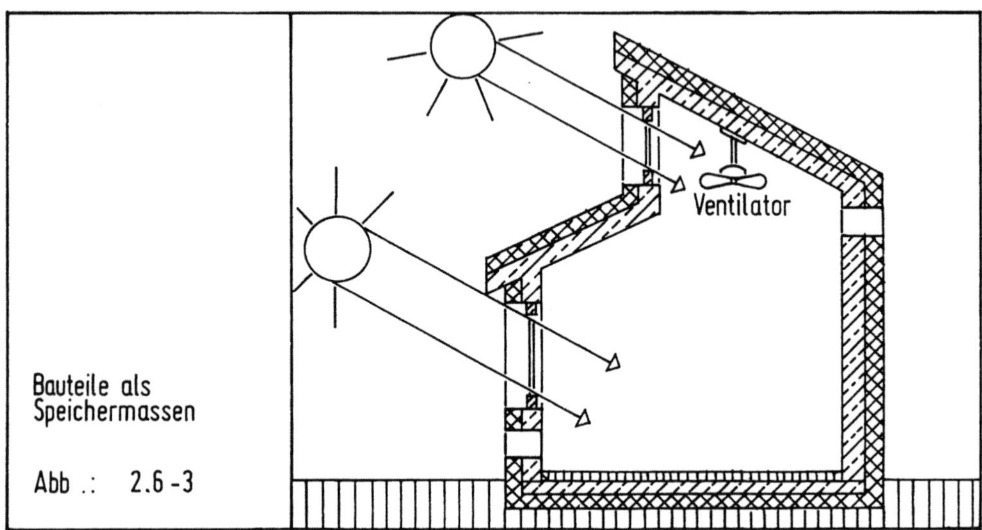

Profiliertes Gußglas dient ebenfalls zur Verteilung der Solareinstrahlung. Durch die so erreichte Verteilung der eingestrahlten Energie wird gleichzeitig auch eine Überhitzung bestimmter Raumteile vermieden.

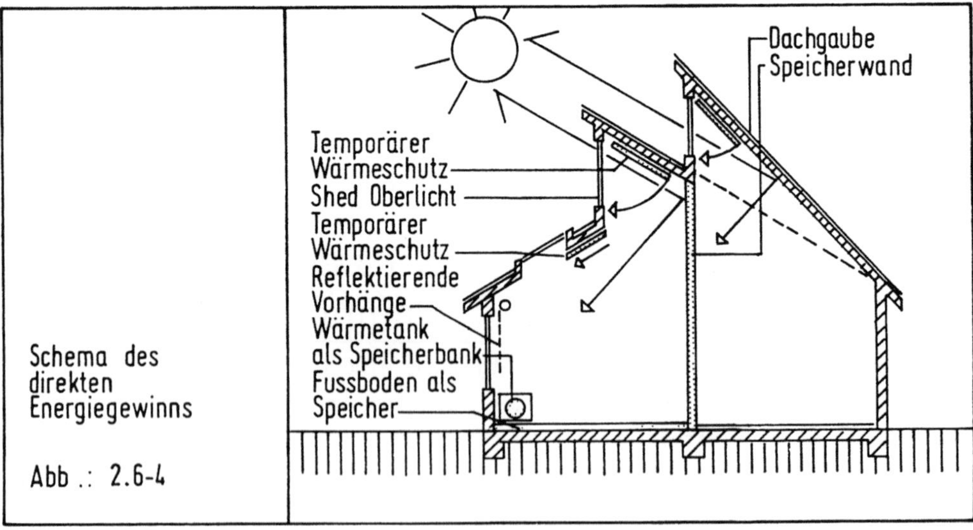

Ein häufig wiederholter Fehler bei Gebäuden mit direkter Einstrahlung sind die nur nach Süden geöffneten Fassaden. Kleine Fenster zu anderen Himmelsrichtungen vergrößern zwar nicht den Einstrahlungsgewinn, verhindern aber Spiegelungen und Blendungen und geben den Raum im ganzen eine angenehmere Belichtung. Die /Abb. 2.6-4/ zeigt eine Reihe von Möglichkeiten, den unterschiedlichsten Raumteilen direkte Solarstrahlung zuzuführen.

Bei all diesen Konstruktionen sollte stets an die leichte Handhabung des temporären Wärmeschutzes gedacht werden. Shedlichtbänder und Dachgauben erlauben die Einstrahlung auf tiefliegende Nordwände oder überhaupt nordgerichtete Räume. Aufgrund ihrer Höhe sorgen sie immer für eine blendfreie Raumausleuchtung. Bei Oberlichtern ist verstärkt auf den Sonnenschutz zu achten, da sie besonders die hochstehende Sommersonne einfangen.

Eine interessante Version ist die "Solarstaircase" (Sonnentreppe). Senkrechte Verglasung und horizontale Reflektoren sorgen für direkte und reflektierte Einstrahlung. Die Sonnentreppe ist so aufgebaut, daß die hochstehende Sommersonne reflektiert wird, die Wintersonne jedoch direkt einstrahlen kann.

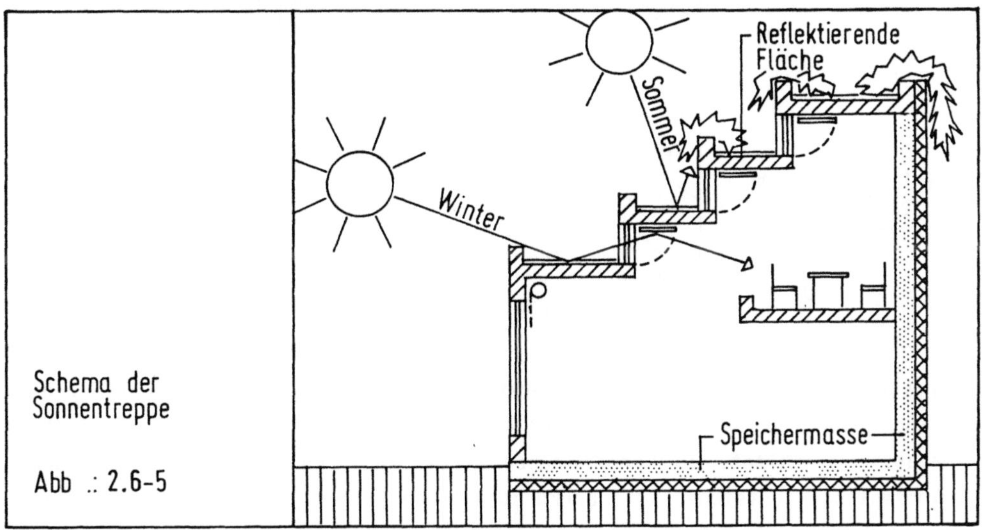

2.6.1.2   Direkte Einstrahlung, konzentrierte Speicherung

In dieser Version des direkten Strahlungsgewinnes sind die Speichermassen konzentriert und so angeordnet, daß sie die Solarenergie so direkt wie möglich aufnehmen können. Diese Speicher sind jedoch immer ein Teil des Raumes. Im Gegensatz zu den indirekten Systemen kann die Raumluft frei um diese Speicher zirkulieren.

Die Konzentration der Speichermassen ermöglicht auch den Einsatz anderer Materialien mit höheren Speicherkapazitäten (z.B. Wasser) als denen der üblichen Baustoffe. Die Energie wird bei dem System der konzentrierten Speichermassen über ähnliche Elemente aufgenommen wie in dem vorher beschriebenen System. Sie werden jedoch andere Auswirkungen auf die Architektur eines Gebäudes haben. Die Lichtführung ist durch die dem Fenster direkt zugeordneten Speicher einfacher. Gleichzeitig aber wird die architektonische Einbindung der großen Speichermassen schwierig werden.

Speicherausbildung

Im allgemeinen wird als Speichermasse Wasser gewählt. Es läßt sich leicht in viele Tankvariationen einfüllen, aufbewahren und wieder entleeren.

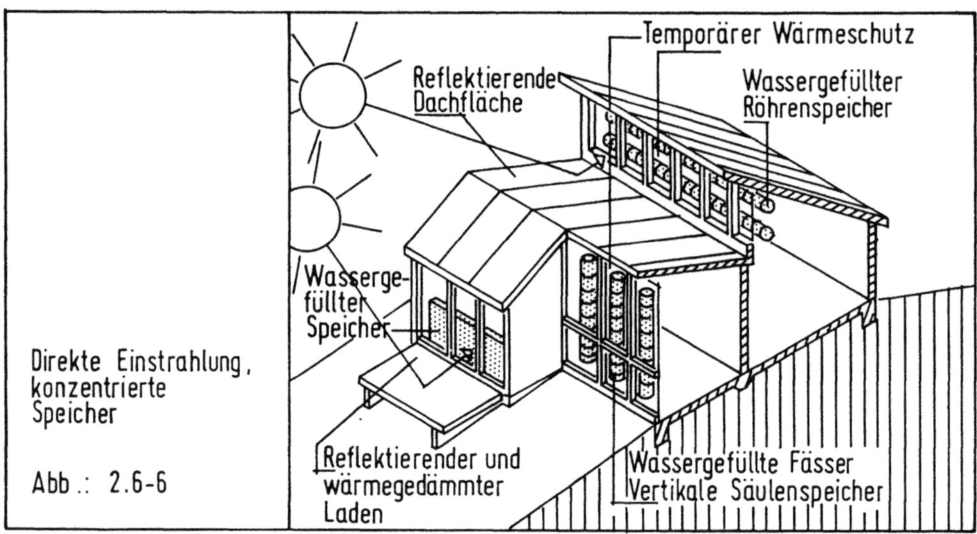

Dabei können sowohl industriell gefertigte Produkte (z.B. Einwegbehälter) als auch individuell gestaltete Formen zur Anwendung kommen. Werden die Tanks lichtdurchlässig gestaltet, so können neben Farbvariationen auch neue ästhetische Raumkonzeptionen entstehen. Die baukonstruktiven Fragen (z.B. Gewicht, Dichtigkeit des Behälters) und physikalischen Fragen (z.B. Algenbildung) können dabei als gelöst angesehen werden. Entsprechend der Art des Lichteinfalls sind als Speicherform Behälterwände, freistehende Säulen oder auch hängende Röhren benutzt worden.

Horizontale Röhrenspeicher in Verbindung mit Shedoberlichtern haben dabei einen geringen Platzbedarf und sind besonders für Nordräume anwendbar /s. Abb. 2.6-6/.

Reflektoren

Die Form des konzentrierten Speichers macht den Einsatz von Reflektoren möglich,
ohne daß gleichzeitig Blendungserscheinungen auftreten müssen. Als Reflektoren
dienen dabei sowohl die Innenseiten des temporären Wärmeschutzes als auch die
Dachflächen von Shedoberlichtern.

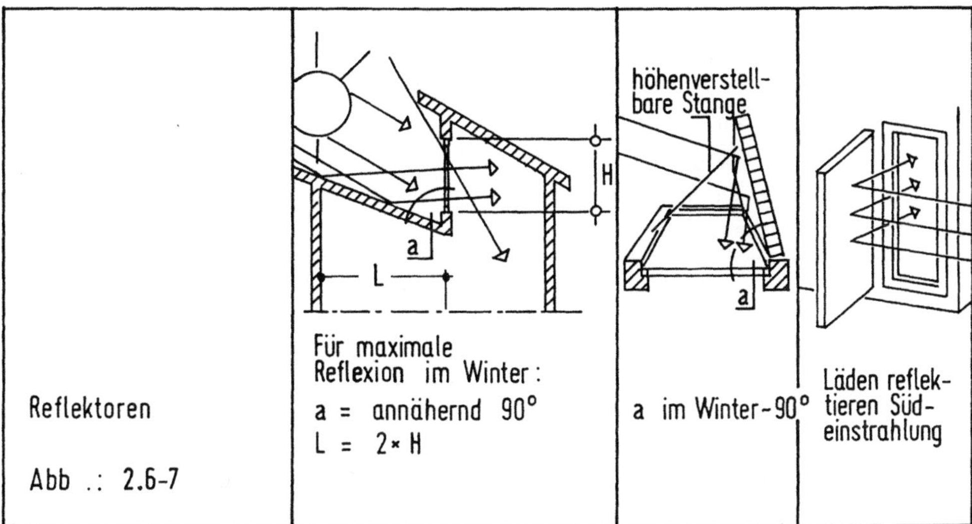

Bei ausreichender Größe können mit diesen Reflektoren zusätzliche Einstrahlungsgewinne zwischen 20 - 50 % der vorhandenen Fensterfläche erzielt werden. Die
reflektierende Fläche kann dabei sowohl weiß gestrichen werden (80% Reflexion)
als auch aus poliertem Aluminium bestehen (90% Reflexion).

2.6.2   Indirekte Energiegewinnung

Bei den bislang beschriebenen, direkten Systemen wird die Wärme zwischen Quelle
und Verbrauch im Innern des Gebäudes übertragen. Der Raum ist über Konvektion
und Strahlung direkt an den Wärmespeicher angeschlossen.

Bei den indirekten Systemen wird die Wärmeübertragung in die Hülle des Gebäudes
verlegt. Diese Hülle wirkt wie ein dämpfendes Element zwischen äußerem Energie-
angebot und innerem Energieverbrauch. So sind sowohl bei der thermischen Speicherwand als auch bei der Speicherdecke Energieaufnahme, Speicherung, Verteilung
und Übergabe an die Raumseite in einem speziell konstruierten Teil der Gebäudehülle vereint. Diese Systeme werden vor allem in den USA verwirklicht, weil die
dortigen Wohngebäude vorwiegend in leichter Bauweise ausgeführt werden. Hier muß
also ein entsprechend schwer ausgeführtes Bauteil als Speicher hinzugefügt
werden.

Die Trombewand nutzt die einfallende Sonnenenergie sowohl über das Speichervermögen der Wandmasse als auch über den Treibhauseffekt des vor der Wand angebrachten Glases. Die Wärmeabgabe der Speicherwand durch Strahlung an die Raumseite erfolgt dann mit zeitlicher Verzögerung. Die zwischen Wand und Glas erwärmte Luft kann aber auch direkt an angrenzende oder - über Kanäle - an weiter entfernt liegende Räume abgegeben werden. Die Trombewand ist jedoch nur in Gegenden mit hoher Sonneneinstrahlung sinnvoll einzusetzen, da im Gegensatz zur sonst geforderten guten Wärmedämmung hier große Wärmeleitfähigkeit und Wärmekapazität notwendig sind, um genügend Wärme mit einer Phasenverschiebung von 8 - 12 Stunden an die Raumseite wieder abzugeben. Die folgende Abbildung zeigt die Funktionsweise der Trombewand.

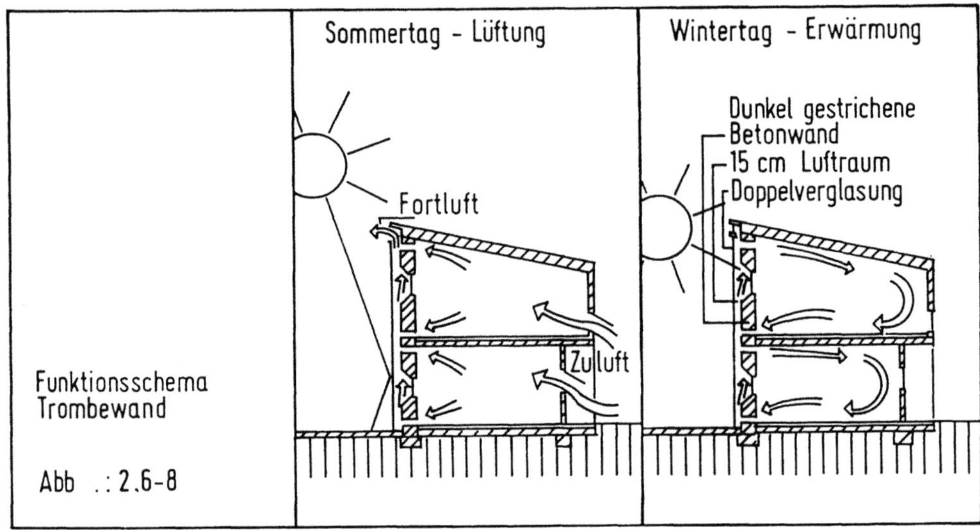

Im Winter steigt die zwischen Glaswand und Wandoberfläche erwärmte Luft auf und strömt durch die Wandöffnungen in die angrenzenden Räume. Dadurch wird die kühlere Luft am Fußboden durch die Zuluftöffnungen in der Speicherwand eingesogen. Es entsteht ein offener konvektiver Kreislauf. Nachts strahlt die in der Wand absorbierte Wärme mit der durch Material und Wanddicke bestimmten Phasenverschiebung in den Raum ab. Ein temporärer Wärmeschutz verhindert die Abstrahlung nach außen. Im Sommer zieht der zwischen Glas und Trombewand erzeugte Auftrieb die kühlere Luft aus den Nordfenstern des Hauses nach und führt die Warmluft über die geöffneten Außenklappen ab. Geschieht dies nicht, kann sich die massive Speicherwand sehr stark aufwärmen. Die Sommerhitze gelangt dann bereits während der frühen Abendstunden in den Raum.

In unseren Breitengraden wirken bei diesem Speichersystem nachteilig:

- die fehlende Wärmedämmschicht und die damit verbundenen Wärmeverluste
- die damit verbundene Auskühlung der Wand bei längeren Schlechtwetterperioden
- die konstruktiv schwierige Lösung von geschoßhohem und großflächigem, temporärem Wärmeschutz
- die auftretenden Spiegelungen der verglasten Speicherwände
- der fehlende Ausblick nach Süden bei ausreichend dimensionierten Wänden
- Mindestanforderung nach DIN 4108 nur bei geschlossenem Luftraum
- bei starker Durchlüftung lediglich k = 2,5 W/m^{2}K

Die konstruktive Lösung einer Trombewand zeigt die folgende Abbildung.

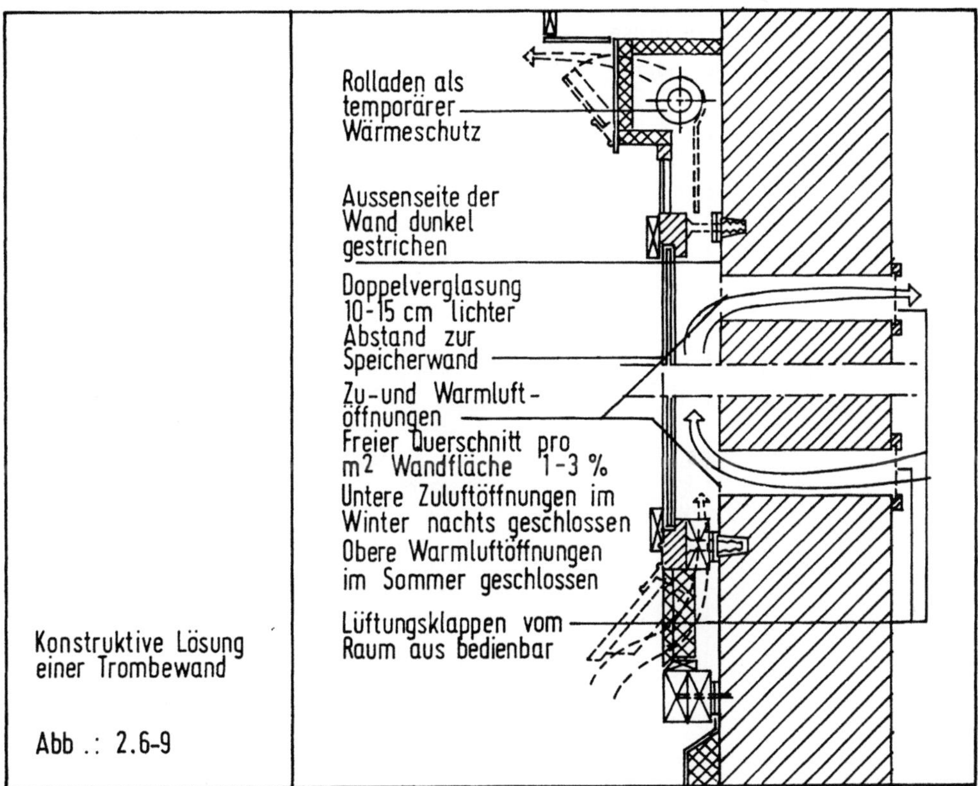

Zur effektiveren Nutzung der Sonneneinstrahlung können bei einer Speicherwand
alle bisher beschriebenen Reflektoren und Wärmeschutzmaßnahmen eingesetzt werden. Alternativ zur massiven Speicherwand ist auch eine Wasserspeicherwand denkbar. Die spezifische Wärme des Wassers (1,16 Wh/kgK) ist sehr viel höher als die
der massiven Baustoffe (0,29 Wh/kgK). Bei gleichen Abmessungen kann also sehr
viel mehr Energie gespeichert werden. Zusätzlich setzt bei Erwärmung eine innere
Thermozirkulation ein, die für eine gleichförmige Temperaturerhöhung des Behälters sorgt.

Für südliche Breitengrade (zwischen 35°N und 25°S) sind Wasserdächer als Speichersysteme entwickelt worden. Sie tragen im Winter zur Beheizung der darunterliegenden Räume bei und im Sommer zu deren Raumkühlung. Auf die schwarz gestrichene Dachkonstruktion werden wassergefüllte Foliensäcke aufgelegt bzw. in ein Wasserbecken ca. 20 cm Wasser eingefüllt. Über der Wasseroberfläche ist ein temporärer Wärmeschutz angeordnet.

Im Winter wird der Wasserspeicher den ganzen Tag über intensiv bestrahlt. Nachts wird die Wärmedämmung geschlossen, die Wärme strahlt in die darunterliegenden Räume ab. Im Sommer dagegen bleibt die Wasserfläche tagsüber bedeckt, während der Nacht wird die aus den Räumen aufgenommene Wärme in den klaren Nachthimmel abgestrahlt. Die Vorteile dieses Systems liegen in der unverschatteten Einstrahlungsfläche und der Grundrißflexibilität, da die notwendige Südorientierung entfällt.

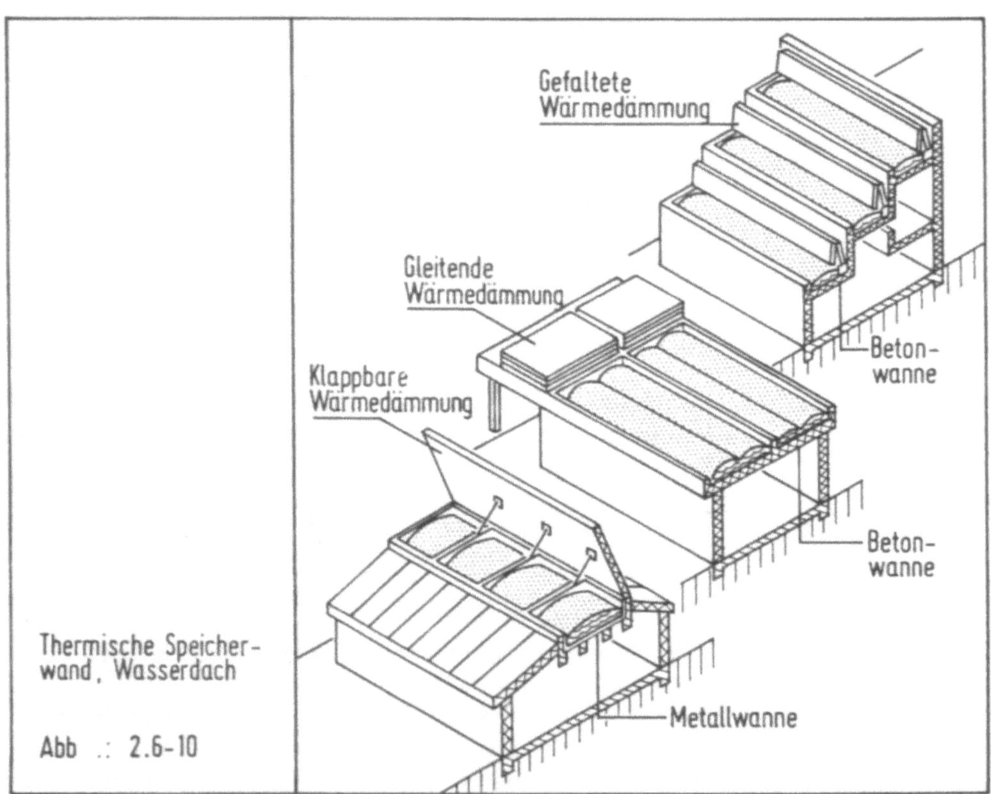

Als nachteilig erweisen sich der Zwang zum Flachdach, die erhöhte Dachlast von mehr als 200 kg/m², die ständige Gefahr der Undichtigkeit, die Verschmutzung des Wassers und schließlich der großflächige temporäre Wärmeschutz. Da in unseren Breitengraden noch die Frostgefahr hinzukommt und der Vorteil der sommerlichen

Kühlung nicht so sehr ins Gewicht fällt, soll hier auf weitere konstruktive
Einzelheiten verzichtet werden.

2.6.3   Gedämmte Wärmespeicher

In den bisher behandelten Systemen wurde die Solarenergie den Bauteilen durch
Strahlung direkt zugeführt und von dort mehr oder weniger direkt auf die
zugehörigen Räume abgegeben. Die folgenden Systeme zeigen konstruktive Elemente
des solaren Energiegewinns, die einerseits direkt der Raumheizung dienen,
andererseits ihren Energiegewinn einem Speicher zuführen können. Von diesen
zentralen, gedämmten Speichern wird dann die Wärme zeitlich verschoben über
Transportsysteme dem Gebäude zugeführt.

Diese Langzeitspeicher, die zur Bewahrung von Überschußwärme über einen längeren
Zeitraum dienen, stellen eine erhebliche bauliche Maßnahme dar. Da bei passiven
Systemen nur relativ niedrige Temperaturen (um 80°C) gespeichert werden können,
müssen die Speicher entsprechend groß dimensioniert werden. Liegen diese Speicher im Gebäude, so werden sich Entwurf und Konstruktion um ihre Integration
bemühen müssen.

Je nach Art der Wärmeaufnahme stehen zwei Speicherarten zur Verfügung:

- Massespeicher
- Latentwärmespeicher

Der Massewärmespeicher nutzt die spezifische Wärme der Stoffe. Wie bereits im
Abschnitt Bauphysik beschrieben, ergibt sich die maximale Speichermenge aus

$$Q = c \cdot G \cdot \Delta t$$

Q = Wärmemenge in kWh
c = spezifische Wärme in kWh/kgK
G = Masse in kg
Δt = Temperaturunterschied in K

Latentwärmespeicher nutzen die Wärmemenge, die ein Stoff beim Wechsel seines
Aggregatzustandes aufnimmt. Glaubersalz nimmt beim Wechsel vom festen zum flüssigen Zustand Schmelzwärme auf, und zwar 8mal mehr als Wasser bei gleichen Temperaturen. Beim umgekehrten Vorgang wird diese Menge wieder frei. Die Technolo-
gie dieser Speicher ist noch nicht ausgereift. Der häufige Wechsel des Aggregat-

zustandes bereitet Probleme. Das Speichermedium wechselt nur unvollständig und ungleichmäßig seinen Zustand, so daß nicht das gesamte Volumen des Speichers zur Verfügung steht.

2.6.3.1   Feststoffspeicher

Neben den in /2.5.4/ und /2.6.2/ beschriebenen Wärmespeicherungsarten in massiven Bauteilen werden vielfach Mineralstoffe als Speichermaterialien verwendet.

Der Wärmetransport vom Kollektor zum Langzeitspeicher erfolgt über Luft, innerhalb des Speichers über Konvektion und Wärmeleitung. So entsteht innerhalb des Feststoffspeichers ein gleichmäßig verteiltes Temperaturniveau. Homogene Feststoffspeicher werden dabei von Rohrschlangen durchzogen, um den Wärmetausch vollziehen zu können.

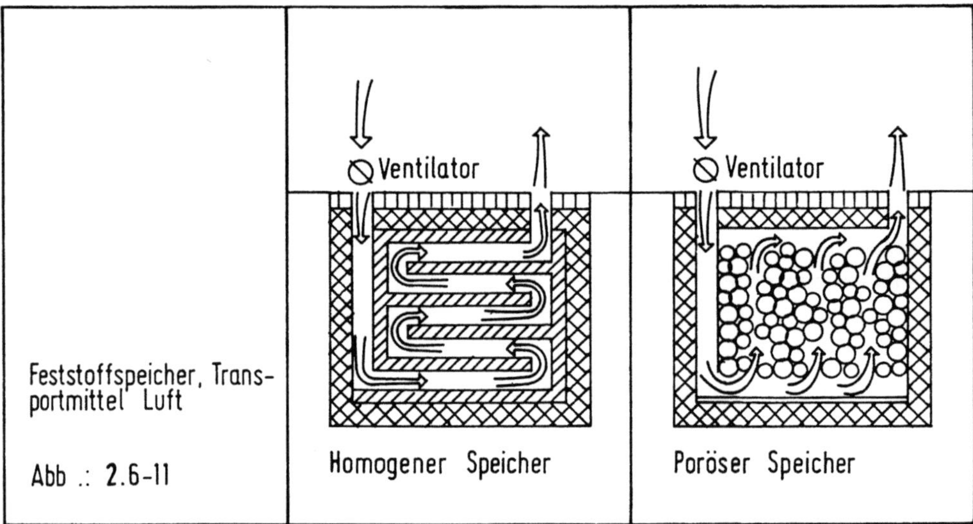

Poröse Feststoffspeicher aus Kies oder Steinschüttungen, Hochlochziegeln oder ähnlichen Materialien sollten eine gleichmäßige Porosität aufweisen, um einen gleichmäßigen Luftdurchsatz und damit gleichmäßige Ausnutzung des Speichers zu erreichen. Die Entladung des Speichers wird dann im allgemeinen auch über Luft gesteuert. Nur an nicht gedämmten Speicheroberflächen können die Räume über Strahlung temperiert werden. Durch den direkten Kontakt des Transportmediums Luft mit dem Speicher wird die Entladegeschwindigkeit über den Luftumsatz steuerbar.

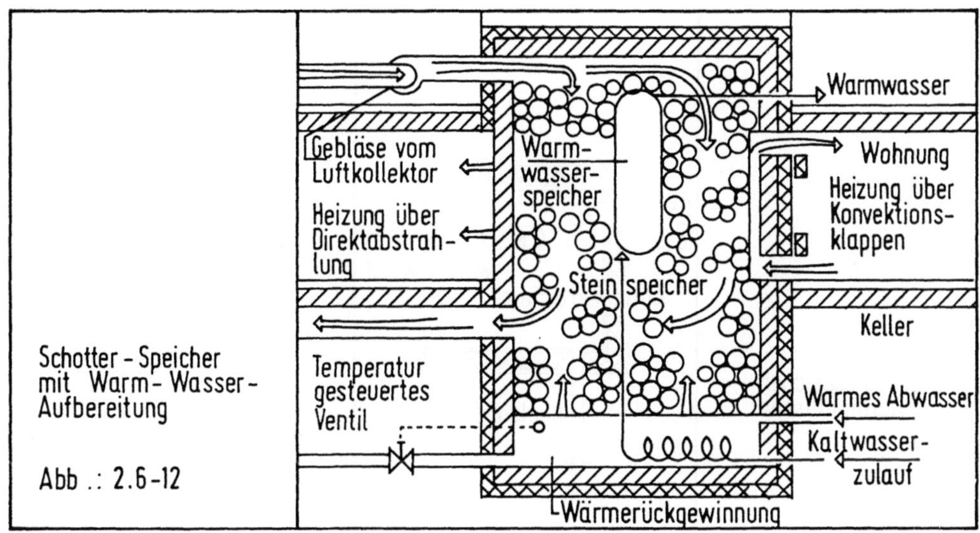

Schotter-Speicher
mit Warm-Wasser-
Aufbereitung

Abb.: 2.6-12

Diese Speichertypen werden im allgemeinen im Keller stationiert - wobei die durch die Dämmung entweichende Wärme indirekt über die Erdwärme auch den Gebäuden zugeführt wird - oder als Speicherblock im Gebäudeinneren angeordnet.

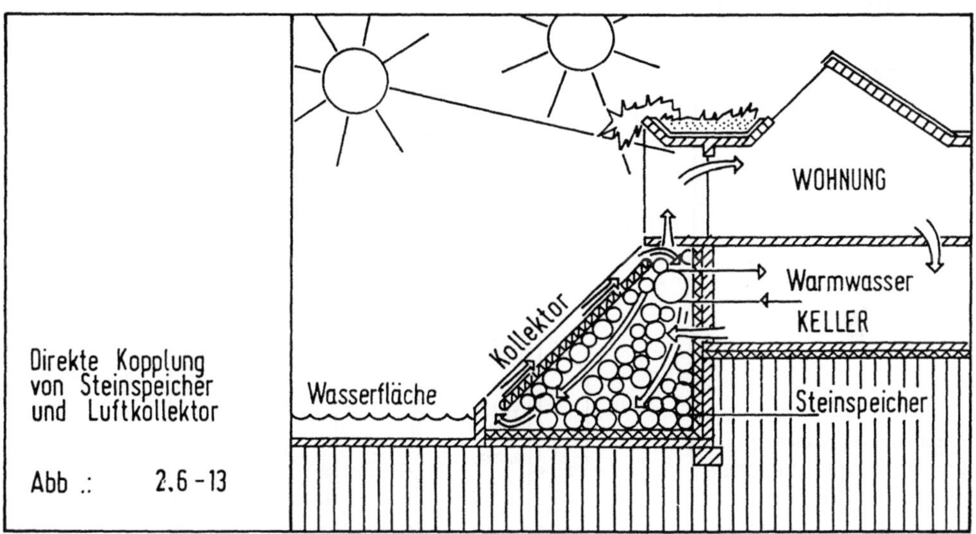

Direkte Kopplung
von Steinspeicher
und Luftkollektor

Abb.: 2.6-13

2.6.3.2 Flüssigkeitsspeicher

Der Vorteil von Flüssigkeiten als Speichermedium wurde bereits in /2.6.1.2/ beschrieben. Bei gedämmten Flüssigkeitsspeichern wird die Wärme entweder über einen gesonderten Tauscherkreislauf (z.B. Kollektorkreislauf) oder durch die Flüssigkeit selbst transportiert.

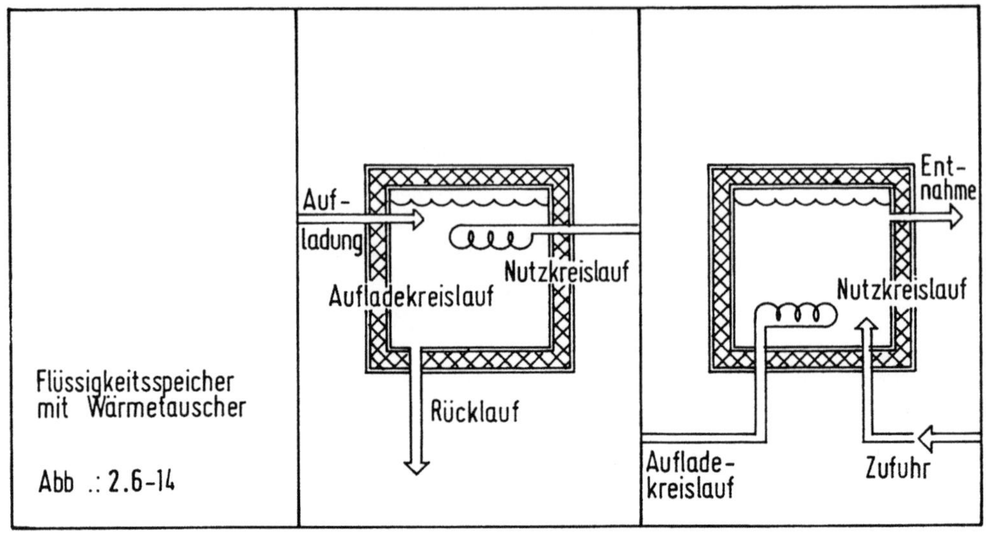

Erfolgt die Auf- und Entladung des Speichers über Wärmetauscher, so ergeben sich im Tank relativ ungestörte Wärmeschichtungen. Die Wärme kann nach den jeweils gewünschten Temperaturen getrennt entnommen werden. Konstruktiv sind auch ineinander geschachtelte Flüssigkeitsspeicher denkbar, die eine Temperaturhierarchie aufbauen. Warmwasser, Heizung und Langzeitspeicher halten dann das jeweilige Temperaturniveau.

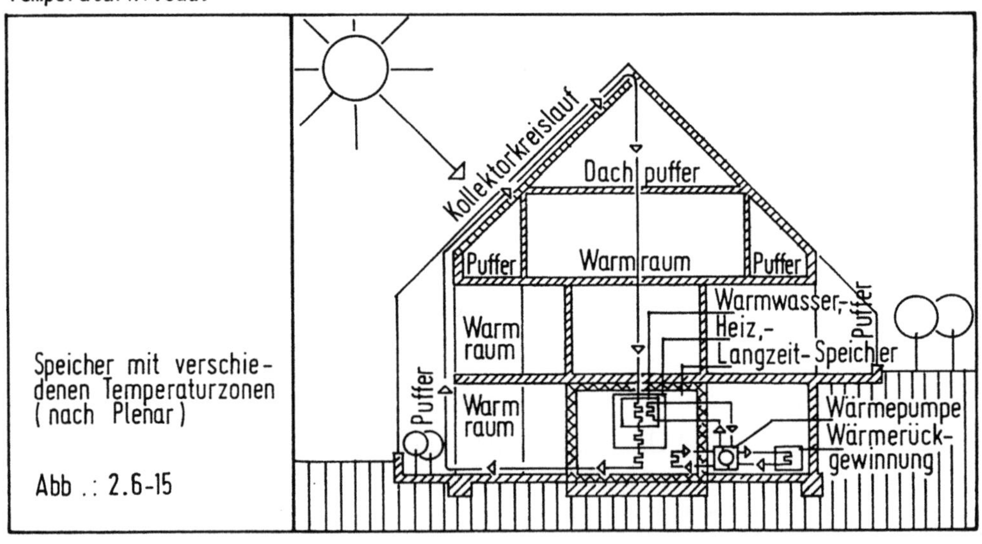

2.6.3.3 Dimensionierung

Die Größe eines Speichers ist von der zu erwartenden maximalen Speichertemperatur, dem Energiebedarf und der Verlustwärme des Speichers abhängig. Diese Verluste können durch eine gute Wärmedämmung, kleine Oberfläche (Kugelform) und Anordnung im Kernbereich des Gebäudes aufgefangen werden.

Für Langzeitspeicher, die die Solarenergieüberschüsse des Sommers bis in den
Winter speichern sollen, um den Energiebedarf des Gebäudes zu decken, sind nach
P. Krusche /6/ Speichervolumen von ca. 17 1 Wasser/kWh oder 43 1 Schotter/kWh
notwendig.

Die Firma Thyssen hat Untersuchungen zum Temperaturabfall in Wärmespeichern
angestellt. Dabei ergaben sich in Abhängigkeit von Wärmedämmung (PU-Hartschaum)
und Fassungsvermögen des Speichers unterschiedliche Verluste.

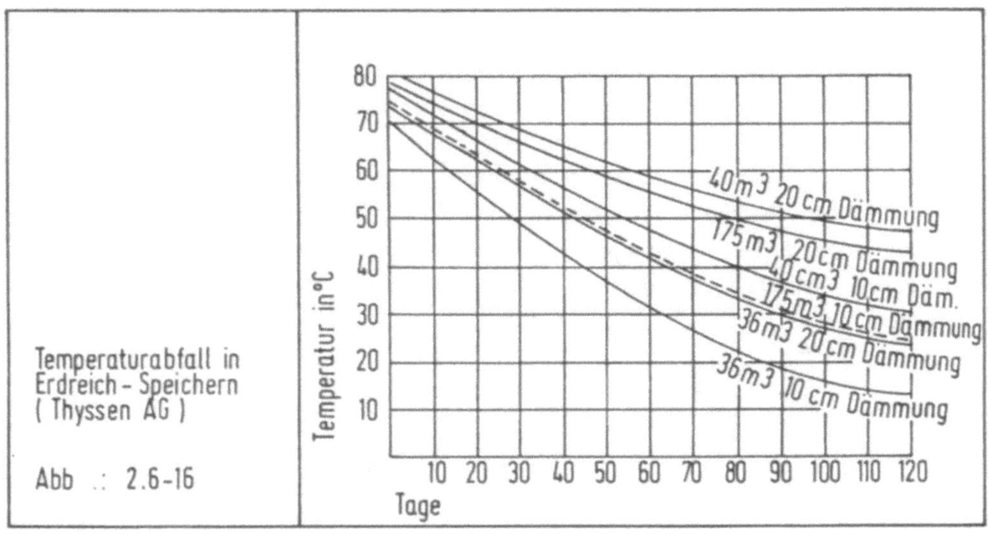

2.6.4   Thermosiphon-Systeme

Bei jedem mit passiven Elementen beheizten Gebäude wird die Solarstrahlung durch
rein baukonstruktive Mittel zur Erwärmung der Räume herangezogen. Als Ergänzung
zu diesen strahlungseinfangenden Bauteilen des Hauses lassen sich Luftkollektoren verwenden.

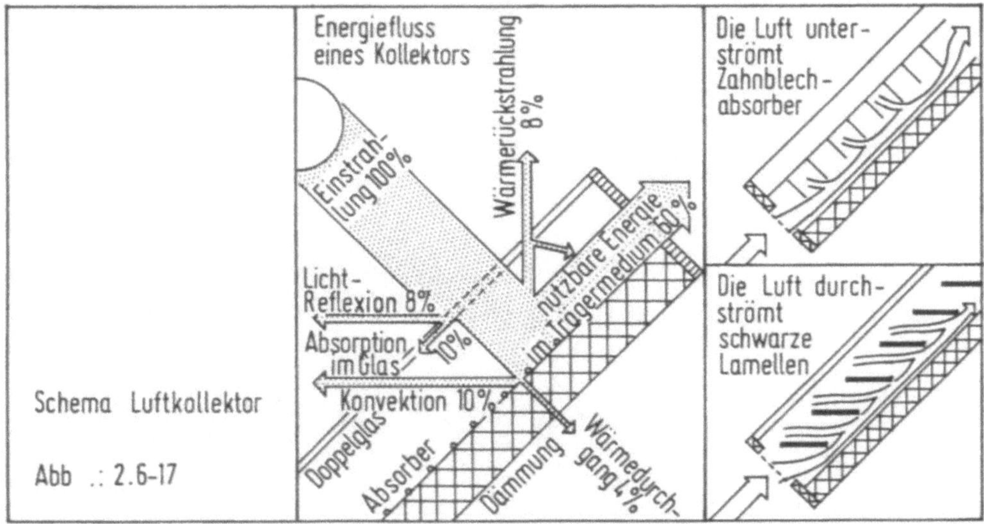

Kollektoren jeder Bauweise absorbieren die kurzwelligen Sonnenstrahlen und wandeln sie in langwellige Wärmestrahlung um. Eine Glas- oder Kunststoffscheibe als Abdeckung reflektiert die transformierte Wärmestrahlung. Sie wird von einem Transportmedium - Flüssigkeit oder Luft - aufgenommen und weitergeleitet.

Die Verwendung von Luft als Wärmetransportmittel bedeutet gegenüber den Flüssigkeitskollektoren eine starke Vereinfachung:

- Luft braucht nicht in einem geschlossenen Kreislauf geführt zu werden, sie kann wahlweise direkt den Räumen oder einem Speicher zugeführt werden.
- Korrosion und Frostschäden entfallen ebenso wie mögliche Überhitzungen.
- Komplizierte Regeleinrichtungen und Pumpen entfallen, da der natürliche Warmluftauftrieb - Thermosiphon - zum Transport ausreicht. Zur Unterstützung kann allenfalls ein Ventilator eingesetzt werden.
- Bei Luftkollektoren an der Außenhaut eines Gebäudes dient die für den Kollektor notwendige Wärmedämmschicht gleichzeitig der Verbesserung des baulichen Wärmeschutzes.

2.6.4.1   Betriebsweisen

Um den Auftrieb der erwärmten Luft zu nutzen, liegen zu beheizende Räume oder Speicher oberhalb des Luftkollektors. Das System kann dann in verschiedenen Betriebsweisen gefahren werden:

1. Die erwärmte Luft strömt direkt in das Gebäude.
2. Die Warmluft füllt den Speicher auf.
3. Der Kollektor ist abgetrennt, die Umluft entzieht dem Speicher Wärme.
4. Der Kollektor ist geöffnet, um eine unerwünschte Aufheizung zu vermeiden.

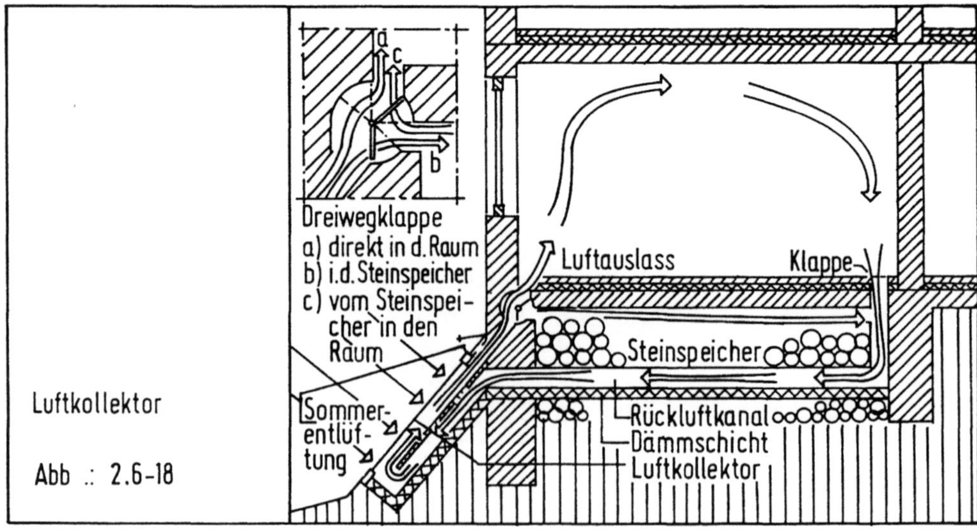

Bedingt durch seinen unkomplizierten Aufbau kann der Luftkollektor aber auch direkt an Fassaden oder auf der Dachaußenfläche angebracht werden.

Auf einem Steildach kann beispielsweise mit Abstandshaltern über der vorhandenen Dachhaut eine Glasscheibe montiert werden. Die im gedämmten, oberen Dachraum gesammelte Warmluft kann dann über Kanäle in die zu beheizenden Räume abgesaugt werden. Sie kann auch durch einen inneren vertikalen Speicher gepumpt werden, der dann über Strahlung die angrenzenden Räume erwärmt.

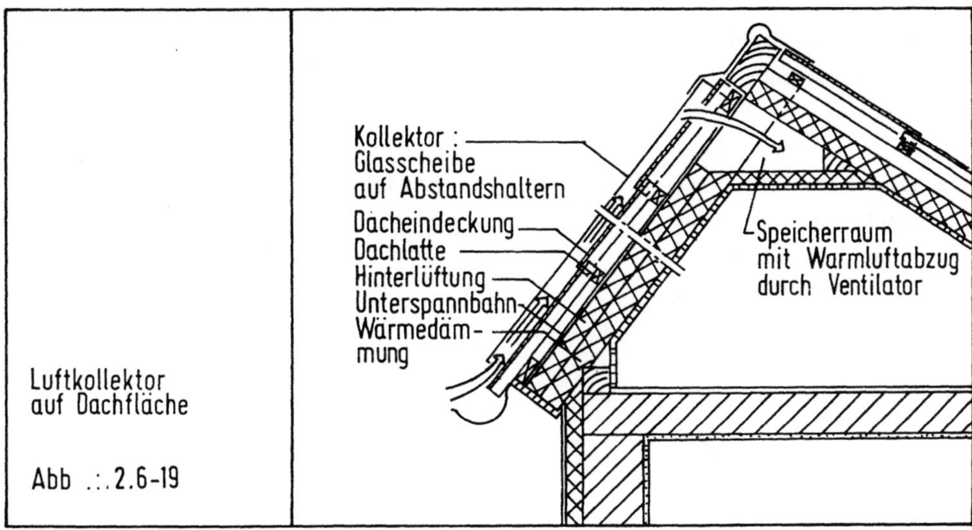

2.6.4.2   Konstruktive Hinweise

Ohne besonderen Aufwand läßt sich der Luftkollektor auch an der Fassade montieren. Die erwärmte Luft kommt dann zweckmäßigerweise direkt dem Raum zugute. Fassadenkollektoren sind sinnvoll bei Modernisierungsmaßnahmen einzusetzen.

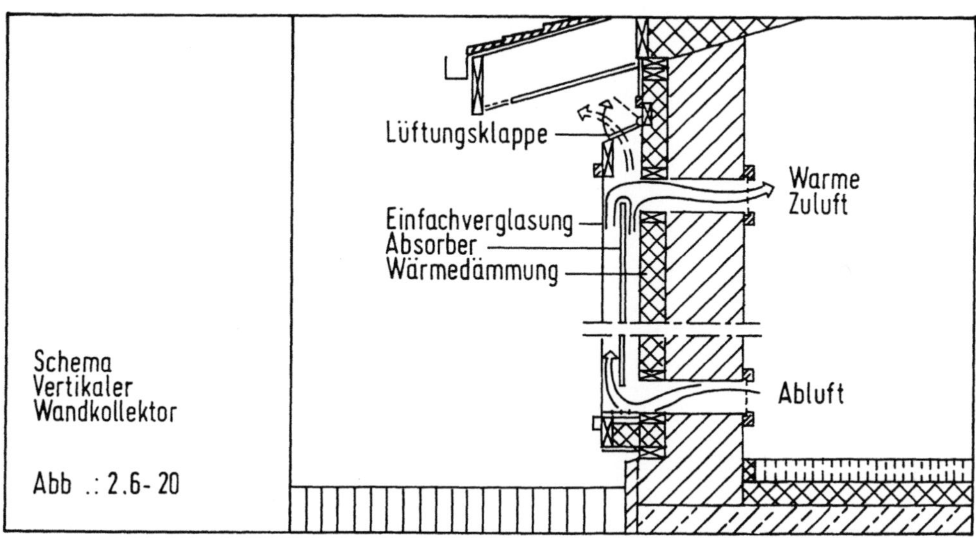

Aufgrund des schnelleren Luftwechsels und der schräg einfallenden Sonnenstrahlung haben vertikale Wandkollektoren nur 80 - 90% der Effektivität der schräg gestellten Kollektoren. Ihr Einsatz ist aber häufiger möglich, da sie keinen zusätzlichen Platz erfordern und den dahinter liegenden Räumen direkt zugeordnet werden können. Wird im Sommer die äußere Lüftungsklappe geöffnet, strömt aus dem Raum die verbrauchte Luft nach, kühlere Luft kann bei Querlüftung aus dem nördlichen Gebäudeteil nachfließen.

Für einen effektiven Einsatz der Luftkollektoren sollten Gebäudeabweichungen aus der Südrichtung nicht größer als 25 - 30° sein. Auch der Neigungswinkel sollte so gewählt werden, daß die Einstrahlung mindestens 85% des Maximalwertes erreicht.

Wird die Dachfläche zum Einsatz von Luftkollektoren genutzt, können auch Glasziegel benutzt werden. Die relativ enge Dachlattung mindert jedoch den Wirkungsgrad um ca. 15%.

2.6.5 Glashaussysteme

Wintergärten, Veranden und Loggien sind als Architekturelement seit langem beliebt. Günstig orientiert, bilden sie lichtdurchflutete Klimapuffer. Ohne Zusatzheizung entsteht an sonnigen Tagen im Winter und in der Übergangszeit eine zusätzliche Nutzfläche von hoher Wohnqualität. Wird im Glashaus die erforderliche Temperatur nicht erreicht, so wirkt das System als Pufferzone, d.h. Heizenergie wird durch die im Vergleich zur Außentemperatur geringere Temperaturdifferenz eingespart /s. 2.4.5/.

Die bekannten Glashaussysteme zeichnen sich durch einen hohen Wärmegewinn auch bei diffuser Strahlung, den beschriebenen Treibhauseffekt, und hohe Wärmeverluste bei fehlender Einstrahlung aus. Um Glashäuser als passive Systeme zur Wohnraumbeheizung hinzuzuziehen, müssen Maßnahmen zur Wärmedämmung und Wärmespeicherung getroffen werden.

2.6.5.1 Entwurfskriterien

Soll ein Glashaussystem einen solaren Heizbeitrag am Gebäude liefern, sind folgende Planungshinweise zu beachten:
- Orientierung der Glasfassade nach Süden und weitgehend verschattungsfrei
- Durchlässigkeit und thermische Qualität der Verglasung
- Anordnung von Speichermassen zwischen Glashaus und zu beheizenden Räumen
- Nutzung der natürlichen Warmluftkonvektion mit den Innenräumen des Gebäudes
- Zuführung der erwärmten Luft über Kanäle und Ventilator in Steinspeicher unterhalb des Glashauses oder des Gebäudes
- Vermeidung der jahreszeitlichen Überhitzung durch sommerliche Abschattung /s. 2.5.1/ und ausreichende Querlüftung.

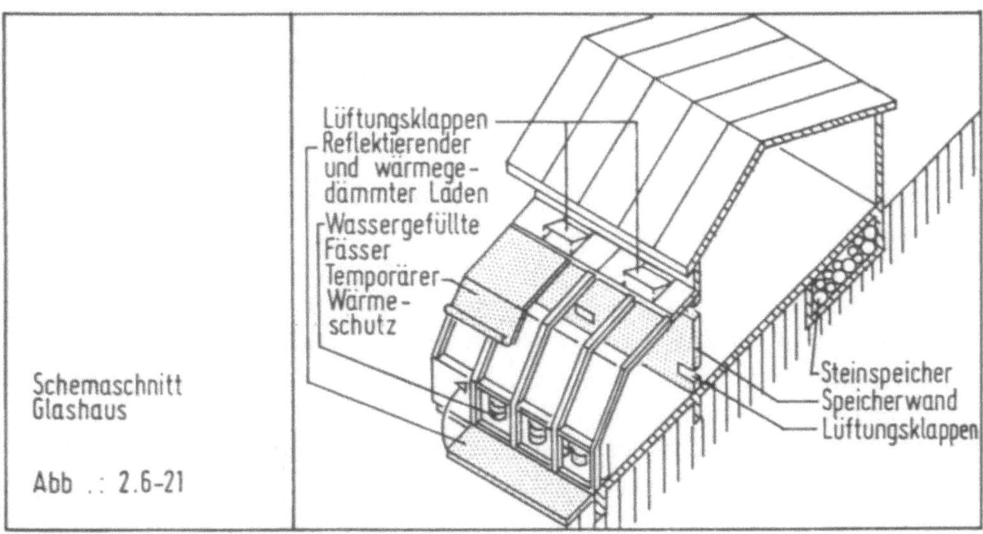

2.6.5.2   Dimensionierung und Ausbildung

Aufgrund der Größe des Systems haben Glashäuser im Vergleich zu den anderen
Sonnensammlern den kleinsten Wirkungsgrad der solaren Heizenergie. Nach
J. Kiraly /19/ schwankt der Wirkungsgrad je nach Ausbildung des Glashaussystems

$$G = 0,15 - 0,30$$

Um ein Wohngebäude mit der Wohnnutzfläche F_N in unseren Breiten an einem strah-
lungsreichen Wintertag über ein Glashaus mit der Einstrahlungsfläche F_G den
ganzen Tag zu beheizen, ergibt sich danach eine Glashausfläche, die nahezu
eineinhalb mal so groß sein müßte wie die Wohnnutzfläche:

$$\frac{F_G}{F_N} = \frac{P_S \cdot t_a \cdot 24}{Q_S \cdot G} = 0,7...1,4$$

P_S = spezifischer Heizenergiebedarf W/m^{2}K
t_a = Temperaturdifferenz Glashaus - Wohnfläche
Q_S = absorbierte Sonnenstrahlung W/m^2

Es ist nicht die Aufgabe des Glashaussystems, die Wohnfläche im Winter passiv zu
beheizen. Ein in das Wohngebäude integriertes Glashaussystem erlaubt aber über
neun Monate die Nutzung eines witterungsgeschützten Bereichs mit erheblichen
Wohnqualitäten, das zusätzlich Heizenergie bereitstellen kann. Die entwurfliche
Einbindung in das Gebäude ist dabei in verschiedenen Variationen möglich:

- als vorgelagertes Glashaus
- als ein-, zwei- oder dreiseitig integrierte Loggia
- als zweigeschossiges Solarium und Klimapuffer
- als Klimahülle, die sowohl Außenbereiche zwischen Teppichbebauungen schützen
  kann, als auch mehrgeschossige, lichtdurchflutete Innenhöfe im innerstädtischen Bereich neuen Nutzungen zuführt (Bürolobby, Einkaufspassagen)

Die Konstruktion von Wintergärten im Geschoßwohnungsbau muß konsequent auf
Energieeinsparung ausgebildet sein:

- Einsatz von Materialien des Außenbereiches, damit kein Anreiz besteht, den
  Wintergarten im Winter als erweiterten Wohnraum zu benutzen und zu beheizen
- Stahlrahmen mit Einfachverglasung, großflächige Öffnungsmöglichkeigen,
  Drehkippflügel und zusätzliche Lamellen-Entlüftung
- massive Bauteile zur Wärmespeicherung
- außenliegender vertikaler Sonnenschutz

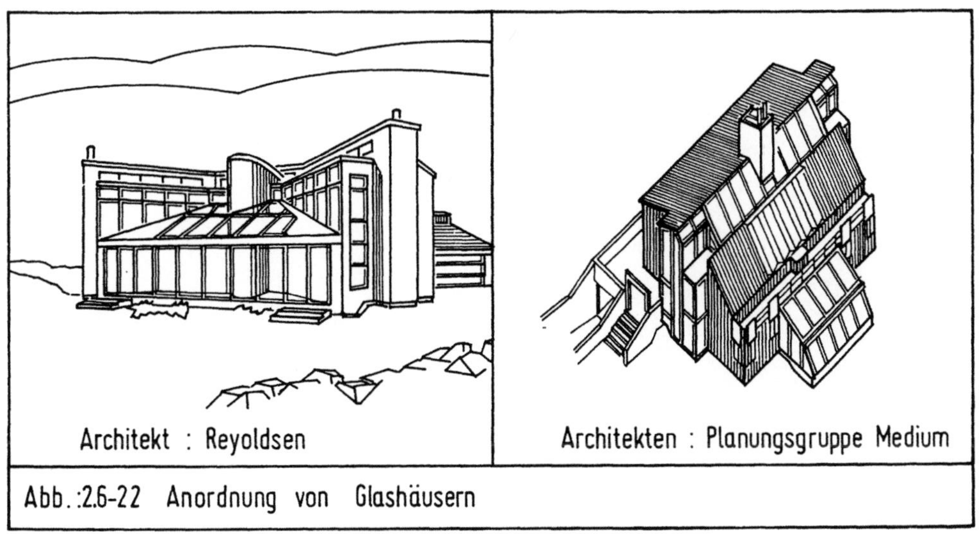

Abb.:2.6-22 Anordnung von Glashäusern

2.6.6   Kombination passiver Systeme

Bisher wurden die einzelnen Systeme nur getrennt behandelt. Die vorgestellten solarenergetischen Gewinnsysteme werden hier noch einmal gegenübergestellt, um ihre unterschiedlichen Wirkungsweisen und entwurflichen Ansprüche zu zeigen.

	Sonnenfenster	Sonnenwand	Glashaus	Sonnenkollektor mit Luftkonvektion
System – Wirkungsgrad	60 – 80%	30 – 50%	15 – 30%	30 – 50%
Belichtung	uneingeschränkt	stark einschränkend	mäßig einschränkend	uneingeschränkt
Belüftung	uneingeschränkt	stark einschränkend	uneingeschränkt	uneingeschränkt
Raumgewinn	keiner	keiner	zusätzlich	keiner
Baukosten gegenüber den Herstellungskosten einer normalen Außenwand im Wohnbau (25% Fensteranteil)	ca. 35%	75 – 100%	120 – 170%	75 – 100%

Zum Abschluß sei noch einmal das Projekt "Pfarrsiedlung Berlin-Rudow" der Architekten vom IBUS Berlin vorgestellt, in dem viele dieser energetischen Planungs-und Entwurfskriterien angewandt worden sind.

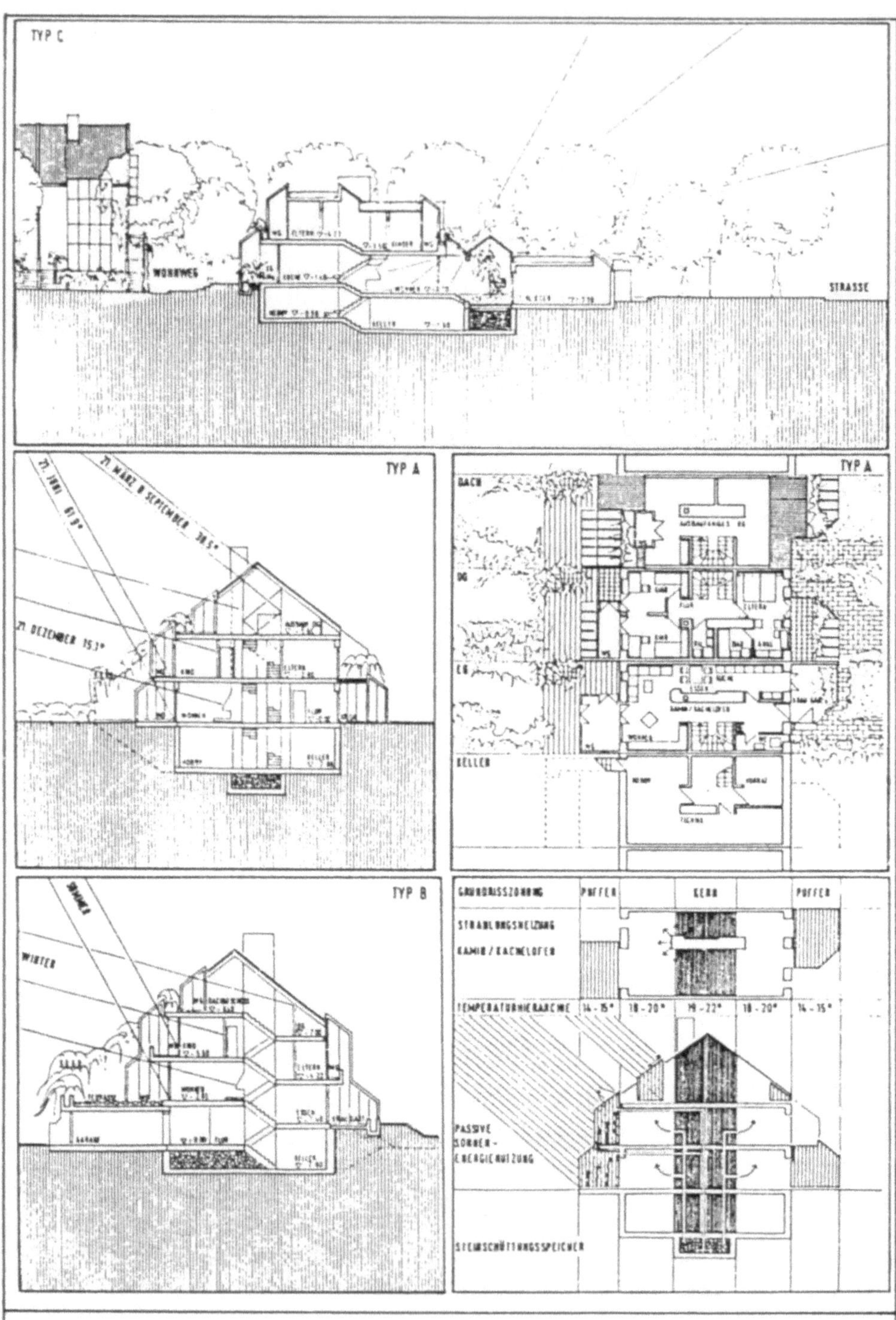

Abb.: 2.6-23   Projekt   Pfarrsiedlung
              Architekten : IBUS

Alle Gebäude haben große, südorientierte Wintergärten (Sonnenräume), Zentral-
speicherblöcke in der Gebäudemitte und Steinspeicher unterhalb des Kellers. Die
in den Sonnenräumen aus direkter und diffuser Sonnenstrahlung gewonnene Wärme
wird z.B. direkt zur Beheizung den hinter den Sonnenräumen gelegenen Wohnräumen
zugeführt; die massiven wohnraumbegrenzenden Konstruktionen absorbieren dabei
selbst Wärmestrahlung, die wiederum phasenverschoben an die Räume abgegeben
wird. Je nach Jahreszeit wird überschüssige Energie über ein Luftkanalsystem in
den Steinspeicher geleitet und bei Bedarf (z.B. nachts) über den zentralen
Speicherblock in Form von Warmluft im Haus verteilt. Im zentralen Speicherblock
ist ein Kombisystem aus offenem Kamin und Warmluftkachelofen integriert. Diese
Kombination deckt den Wärmebedarf in der Übergangszeit bzw. fängt erforderliche
Spitzenlasten an sehr kalten Wintertagen ab.

Durch die integrierten passiven Wärmegewinnungselemente ist der Wärmebedarf der
Gebäude so weit reduziert, daß die Grundlast durch den Einsatz einer Wärmepumpe
in Verbindung mit einer Fußbodenheizung gedeckt werden kann. Als Alternative ist
eine konventionelle Gaszentralheizung möglich. Die Überheizung der Sonnenräume
an heißen Sommertagen wird durch Sonnenschutzanlagen verhindert, die in der Lage
sind, sich den sich verändernden Bedingungen durch Sonnenstandshöhe und Einstrahlungswinkel anzupassen, und die zugleich als Wärmedämmung den Wärmeabfluß
in der Nacht verhindern. Den nach Nordost, Nord und Nordwest orientierten Küchen
sind kleine Pufferzonen in Form von Gewächshäusern mit Kräutergarten, den
Schlafräumen Loggien zugeordnet. Die Wohnräume werden über die vorgelagerten,
verglasten Bereiche belüftet. Der Gebäudetyp C besitzt einen Innenhof, der je
nach Witterung mit einer beweglichen Verglasung abgedeckt werden kann.

2.7   Kriterienkatalog zur Planungsdimension klimagerechtes Bauen

Um den Stellenwert der Energie in den jeweiligen Planungsstufen des Architekten
feststellen zu können, ist in einem Gutachten des Instituts für Bau-, Umwelt-
und Solarenergieforschung ein Bezugssystem aufgestellt worden. Dabei ist der
Bereich der Energieeinsparung im Zusammenhang mit der übrigen Planungsleistung
dargestellt, um eine Überbewertung dieser Planungsdimension zu vermeiden.
(Matrix I).

Der Matrix II ist ein Kriterienkatalog beigegeben, der die einzelnen Planungsvariablen näher strukturiert.

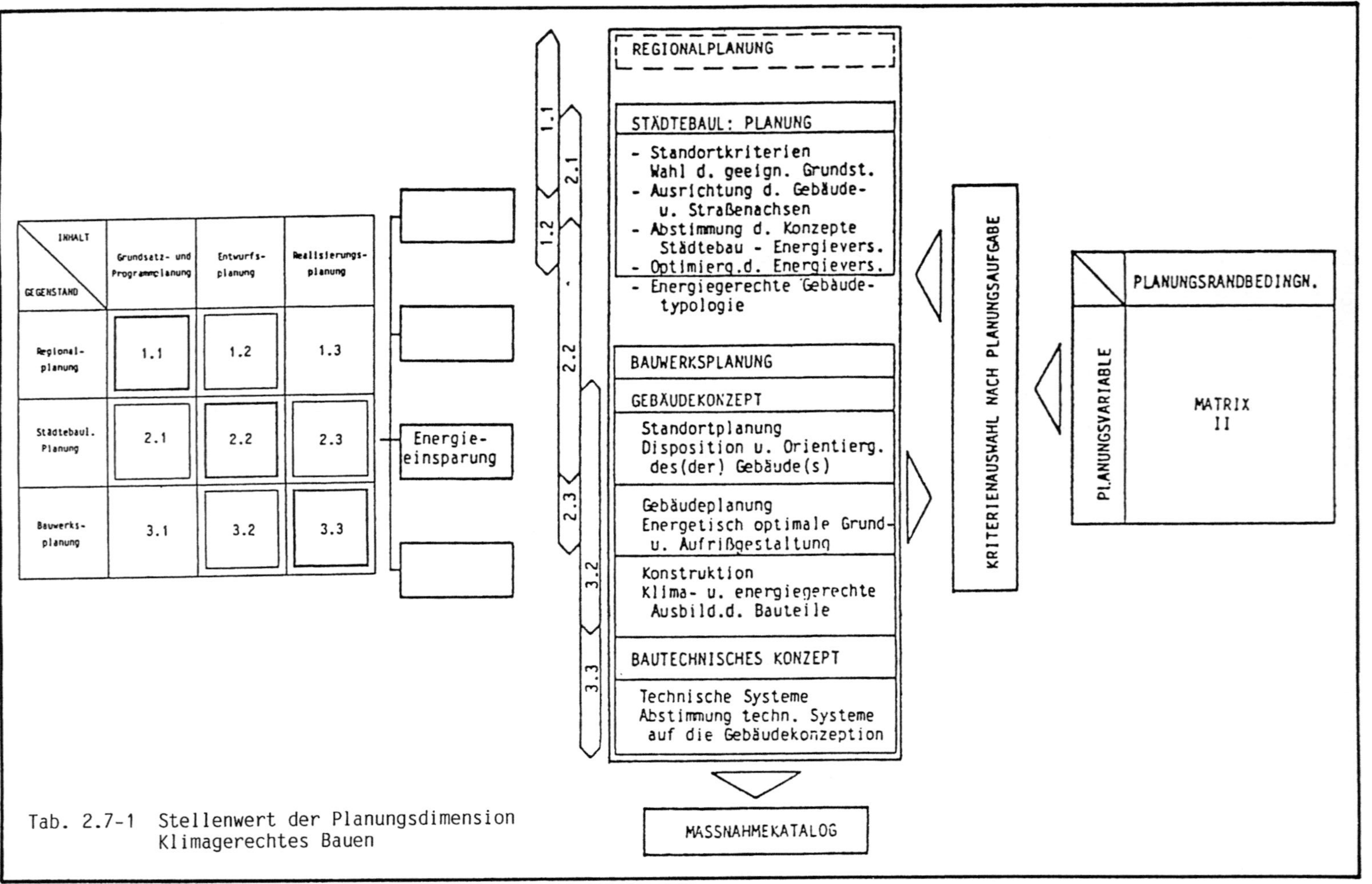

Tab. 2.7-1 Stellenwert der Planungsdimension Klimagerechtes Bauen

Legend for weighting symbols: ● = sehr wichtig, ◑ = wichtig, ○ = bedingt wichtig, (blank) = unwichtig

PLANUNGSVARIABLE	1. NATÜRLICHE UMWELT	1.1 Lokalklima (Sonne, Wind, Niederschläge und Temperatur)	1.2 Geolog. Gegebenheiten (Morphologie, Beschaffenheit)	1.3 Vegetation	2. KÜNSTLICHE UMWELT	2.1 Städtebaul. Situation	2.2 Energieversorgung	2.3 Immissionen
1. STANDORTPLANUNG								
1.1 Einbindung in das Gelände		●	●	◑		○		○
1.2 Gruppierung, Abstände		●	◑	◑		●	○	◑
1.3 Freiraumplanung		◑	◑	●		◑		○
2. ENTWURF								
2.1 Form und Orientierung		●	●	◑		◑		◑
2.2 Grundrissdisposition (Zonung, Raumausrichtungen, Abmessungen, Nutzung)		●	◑	○		○		○
2.3 Gebäudehülle (transparente und nichttransparente Flächen, nach Lage, Größenverhältnis u. Aufbau)		●	◑	◑		◑		◑
3. KONSTRUKTION								
3.1 Wärmeschutz		●	○	◑				
3.2 Wärmespeicherung		●	◑				○	
3.3 Sonnennutzung		●	◑	◑		●		
3.4 Sonnenschutz		●	○	●		○		
4. TECHNISCHE SYSTEME								
4.1 Heizung und Wasser		◑	◑				●	
4.2 Lüftung		◑						◑

Die Matrix zeigt Interdependenzen zwischen energierelevanten Planungsvariablen und den Einflußfaktoren der Umwelt (Planungsrandbedingungen), die für klimagerechte und energiesparende Entwurfsprinzipien ausschlaggebend sind.

Gewichtung:
● sehr wichtig
◑ wichtig
○ bedingt wichtig
(leer) unwichtig

Tab. 2.7-2 Matrix für Planungsvariablen und Einflußfaktoren der Umwelt

Kriterienkatalog

Die Auflistung von Kriterien stellt eine Auswahl von möglichen Kriterien für die Prüfung dar. Im konkreten Planungsfall wird nur ein relativ geringer Teil zur Anwendung kommen, je nach Art, Zielsetzung und Konkretisierungsgrad der Planung.

Die einzelnen Kriterien beinhalten dabei teilweise noch weiter differenzierbare Bewertungsgrößen. So läßt sich beispielsweise die Wirksamkeit von Maßnahmen sowohl qualitativ als auch quantitativ (mit Berechnungsnachweis) beurteilen.

	Kriteriengruppe	Kriterien	x qualitativ o quantitativ Bewertung
- Energie- einsparung	- Standortplanung	- Besonnung d. Gebäudeflächen	x
		- Zuordnung d. Gebäude(teile) im Windfeld	x
		- Reduktion v. Wärmeverlusten durch Freiraumgestaltung	x
		- Orientierung: Öffnung zur Sonne	x
	- Entwurf	- Kompaktheit F/V	o
		- Ausrichtung primär genutzter Räume	x
		- Zuordnung von Räumen nach Wärmezonen (Temp.hierarchie)	x
		- Lage und Wirksamkeit von Pufferzonen	x
		- Verhältnis von transparenten zu nichttransparenten Flächen nach	
		Lage	x
		Größe	o
		Orientierung	xo
		- Reduktion d. Wärmeverluste Transmissionswärme Lüftungswärme	o
	- Konstruktion	- Anordnung von Speichermassen Lage Aufbau	x
		- konstr. Wärmeschutz	
		- temporärer Wärmeschutz	
		konstr. Aufwand	x
		Bedienung	x
		Wirksamkeit (k-Wert)	
		k-Wert	ox
		- Konzept passiver Sonnen- energienutzung	
		Wirksamkeit	o
		Integration in das Gebäude- konzept (Gestaltung)	x
		- aktive Sonnenenergienutzung	
		Wirksamkeit	o
		Integration in die Gebäude- hülle (Gestaltung)	x
		- Wirksamkeit von Sonnenschutz- maßnahmen	
		Konstruktion	x
		Anordnung	
		Bedienung	
		Aufwand	
	- technische Systeme	- Anordnung und Lage von System- elementen (Wege)	o
		Leitungsführung	xo
		Flächenvorhaltung	xo
		- Energieeinsparung durch Anlagenoptimierung	xo
		Reduktion durch mech. Lüftungssysteme	xo

Dieses Hilfsmittel soll dazu dienen, ein Gebäude - ohne Mehrkosten - nach energetischen Gesichtspunkten zu planen. Ohne Mehrkosten bedeutet, daß vor allem in der ersten Planungsphase eine Reihe von Entscheidungen getroffen werden müssen, die später in der Detailplanung und bei der technischen Ausstattung den Energiebedarf erheblich beeinflussen und vermindern. Häufig werden noch heute Neuplanungen erst bei der Ausführungs- und Detailplanung auf ihre betrieblichen Aufwendungen, so auch auf ihren Energiebedarf untersucht, was Umprojektierungen mit den dazugehörigen Kosten verursacht.

2.8   Berechnungsmethoden zum Energiebedarf klimagerechter Gebäude

Der Wärmehaushalt eines Gebäudes ist ein sehr komplexes Gebiet. Es wird durch mehrere und teilweise nicht genügend erfaßbare Einflußfaktoren bestimmt. Es lassen sich unterscheiden:

- außenklimatische Bedingungen
- bauphysikalische Eigenschaften des Gebäudes
- wärmetechnische Eigenschaften des Heizsystems
- innere Kosten des Gebäudes
- Nutzungsverhalten der Bewohner

Diese Begriffskomplexe werden in der den Wärmebedarf von Gebäuden festlegenden DIN 4701 pragmatisch vereinfacht, um den Transmissions- und Lüftungswärmebedarf zu bestimmen. Nicht bzw. nur unzureichend erfaßt wurde der Einfluß des solaren Strahlungsgewinns der Gebäude. Auch aus diesem Grund ist die 4701 neu überarbeitet worden.

In der bisherigen Fassung hat man die Gebäudehülle lediglich in der Rolle eines Verlustfaktors gesehen. Die Wärmedurchgangswerte sollten möglichst klein gestaltet werden.

Untersuchungen /Gertis 1/Hauser 17/ haben gezeigt, daß der Einfluß der Solarstrahlung und das instationäre thermische Verhalten des Gebäudes (Wärmespeicherung) beträchtlichen Einfluß auf den Energiebedarf haben. Die Wärmebilanz kann weiterhin durch Verringerung der Lüftungswärmeverluste verbessert werden.

2.8.1   Berechnungsmethoden zum Jahreswärmebedarf

Die in der heutigen Fachliteratur dargestellten Beispiele passiv beheizter So-
larhäuser beinhalten häufig präzise Angaben über die erreichte Energieeinsparung. Diese Einsparung wird hierbei mit relativ einfachen Rechenverfahren, auch
mit kleinen Computerprogrammen, berechnet.

Auch diese Rechenverfahren gehen von bestimmten Voraussetzungen aus (z.B. Vor-
handensein ausreichender Speichermassen) und sollten hinsichtlich ihrer Aussage-
kraft nicht überbewertet werden.

Der wesentliche Nutzen dieser Programme liegt jedoch in der entwurfsbegleitenden
Analyse: Die Methoden gestatten nämlich, bei jeweils gleichen Voraussetzungen
bezüglich Klimadaten, Speichermassen usw. verschiedene Entwürfe für ein Gebäude
zu vergleichen und dadurch ein angenähertes Optimum zu erreichen.

Die bekannteren Berechnungsverfahren sollen hier vorgestellt werden, um einen
Überblick zu geben:

a) Herkömmliche Methode

   Tägliche meteorologische Temperaturverläufe multipliziert mit dem Gesamtwärmebedarf pro Tag und Kelvin

   - Nachteil: Die Grundtemperatur des Tages ist willkürlich festgesetzt und
     berücksichtigt nicht den solaren Energiegewinn.

b) Die BIN-Methode
   /R.M. LEBENS "Passive Solar Heating Design" Applied Science Publishers UK
   1980/

   Abgewandelte tägliche meteorologische Temperatur-Verläufe multipliziert mit
   Gesamtwärmebedarf pro Tag und Kelvin

   - Nachteil: Daten, die auf unterschiedlichen Temperaturverläufen basieren,
     sind nicht allgemein zugänglich.

   - Annahme: Überhitzung kann nicht rechnerisch erfaßt werden.

c) Die "Los Alamos" Sonnenlast-Verhältnis-Methode
   /Balcomb et.al. "A Semi Empirical Method for Estimating the Performance of
   Direct Gain Passive Solar Heated Buildings" San Jose, Cal. USA 1979/

Dieses Verfahren ist allgemein anwendbar, da die benötigten Daten für die meisten Länder vorliegen. Wärmespeicherkapazitäten können als Systemkonstante eingerechnet werden, als passive Bauteile werden Trombewand, Wasserspeicherwand und Sunspace erfaßt.

- Nachteil: Bei Überhitzung wird nicht weitergerechnet, sommerliche Wärmeschutzdimensionierung ist daher nicht möglich.

Als Computerprogramm PASCALC II ist dieses Verfahren allgemein bekannt.

d) Das Berechnungsverfahren, das beim 2. Europäischen Wettbewerb für passive Architektur angewandt wurde. Es beruht auf den Grundlagen des "Los Alamos"-Verfahrens.

- Nachteil: Das Verfahren arbeitet ohne Wärmespeicherung. Die solare Deckungsrate wird nicht in Monats-, sondern in Jahresschritten nachgewiesen.

Diese Methode wird hier nur in Stichworten beschrieben.Sie ist Grundlage verschiedener Rechenprogramme, die im allgemeinen wie folgt charakterisiert sind:

- Klimamodell:
  Grundlage der Berechnung bilden Daten von 53 Wetterstationen des Deutschen Wetterdienstes. Berechnet werden die monatlichen Außentemperaturen und Einstrahlungen auf die verschieden orientierten transparenten Bauteile der Gebäudeaußenhülle. Berücksichtigung von Direkt- und Diffusionsstrahlung.

- Konstruktionsmodell:
  Es werden die den beheizten Teil des Gebäudes umschließenden Bauteile erfaßt. Für transparente Bauteile werden insbesondere Orientierung, Beschattung, Lichttransmission, Absorption und ggf. Nachtdämmungen erfaßt. Berücksichtigung von Pufferzonen. Berechnung des mittleren k-Wertes in Anlehnung an die Rechenvorschrift der Wärmeschutzverordnung. Berechnung des mittleren Lüftungsbedarfs gemäß DIN 4701 E (1978).

- Energiebilanz:
  Berechnet wird der jahreszeitlich schwankende Nutzenergiebedarf für Transmission und Lüftung sowie die Größe der vorhandenen inneren und genutzten äußeren Wärmequellen. Berechnung des passiven Solar-Heiz-Beitrags auf der Grundlage von Solar-Last-Kurven in Abhängigkeit von der Nachtdämmung sowie der Art der passiven Energienutzung. Berechnung direkter Wärmegewinne sowie Wärmegewinne bei Speicherung in Wasser- oder Masse-Speichern.

- Leistung:

  Berechnung der monatlichen und jährlichen Energiebilanz eines Wohngebäudes.
  Berechnung der Nutzenergie, der genutzten passiven Solarenergie und der
  noch zu deckenden Heizenergie in Abhängigkeit von Konstruktion und Entwurf.
  Anwendung zur energie-optimierenden Konstruktions- und/oder Entwurfsgestal-
  tung. Anwendung durch Architekten und Ingenieure.

Interessanterweise werden bei der Berechnung des Gesamtwärmeverlustes höhere
Werte angesetzt als nach der DIN 4701 vorgeschrieben sind.

Einzelne Programme (z.B. F-LOAD) berechnen auch die Überhitzung, so daß
sommerliche Verschattungseinrichtungen dimensionierbar sind.

2.8.3   Der Wärmebedarf von Solarhäusern

An dieser Stelle soll ein vereinfachtes Verfahren vorgestellt werden, um den
Energiebedarf von Gebäuden überschlägig nachzuweisen.

Grundsätzlich sollten neben einem guten Wärmeschutz ausreichende innenliegende
Speichermassen vorgesehen werden. Sie absorbieren die Wärme und reduzieren die
Raumtemperaturschwankungen, die durch Strahlungsgewinne auftreten können.

Materialien, die ein hohes Wärmespeichervermögen besitzen, sind jedoch schwer
und haben meist auch ein hohes Wärmeleitvermögen. Wärmedämmstoffe sind hingegen
leicht und können nur wenig Wärme speichern. Eine Trennung der Funktion Wärmespeicherung - Wärmedämmung ist daher in einem Schichtenaufbau vorzunehmen. Die
Wärmedämmung sollte in der Regel auf der Außenseite angebracht werden. Damit
wird nicht nur ein thermisch träges Verhalten des Hauses erreicht, sondern es
werden auch mögliche Kältebrücken an gewissen konstruktiv bedingten Anschluß-
stellen vermieden. Durch die Außentemperaturschwankung unterliegen auch die
statisch wirksamen Bauteile geringeren thermischen Beanspruchungen. Bei Außenwänden sollen Wärmedurchgangszahlen unter 0,3 W/m^{2}K liegen. Für Fenster und
Türen sollten für Doppelverglasungen (nur südseitig), Dreifachverglasungen (Ost,
West, Nord) oder Mehrfachverglasungen K-Werte von 3,2 bis unter 2,1 W/m^{2}K
vorgesehen werden, wobei ein zusätzlicher nächtlicher Wärmeschutz diese Werte
bis auf 0,6 W/m^{2}K weiter verringern kann. Wenn auch das Problem der Fugendicht-
heit die Frage der erforderlichen Belüftung aufwirft, so sollte eine Luftwechselzahl von 0,75 - 0,5 pro Stunde nicht unterschritten werden.

Zur Berechnung benötigen wir die bekannten Gleichungen:

$\dfrac{1}{\Lambda} = 0$	WÄRMEDURCHLASSWIDERSTAND Als Summe der einzelnen Bauteilschichten $\dfrac{d_1}{1} + \dfrac{d_2}{2} + \dfrac{d_3}{3}$	$\dfrac{m^2 K}{W}$ $W/m^2 K$
i	In geschl.Räumen bei Wand - und Fensterflächen bei Geschossdecken - Dach bei Fußböden - Keller	8 11,5 8
a	an der Außenoberfläche	23
k	$\dfrac{1}{\dfrac{1}{a}+\Sigma\,\dfrac{d}{\lambda} + \dfrac{1}{i}}$	$W/m^2 K$
$\dfrac{1}{k}$	WÄRMEDURCHGANGSWIDERSTAND $\quad \dfrac{1}{a} + \dfrac{d}{\lambda} + \dfrac{1}{i}$	$\dfrac{m^2 K}{W}$

Mit diesen Gleichungen werden die k-Werte für Gebäudehülle und Außenwand berechnet.

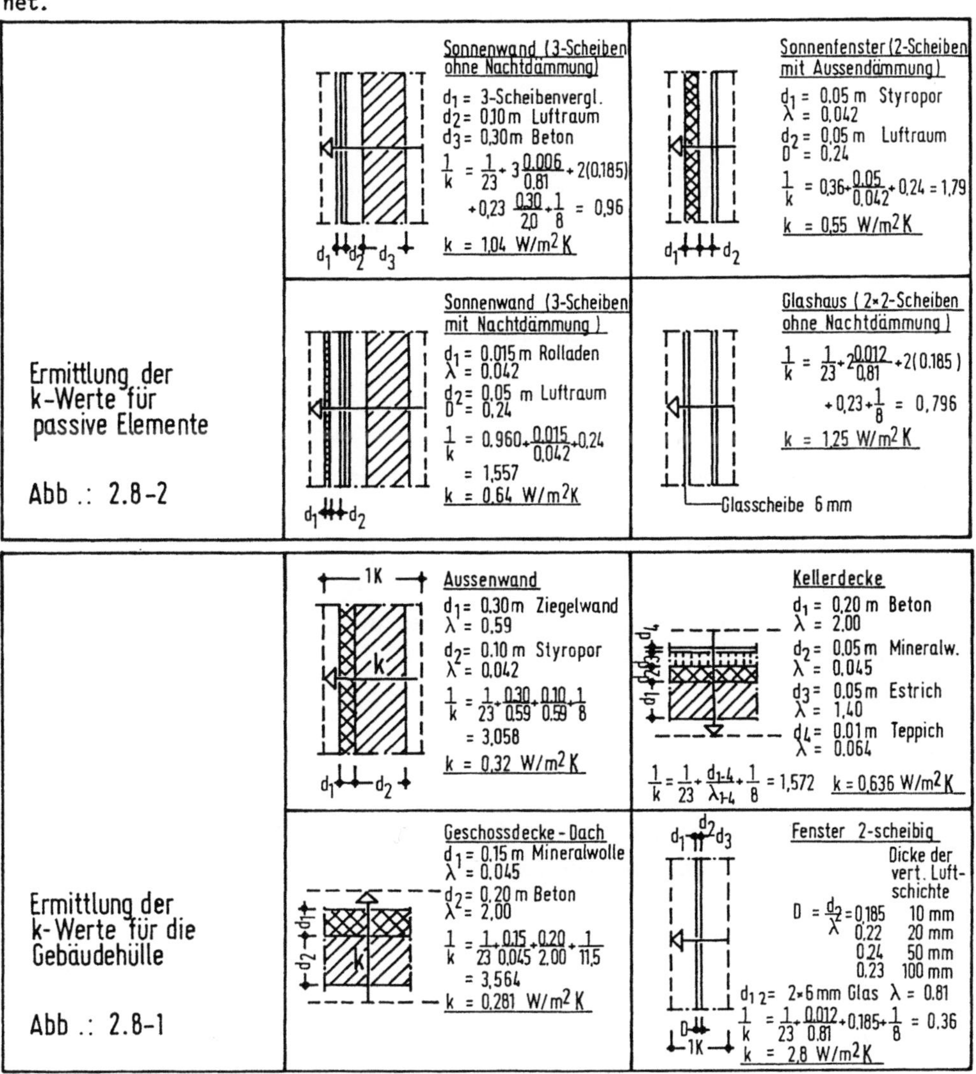

Der Transmissionswärmeverlust wird dann mit Tabelle 2.8.1 zusammengestellt.

Bauteil	k-Wert (W/m²K)	k-Wert mit temporärem Wärmeschutz	k-Wert interpoliert	Fläche (m²)	k x F = (W/K)

Gesamttransmissionswärmeverluste [   ] W/K

Lüftungswärme

Zu obigem Wert wird der Lüftungswärmebedarf - berechnet aus dem Produkt des beheizten Raumvolumens, der spezifischen Wärme der Luft und der Luftwechselzahl - addiert.

Volumen   spez. Wärme der Luft   Luftwechselzahl

..... x   0,34   x   0,5 bis 0,75   = ... W/K

Summe Transmissionswärmebedarf (1) und Lüftungswärmebedarf (2) = ... W/K

Spezifischer Heizenergiebedarf

Zur Kontrolle eines ausreichenden Wärmeschutzes wird die erhaltene Summe durch die Wohnnutzfläche des Gebäudes dividiert.

$$P_s = \frac{\text{Wärmebedarf}}{\text{Nutzfläche}} \frac{W/K}{m^2} \qquad = \ \ldots\ W/m^2K$$

Liegt der spezifische Heizenergiebedarf in einer Größenordnung von 1,25 W/m²K (± 25%), so gilt die Forderung nach ausreichendem Wärmeschutz als erfüllt.

Wärmeverlustkoeffizient

24 h x Wärmebedarf (1 + 2)   = 24 h x ..... W/K   = ... Wh/HGT
(HGT .... 1 Heizgradtag)   = ... kWh/HGT

Zur Berechnung des jährlichen Energiebedarfs benutzen wir dann /Tab. 8-3/.

1. Eintragung der Werte für die mittlere monatliche Außentemperatur in ^{o}C.
   /s. meteorologische und Globalstrahlungswerte Band IV/.

2. Temperaturdifferenz der mittleren monatlichen Außentemperatur zur Raumtemperatur (+ 20°C)

3. d = Anzahl der Tage des Monats

4. Heizgradtagszahl berechnet aus dem Produkt von t und der Anzahl der Monate

5. Produkt aus der Heizgradtagszahl mit dem Wärmeverlustkoeffizienten aus
   /Tab. 2.8-1/ ergibt die Summe der monatlichen Heizwärmeverluste

6. Interne Heizquellen /s. Tabelle 2.8-2/

7. Solarer Strahlungsgewinn /s. Tab. 2.8-3/

8. Netto-Wärme Energiebedarf: Von den monatlichen Wärmeverlusten werden interne
   Heizleistungen und solarer Gewinn subtrahiert

Zusätzliche Wärmegewinne durch interne Heizquellen

Der größte Teil der durch Elektrogeräte und Beleuchtung verbrauchten Energie
wird in Wärme umgewandelt. Je nach Körperaktivität produzieren auch die Benutzer
eines Gebäudes Wärme (100 - 550 Wh). Die Wärmegewinne durch das Warmwasser sind
je nach Einsatzstelle, Wassermenge und Wassertemperatur unterschiedlich.

Die /Tabelle 2.8-2/ zeigt die in einem Haushalt von 4 Personen mit 3 Schlaf-
zimmern durchschnittlich produzierte tägliche Wärmeenergie /nach SIVIOR J. B.
"DESIGN FOR LOW ENERGY HOUSES", UK, ECRC/M 922 March 1976/.

Monat	Licht Elektrogeräte Bewohner (kWh/Tag)	(kWh/Monat)	(kWh/Tag)	kWh/Monat	Interne Heizquelle gesamt (kWh/Monat)
Januar	19	589	5,0	155	744
Februar	19	532	5,0	140	672
März	18	558	4,5	139,5	697,5
April	16	480	4,0	120	500
Mai	14	434	3,5	108,5	542,5
Juni	12	360	3,0	90	390
Juli	12	372	3,0	93	465
August	14	434	3,5	108,5	542,5
September	16	480	4,0	120	500
Oktober	18	558	4,5	139,5	697,5
November	19	570	5,0	150	720
Dezember	19	589	5,0	155	744

Tab. 2.8-2 Interne Heizquellen (4 Pers. Haushalt)

METEOROLOGISCHE DATEN BUNDESREPUBLIK DEUTSCHLAND

Globalstrahlung kWh/m²/Monat
mittlere monatliche Außenlufttemperatur

Ort	Januar	Februar	März	April	Mai	Juni	Juli	August	Sept.	Nov.	Okt.	Dez.
Berlin	2,17	3,74	6,04	8,60	10,62	11,53	11,06	9,34	6,95	4,48	2,58	1,75
	0,6	0,3	1,3	8,0	13,4	17,8	20,3	17,1	13,1	9,3	5,4	- 0,3
Braunlage	2,30	3,84	6,16	8,68	10,65	11,55	11,08	9,41	7,06	4,60	2,70	1,87
	- 1,8	- 1,1	- 1,9	4,2	10,1	15,0	17,1	14,4	10,5	7,8	2,6	- 2,9
Braunschweig	2,20	3,74	6,07	8,62	10,62	11,54	11,06	9,36	6,98	4,51	2,61	1,78
	1,7	1,0	1,5	7,1	13,4	17,8	19,8	16,4	13,4	9,7	5,8	0,2
Hamburg	1,98	3,51	5,87	8,48	10,56	11,51	11,02	9,25	6,80	4,29	2,39	1,57
	1,6	0,9	1,2	6,9	12,7	16,9	19,2	16,8	13,4	10,0	6,0	0,1
Hohenpreissenberg	2,93	4,47	6,70	9,04	10,81	11,60	11,18	9,69	7,53	5,21	3,34	2,49
	- 1,3	0,2	0,0	4,8	10,8	15,3	16,5	12,5	10,7	9,4	2,1	- 2,0
Norderney	1,97	3,50	5,85	8,47	10,55	11,51	11,01	9,24	6,79	4,28	2,37	1,56
	3,4	1,2	1,8	6,4	11,8	15,9	18,4	17,5	14,1	10,6	6,9	2,0
Trier	2,62	4,17	6,44	8,87	10,74	11,57	11,14	9,56	7,31	4,92	3,03	2,19
	3,9	2,9	4,1	8,9	14,6	20,2	21,1	18,3	14,1	11,3	6,5	0,3
Weihenstephan	2,85	4,39	6,64	9,00	10,80	11,59	11,17	9,66	7,48	5,14	3,26	2,42
	0,8	- 0,5	1,3	6,8	12,7	16,7	18,7	14,7	11,6	8,7	3,6	- 3,7
Würzburg	2,62	4,16	6,44	8,87	10,74	11,57	11,13	9,55	7,30	4,91	3,03	2,18
	2,6	0,9	3,0	8,6	14,6	19,5	21,9	18,0	13,9	10,2	5,6	- 0,6

Die Tabellenwerte wurden entnommen dem "Atlas über die Sonnenstrahlung Europas" der Kommission der Europäischen Gemeinschaften, W. Grösschen - Verlag, Dortmund 1979 und dem Jahrbuch des Deutschen Wetterdienstes, Hamburg 1976.

Tab. 2.8-3 Meteorologische Daten Bundesrepublik Deutschland

Monat	1 t°C	2 Δt_k	3 d	4 t.d	5 Heizwär- meverluste kWh/M	6 Interne Heizquell. kWh/M	7 Sonnen- strahlung Q_S kWh/M	8 Nettowär- mebedarf QM kWh/M
September			30					
Oktober			31					
November			30					
Dezember			31					
Januar			31					
Februar			28					
März			31					
April			30					
Mai			31					
Summe								

Tab. 2.8-4 Berechnung des jährlichen Heizenergiebedarfs

Erläuterung einiger Fachausdrücke

Absorber	die geschwärzte Oberfläche eines Kollektors, die die Sonnenstrahlung absorbiert und in Wärme umwandelt
Absorptionsfähigkeit	das Verhältnis von absorbierter zu einfallender Sonnenenergie
aktives System	solares Heiz- oder Kühlsystem, das für die Nutzung der Energie noch zusätzliche technische Elemente benötigt
Amplitudendämpfung	Verringerung (Dämpfung) extremer Temperaturspitzen von außen nach innen über die Speicherwirkung von Bauteilen
Atrium	Innenhof eines Einfamilienhauses
Azimut	der Winkel zwischen geographisch Süden und der senkrechten Projektion des Sonnenstandes
Bead-Wall	nichtöffenbares Kastenfenster, in dessen Hohlraum zwischen der inneren und äußeren Glasfläche Styroporkügelchen eingebracht werden können
Doppelverglasung	zweifache transparente Glas- oder Kunststoffabdeckung (Scheiben)
Energiedach	dachintegrierte Absorberfläche zur Aufnahme von Umweltenergie
Glaubersalz	chemische Verbindung ($Na_2SO_410H_2O$), ein eutektisches Salz, das bei 32°C schmilzt
Globalstrahlung	Summe aus direkter und diffuser Strahlung
Gradtag (Heizgradtag)	Produkt aus der Anzahl Z aufeinanderfolgender Tage (Heiztage), an denen geheizt wurde, und Temperaturunterschied zwischen gewünschter (vereinbarter) Innentemperatur t_i und mittlerer Wintertemperatur t_{am} (vgl. DIN 4108)
Indirektes System	solares Heiz- oder Kühlsystem, bei dem die Wärme außerhalb des Gebäudes gesammelt wird und über Kanäle oder Röhren meist unter Einsatz von Ventilatoren und Pumpen ins Gebäude geleitet wird
Kollektor	jede Art von Sonnenenergie-Sammler, der die Sonnenstrahlung in Wärme umwandelt
Kollektor, Flach-	Sonnenkollektor, der die Sonnenenergie auf einer flachen Absorberplatte in Wärme umwandelt, ohne über reflektierende Oberflächen die Strahlen zu konzentrieren
Kollektor, Flüssigkeits-	Kollektor mit einer Flüssigkeit als Wärmetransportmedium
Kollektor, konzentrierender	eine Kollektorart, die mit Hilfe reflektierender Oberflächen die Sonnenstrahlung auf eine kleine Fläche konzentriert, wo sie dann absorbiert und in Wärme umgewandelt wird

| Kollektor, Luft- | Kollektor mit Luft als Wärmetransportmedium |

Kollektor, Luft-   Kollektor mit Luft als Wärmetransportmedium

Kollektorwirkungsgrad   prozentuales Verhältnis zwischen aufgenommener Wärme eines Kollektors zur auftreffenden Sonnenstrahlung

Konvektion   die Wärmeübertragung von einem Ort zum anderen mittels Wärmeträgermedien (Flüssigkeiten, Gase)

Konvektion, "erzwungene"   die Wärmeübertragung durch Medien wie Flüssigkeiten oder Gase mit Unterstützung von Ventilatoren, Gebläsen oder Pumpen

Konvektion, "natürliche"   die natürliche Bewegung von Wärme durch ein Medium, wobei das warme Medium durch Auftrieb nach oben steigt, das kalte durch Schwerkraft sinkt

Kühlmittel   Flüssigkeit, z.B. Freon, in einem Kühlsystem, um die umgebende Wärme zu absorbieren

k-Wert   siehe Wärmedurchgangszahl

Neigungswinkel   derjenige Winkel, den die Oberfläche eines Flachkollektors mit der Horizontalen bildet

passives System   solares Heiz- oder Kühlsystem, bei dem die Sonnenenergie von der Gebäudehülle absorbiert wird und weitgehend ohne technische Hilfsmittel den Innenräumen nutzbar gemacht wird

Pufferzone   Temeperaturausgleichszone zwischen einer Zone höheren Temperaturniveaus und einer Zone niedrigeren Temperaturniveaus

Sonnenenergienutzung   direkte, entwurflich-konstruktive Maßnahme, bei der das Sonnenlicht z.B. über Fenster direkt ins Gebäudeinnere gelangt und absorbiert wird

Sonnengeometrie   geometrische Darstellung zu Bestimmung der Einstrahlungsverhältnisse auf eine Fläche. Einflußfaktoren sind die Beziehung Erde – Sonne, Neigung der Erdachse, Sonnenbahn im täglichen und jahreszeitlichen Verlauf, Sonnenhöhenwinkel und Azimut

Strahlung   Wärmeübertragung zwischen zwei Körpern über elektromagnetische Wellen, wie bei sichtbarem Licht

Strahlung, diffuse   Sonnenlicht, das von Luftmolekülen, Dunst und Wasserdampf gestreut wird

Strahlung, direkte   das an klaren Tagen von der Sonne ausgehende, schattenwerfende Licht

Strahlung, Infrarot-   elektromagnetische Strahlung von der Sonne oder einem warmen Körper, mit größerer Wellenlänge als der des sichtbaren Lichtes

Strahlung, reflektierende   auf eine freie Oberfläche auftreffende Sonnenstrahlung, die von der Umgebung (Bäume, Erdboden, Gebäude etc.) zurückgeworfen (reflektiert) wird

| thermische Masse oder Trägheit | die Tendenz von schweren Gebäudeteilen (Massen), die gleiche Temperatur zu halten oder kaum zu ändern. Auch allgemein als Wärmespeicherkapazität bezeichnet |

thermosiphonischer Prozeß — siehe Konvektion, natürliche

Treibhauseffekt — Aufheizungseffekt in einem Glashaus infolge von kurzwelliger Sonneneinstrahlung, die durch Absorption in langwellige Wärmestrahlung umgewandelt wird.

Trombe-Wand — südorientierte, dunkel getönte Speicherwand mit außenliegender Verglasung, die am Tage Wärme speichert, die phasenverschobenen Stunden später in den dahinterliegenden Raum abstrahlt. Die im Hohlraum zwischen Glas und Speicherwand gewonnene Warmluft wird über Öffnungen sofort dem hinter der Speicherwand liegenden Raum zugeführt

UV-Strahlung — ultravioletter Strahlungsbereich, elektromagnetische Strahlung im allgemeinen von der Sonne, mit kleineren Wellenlängen als denen des sichtbaren Lichts

Wärmebedarf — Grundlage für die Bemessung von Heizungsanlagen, ist von der Gebäudeeigenschaft abhängig; näheres in DIN 4701 (Wärmebedarfsrechnung)

Wärmedämmung — Material mit geringem Wärmedurchgangskoeffizienten (k-Wert) und somit hohem Wärmedurchgangswiderstand 1/k

Wärmekapazität — Quotient aus zu- und abgeführter Wärmemenge und dadurch bedingter Temperaturveränderung, vgl. DIN 1345
Einheit 1 kcal/grd, ungefähr 4,2 kJ/K
Die spezifische Wärmekapazität ist auf die Masse bezogen:
1 Kcal/kg grd ungefähr 4,2 kJ/kg K

Wärmeleitfähigkeit — das Maß für die Wärmeleitung

Wärmeleitung — die Art der Wärmeübertragung in einem Stoff durch Bewegung benachbarter Atome und Moleküle

Wärmepumpe — arbeitet nach dem Prinzip der Kompressions-Kältemaschine, jedoch wird bei der Wärmepumpe nicht Kälteleistung des Verdampfers für Kühlzwecke, sondern Wärmeleistung des Kondensators für Heizzwecke ausgenutzt

Wärmespeicher — Vorrichtung oder Medium, das absorbierte Sonnenenergie für den Bedarfsfall speichert

Wärmespeicherkapazität — Fähigkeit eines Stoffes, Wärme bei steigender Temperatur zu speichern

Wärme, spezifische — diejenige Wärmemenge, die erforderlich ist, um 1 g eines Stoffes um 1°C zu erwärmen

Wärmestrahlung — siehe Strahlung, Infrarot-

Wärmetauscher	eine Vorrichtung (beispielsweise eine Kupferrohr-spirale), die in einem Wassertank dazu dient, Wärme zweier Medien über die zwischengeschaltete Metall-oberfläche zu übertragen
Wärmetransmission	Wärmefluß zwischen zwei Körpern vom höheren zum niedrigeren Temperaturniveau durch Konvektion, Wärmeleitung, Strahlung
Wirkungsgrad, saisonaler	Verhältnis von gesammelter und benötigter Sonnen-energie zu der eingestrahlten Sonnenenergie während einer Heizperiode
Zonung	Aufteilung des Grund- und Aufrisses in Zonen mit Temperaturhierarchien - der warme Kern liegt im Zentrum, die sich daran anschließenden Bereiche sind kaskadenartig abgestuft

Literaturverzeichnis

a) zitierte Literatur

1. Gertis, K. und Hauser, G.:
   Klima-Kälte-Ingenieur 1979, Nr. 12

2. Panzhauser, E.:
   Sonnenhäuser, Nutzung der Sonnenenergie zur Raumheizung, Wien 1975

3. Berth, Keller, Scharnow:
   Wetterkunde, Berlin 1965

4. Hillmann, Nagel, Schreck:
   Klimagerechtes Bauen, Karlsruhe 1981

5. Olschowsky, G.:
   Natur und Umweltschutz in der Bundesrepublik Deutschland, Hamburg und Berlin 1981

6. Krusche, P. et al.:
   Ökologisches Bauen, Wiesbaden und Berlin 1982

7. Recknagel/Sprenger:
   Taschenbuch für Heizung und Klimatechnik, München und Wien 1981

8. Lehrbuch der Klimatechnik, Band 1, Karlsruhe 1980

9. Reidat, R.:
   Meteorologische Unterlagen für die Klimatechnik, Wärme-, Klima- und Sanitärtechnik, 1971, Nr. 8

10. Beilage zur Berliner Wetterkarte, Metereologisches Institut, FU Berlin 1975

11. Dütz, A. und Märtin, H.:
    Energie und Stadtplanung, Erich Schmidt Verlag, Berlin 1982

12. Faskel, B. und Löhnert, G.:
    Energiegerechte Bewertungsmaßstäbe, Senator für Wissenschaft und Forschung, Berlin 1980

13. Roth, V.:
    Wechselwirkungen zwischen Siedlungsstrukturen und Wärmeversorgungssystemen, BMBau, Bonn 1980

14. Nicolic, V.:
    Bau und Energie, TÜV-Rheinland, Köln 1981

15. Minke, G. und Witter, G.:
    Häuser mit grünem Pelz, Fricke-Verlag, FFM 1982

16. Hebgen, H.:
    Bauen mit der Sonne, Energieverlag, Heidelberg 1982

17. Hauser, G.:
    Wärmetechnische Beurteilung von Fenstern, Bauphysik 1979, Heft 1

18. Lorenz-Ladener, C.:
    Solargewächshäuser, Öko-Buchverlag, Grebenstein 1981

19. Kiraly, J.:
    Architektur mit der Sonne, Band 1, C.F. Müller - Verlag, Karlsruhe 1982

20. Bossel, U.:
    Kosinus-Stunden, Solartechnisches Tabellenwerk, C.F. Müller - Verlag, Karls-
    ruhe 1974

b) empfohlene Literatur

1. The Solar Home Book, 1976 Brick House Publishing Company, 3 Main Street,
   Andover, Massachusetts 01810, USA, Tel. (617)-475-9568 ($9,50 + postage)

2. Balcomb, J.D.
   Passive Solar Design Handbook, Volume 1 + 2, US Department of Energy,
   Washington D.C. 1980

3. Bardou, B. et Arzoumanian, V.:
   Archi de Soleil, editions Parentheses

4. Bundesverband Solarenergie e.V. (BSE):
   Gebrauchstauglichkeit von Sonnenheizungsanlagen April 1980 (Strahlungsbe-
   griffe)

5. Izard, J.L.:
   Archi Bio, editions Parentheses

6. Lambeth, J.:
   Solar designing, Fayetteville, Ark. 1977

7. Lebens, R.M.:
   Passive Solar Heating Design, Applied Science Publishers, Rippleside
   Commercial Estate, Barking, Essex, England. Tel.: (01)-595-2121. (016 for
   U.K., 021 for overseas, postage included)

8. Löhnert, Kirch, Widjaja:
   Klimagerechtes und energiesparendes Planen und Bauen am Beispiel von
   Geschoßwohnungsbauten, Diplomarbeit im Institut für Ausbau- und Innenraum-
   planung der Technischen Universität Berlin

9. Los, S. and Pulitzer, N.:
   L'Architettura dell'Evoluzione, Luigi Parma, Bologna, Italia

10. Lovins, A.B.:
    Sanfte Energie, Rowohlt Verlag GmbH, Reinbek 1978

11. Mazria, E.:
    Passive Solar Book, Rodal Press, Emmans, Pennsylvania, USA ($10,95 +
    postage)

12. Nyc, J.:
    Grundlagen und Aspekte des Mikroklimas von Wohnhöfen, Diplomarbeit am
    Institut für Meteorologie der Freien Universität Berlin

13. Olgyay, V.:
    Design with Climate, Princeton University Press

14. RWE Bau-Handbuch:
    Technischer Ausbau, 1981/1982, Heidelberg, Energie-Verlag GmbH

15. Sabady, P.R.:
    Solararchitektur Praxis, Zürich 1981, Helion Verlag

16. Steiger, Brunner u.a.:
    Plenar, Verlag A. Niggli AG, Niederteufen, Schweiz 1975

17. Steiger, P.:
    Architektur und Energie, Prof. Steiger, Technische Universität Darmstadt,
    Bundesrepublik Deutschland

18. Stoy, B.:
    Wunschenergie Sonne, 3. Aufl., 1982, Heidelberg, Energie-Verlag GmbH

19. Werner, H.:
    Bauphysikalische Einflüsse auf den Heizenergieverbrauch, Berlin 1980,
    Erich-Schmidt-Verlag

20. Wright, D.:
    Sonne, Natur, Architektur, Karlsruhe 1980, C.F. Müller - Verlag

Energieeinsparung im Gebäudebestand

Bodo Weidlich

INHALT

3.   Energieeinsparung im Gebäudebestand
3.1   Energieverbrauch im Gebäudebestand
3.1.1   Verteilung der Wärmeverluste nach Gebäudearten und nach Bauteilen

Der Gesamtbestand der Gebäude in der Bundesrepublik Deutschland verteilt sich
nach Gebäudearten etwa wie folgt:

- Ein-/Zweifamilienhäuser etwa 68% mit circa 43% aller Wohnungen
- Mehrfamilienhäuser   etwa 19% mit circa 51% aller Wohnungen
- Bauernhäuser   etwa 11% mit circa 6% aller Wohnungen
- Nichtwohnbauten   etwa 2%

Unter Nichtwohnbauten werden hier Krankenhäuser, Heime, Hotels, Schulen, Universitäten, Büro- und Verwaltungsgebäude, Handelsgebäude, Sportstätten, Kirchen,
Filmtheater und Theater u.ä. verstanden.

Die jeweiligen Gebäudearten haben am Endenergieverbrauch im Gebäudebestand folgenden Anteil:

- Ein-/Zweifamilienhäuser etwa 44%
- Mehrfamilienhäuser   etwa 26%
- Bauernhäuser   etwa 6%
- Nichtwohnbauten   etwa 24%

Da etwa Dreiviertel des Endenergieverbrauchs im Gebäudebestand in Wohnbauten
verbraucht werden, bietet dieser Bereich ein weites Feld für den Einsatz von
Energiesparmaßnahmen.

Laut Statistik verteilt sich der Endenergieverbrauch im Durchschnitt aller Haushalte (hierunter fallen die Wohnbauten) auf

- Haushaltsgeräte und Licht mit etwa 8%
- Kochen   mit etwa 2%
- Warmwasserbereitung   mit etwa 10%
- Heizung   mit etwa 80%.

Der Energiebedarf für Heizung wird durch die Transmissions- und Lüftungswärmeverluste der Gebäude bestimmt. Transmissionswärmeverluste entstehen im wesentlichen an den Außenbauteilen Außenwand, Dach, Fenster und Kellerdecken. Lüftungswärmeverluste entstehen an den Fugen der Fenster und Türen und durch die Belüftung der Wohnungen.

Je nach Gebäudeart sind die anteiligen Wärmeverluste stark unterschiedlich
/Abb. 3 - 1/, wodurch ersichtlich wird, daß Einsparstrategien nicht generell
formuliert werden können, sondern sich an den Spezifika der Gebäudeart orientieren müssen.

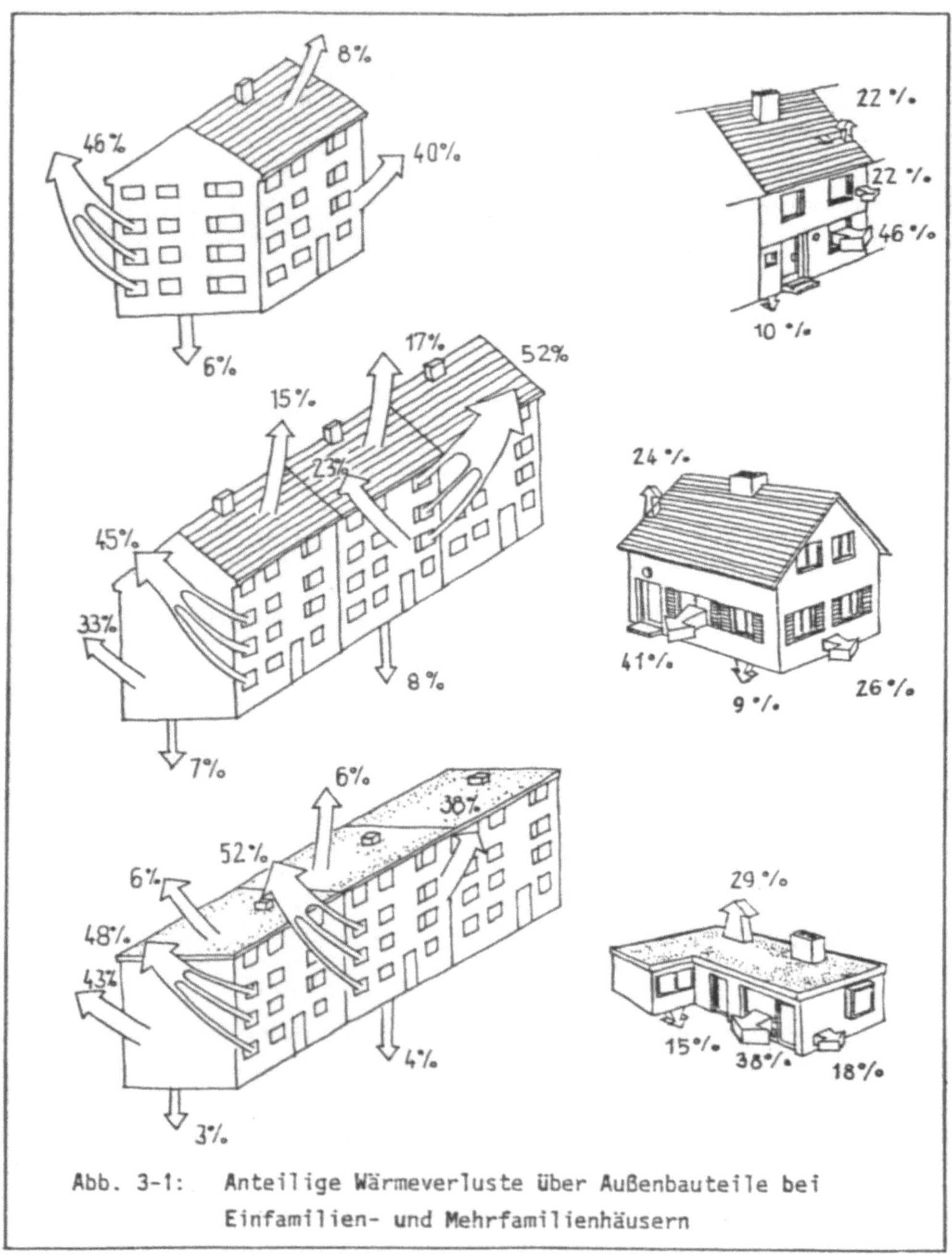

Abb. 3-1:   Anteilige Wärmeverluste über Außenbauteile bei
             Einfamilien- und Mehrfamilienhäusern

3.1.2 Energiesparpotentiale im Gebäudebestand

Zu den energiesparenden Maßnahmen, die speziell im Gebäudebestand ergriffen
werden können, gehören insbesondere bautechnische, heizungs-und regelungstechnische Maßnahmen. Durch bautechnische Maßnahmen lassen sich in Wohngebäuden etwa
50% und in Nicht-Wohnbauten etwa 30% einsparen. Die technisch realisierbare
Energieeinsparung durch heizungstechnische Maßnahmen beträgt je nach Heizungs-
bzw. Lüftungs- und Klimasystem zwischen 5% und 30%. Faßt man die bautechnischen
und heizungstechnischen Maßnahmen zusammen, so läßt sich abschätzen, daß in den
bestehenden Wohnbauten zwischen 55% und 60% und in den bestehenden Nicht-
Wohnbauten zwischen 40% und 45% des Endenergieverbrauchs eingespart werden können.

Es muß allerdings betont werden, daß die angegebenen Einsparpotentiale auf der
Durchführung aller technisch möglichen Energiesparmaßnahmen in vollem Umfang
beruhen. Dieses Potential wird sich nur begrenzt erschließen lassen, weil

- viele der Energiesparmaßnahmen bei heutigen Energiepreisen nicht wirtschaftlich sind,
- die Entscheidung über die Durchführung von Energiesparmaßnahmen auf eine hohe
  Zahl von Entscheidungsträgern (Bewohner, Bauherren, Betriebe, öffentliche
  Verwaltungen) verteilt ist.

Unter Berücksichtigung dieser Restriktionen weisen neue Schätzungen das reali-
stisch erschließbare Energiesparpotential im Gebäudebestand in einer Größenordnung zwischen 35% und 45% aus.

3.2 Baukonstruktive und bauphysikalische Probleme der bautechnischen Maßnahmen zur Energieeinsparung

Die Außenhaut eines Gebäudes muß ein recht umfangreiches Bündel von Anforderungen erfüllen: neben der rein statisch-konstruktiven Funktion müssen beispielsweise der Witterungsschutz, der Sichtschutz, der Brandschutz, und der Schallschutz gewährleistet sein. Die aus der Sicht des Energieverbrauchs entscheidenden Anforderungen sind die des Wärmeschutzes und der Wärmespeicherung. Entsprechend der Komplexität der Anforderungen an die Gebäudeaußenhaut ist die Komplexität der bauphysikalischen Vorgänge im Bauteil selbst. In Abhängigkeit von dem
konstruktiven Aufbau, den Materialeigenschaften und den klimatischen Verhältnissen auf beiden Seiten des Bauteils ergeben sich sehr unterschiedliche Temperaturverläufe im Bauteil und Wärme- und Feuchteströme durch das Bauteil. Bei
richtiger Konstruktion und Materialwahl können Außenbauteile die an sie gestellten Anforderungen durchaus erfüllen, ohne daß Bauschäden auftreten.

Allerdings hat sich gezeigt, daß im Zusammenhang mit den in den letzten zehn
Jahren stark gestiegenen Anforderungen an einen verbesserten Wärmeschutz neuar-
tige Konstruktionen erforderlich wurden und neue - stark dämmende - Materialien
zum Einsatz kamen. Unzureichende baukonstruktive und bauphysikalische Betrachtungen der "neuartigen Konstruktionen" führten sowohl bei Neubauten als auch bei
der Sanierung von Altbauten zu unerwarteten Funktionsmängeln, die sich teilweise
in schweren Bauschäden niederschlugen. Hauptursachen waren einerseits ungenügen-
de Kenntnisse über die Eigenschaften und Langzeitbewährung neuer Materialien und
andererseits die unzureichende Berücksichtigung der Wärme- und Dampfdiffusions-
ströme im Bauteil in ihrer Wechselwirkung. Materialschäden zum einen und Tauwasserniederschlag auf dem Bauteil oder im Bauteilinneren zum anderen waren die
schädlichen Folgen.

Ein besonderer Problemkreis tritt bei der nachträglichen Verbesserung des Wärmeschutzes von bestehenden Gebäuden auf. Einzelne, bisher einwandfrei funktionie-
rende Gebäude weisen nach Durchführung von Wärmeschutzmaßnahmen urplötzlich
vorher nie beobachtete Feuchtigkeitsschäden auf. Insbesondere nach Fenstermodernisierungen oder der Durchführung von Innendämmungen traten Bauschäden auf. Das
bisher vorhandene bauphysikalische Gleichgewicht des Gebäudes wurde durch die
Verbesserungsmaßnahme dann gestört, wenn die bauphysikalischen Vorgänge außer
acht gelassen wurden. Ein typisches Beispiel ist die Fenstererneuerung als Ein-
zelmaßnahme: im Bestreben um Energieeinsparung und Komfortverbesserung werden
neue Fenster mit einem k-Wert von etwa 3,0 W/m^{2}K (statt früher etwa 5,0 W/m^{2}K)
und fast gänzlich dichten Fugen eingebaut; die positive Folge ist, daß die
Transmissions- und Lüftungswärmeverluste deutlich gesenkt werden. Die negative
Folge ist aber, daß aufgrund der weggefallenen natürlichen Lüftung durch die
Fensterfugen und der nicht mehr auftretenden Kondensation an der Glasscheibe die
relative Luftfeuchte im Raum stark ansteigt. Die schädliche Folge davon ist oft,
daß plötzlich Tauwasserniederschlag an relativ kühlen Innenoberflächen der Au-
ßenwände/Decken auftritt; dort, wo vorher nie Schäden beobachtet wurden.

Bei nachträglich angebrachten Innendämmungen treten plötzlich Feuchteschäden an
Wärmebrücken auf, die vorher nicht gegeben waren. Die Anbringung von innenseitigen Wärmedämmungen an massiven Außenwänden verhindert zudem die Ausnutzung der
Wärmespeicherfähigkeit dieser Bauteile zum Ausgleich auftretender Raumtemperaturschwankungen. Insbesondere die in sommerlichen Hitzeperioden erwünschte Speicherung der "Nachtkühle" lange in den Tag hinein entfällt und ein unbehagliches
Raumklima ("Baracken-Klima") stellt sich manchmal ein.

Die für die Auslegung von Bauteilen unter den Gesichtspunkten des Wärmeschutzes,
des Feuchteschutzes und der Wärmespeicherung erforderlichen "Bauphysikalischen
Grundlagen" sind als eigenständiges Kapitel aufgeführt. Eine Interpretation

dieser Grundlagen und ihre Umsetzung in baupraktischer Hinsicht im Gebäudebestand enthalten die beiden nachfolgenden Abschnitte.

Die Aspekte eines behaglichen Raumklimas werden in Abschnitt 2.2 ausführlich behandelt. Im Rahmen dieses Kapitels sollen deshalb nur jene Behaglichkeitsanforderungen kurz angesprochen werden, die für die baukonstruktive und bauphysikalische Ausprägung von Bauteilen und Baumaterialien von Bedeutung sind. Die Anforderungen, die aus der thermischen Behaglichkeit resultieren, wirken sich am stärksten auf den Energieeinsatz in Gebäuden und die Wahl von Baukonstruktionen und Materialien aus; sie sind daher der eigentliche Betrachtungsgegenstand dieses Kapitels.

Thermische Behaglichkeit ist von einer Vielzahl einzelner Faktoren wie der Wärmeproduktion und dem Wärmehaushalt des Menschen, der Temperatur der Raumluft, der Temperatur der Umgebungsflächen, der Luftfeuchtigkeit, der Raumluftbewegung und der Kleidung abhängig.

Da die genannten Faktoren von Mensch zu Mensch sehr unterschiedlich ausgeprägt sind und sich gegenseitig beeinflussen, liegt es auf der Hand, daß es eine eng gefaßte Definition für thermische Behaglichkeit, einen quantitativ eng formulierten Normalzustand, nicht geben kann. In wissenschaftlichen Untersuchungen wurden deshalb Behaglichkeitsfelder definiert, die die Bandbreiten angeben, innerhalb derer sich die Mehrzahl der Menschen wohlfühlen.

Der menschliche Körper befindet sich in einem ständigen Wärmeaustausch mit seiner Umgebung. In Abhängigkeit von der Betätigung kann die Wärmeabgabe des Menschen zwischen 80 W und circa 600 - 700 W betragen. Der Wärmeaustausch mit der Umgebung kann durch Wärmekonvektion, Wärmestrahlung, Verdunstung und Atmung erfolgen.

Für den Wärmeaustausch durch Konvektion ist die Temperatur der Raumluft entscheidend, wohingegen für den Wärmeaustausch durch Strahlung die Oberflächentemperatur der Raumumschließungsflächen von Bedeutung ist. Bei kalten Raumumschließungsflächen, z.B. Einfachfenstern oder schlecht wärmegedämmten Außenwänden und Decken ergibt sich eine starke Abstrahlung vom Körper zu diesen Flächen. Bei der starken Abstrahlung sinkt die Hauttemperatur, das Raumklima wird als unbehaglich empfunden. Diesem kann in begrenztem Maße durch Erhöhung der Raumlufttemperatur entgegengewirkt werden.

Das in Abschnitt 2.2 dargestellte Behaglichkeitsfeld belegt, daß innerhalb bestimmter Bereiche durch Anhebung der mittleren Wandtemperatur eine Absenkung der

Raumlufttemperatur möglich ist, ohne daß dies zu einem Verlust an thermischer
Behaglichkeit führt. Durch eine wirksame Ausbildung der Wärmedämmung von Raum-
schließungsflächen kann eine so hohe Oberflächentemperatur erzielt werden, daß
auf eine ansonsten erforderliche starke Aufheizung der Raumlufttemperatur verzichtet werden kann; dies kann zu erheblichen Energieeinsparungen führen.

Es ist deshalb von Fall zu Fall zu prüfen, ob eine Erhöhung der Wärmedämmung
über das nach der Wärmeschutzverordnung und/oder der DIN 4108 geforderte Min-
destmaß hinaus auch aus diesen Gesichtspunkten heraus sinnvoll ist.

3.2.1   Wärmedämmung von Bauteilen
3.2.1.1   Baulicher Wärmeschutz

Der Wärmeschutz von Gebäuden wird gegenwärtig hauptsächlich mit der Zielsetzung
der Energieeinsparung in Gebäuden'gleichgesetzt. Die eigentlichen Aufgaben des
Wärmeschutzes sind allerdings umfassender und betreffen vier Bereiche:

1. Wärmeschutz zur Sicherung der Wohnbehaglichkeit. Hierbei handelt es sich um
   physiologische Anforderungen, die die Konstruktion der Außenbauteile betreffen.

2. Wärmeschutz zur Verringerung schädlicher Kondenswasserbildung - eine bauphysikalische Anforderung zur Ausprägung der Außenbauteile

3. Wärmeschutz zur Verringerung temperaturbedingter Formänderungen auf ein un-
   schädliches Maß. Dies ist eine bautechnische Anforderung in bezug auf die
   Sicherheit der Gebäudekonstruktion.

4. Wärmeschutz zur Verringerung des Energieverbrauches und der Heizkosten auf
   ein wirtschaftlich vertretbares Maß - eine ökonomische Forderung

Baulicher Wärmeschutz muß auch unterschieden werden nach

- Maßnahmen für den winterlichen Wärmeschutz, d.h. Vermeidung von Wärmeverlusten
  von beheizten Gebäuden, und
- Maßnahmen des sommerlichen Wärmeschutzes, d.h. Vermeidung von übermäßiger
  Aufheizung oder Überheizung von Gebäuden durch sommerliche Sonneneinstrahlung;
  damit möglichst auch Vermeidung des Einsatzes von energieverbrauchenden Anlagen und Geräten zur Kühlung der Gebäude.

Die Wärmeverluste eines Gebäudes in der Heizperiode werden durch die starken
Temperaturunterschiede zwischen der Außenluft und der Innenraumluft bewirkt. Je

nach den Nutzungsanforderungen und den klimatischen Standortbedingungen sind diese Temperaturdifferenzen von Fall zu Fall unterschiedlich.

Die Wärmeverluste setzen sich zusammen aus

- Transmissionswärmeverlusten, bedingt durch den Wärmedurchgang durch die Gebäudehülle,
- Lüftungswärmeverlusten, bedingt durch den Luftaustausch durch Fugenundichtigkeiten, hauptsächlich an Fenstern und Türen,
- Luftwechselwärmeverlusten, bedingt durch den aus hygienischen Gründen erforderlichen Raumluftwechsel.

Unter dem Begriff Wärmedämmung werden in diesem Abschnitt eng gefaßt nur die Transmissionswärmeverluste, d.h. der Wärmedurchgang durch Außenbauteile verstanden.

Der Wärmedurchlaß eines Bauteils resultiert aus der Wärmeleitfähigkeit der eingesetzten Baustoffe und den Schichtdicken. Die Verbesserung der Wärmedämmung kann deshalb bei Neubauten grundsätzlich auf zwei Wegen erfolgen:

- Vergrößerung der Schichtdicke - hier sind allerdings bei "klassischen" homogenen Baumaterialien mit einer relativ hohen Wärmeleitfähigkeit (Mauerwerk, Beton ...) aus geometrischen und konstruktiven Gründen Grenzen gesetzt. Dies gilt auch für die besser wärmedämmenden Leichtziegel und Leichtbetonbauteile, kommen diese bei den heutigen Wärmeschutzanforderungen doch leicht auf Mauerdicken von ca. 40 - 50 cm.
- Einsatz von Baumaterialien mit geringer Wärmeleitfähigkeit - hieraus resultiert meistens die Forderung nach einen mehrschichtigen Bauteilaufbau: die Trennung des Bauteils in tragende, dämmende und wetterschützende Schichten.

Bei der Verbesserung des Wärmeschutzes von bestehenden Gebäuden bleibt in der Regel nur die Möglichkeit, eine zusätzliche Schicht mit hoher Wärmedämmfähigkeit anzubringen.

Besondere Bedeutung hat bei mehrschichtigen Bauteilen (seien es Dächer, Außenwände oder Kellerdecken) stets die Lage der Dämmschichten im Bauteil. Grundsätzlich kann eine Innendämmung oder eine Außendämmung vorgenommen werden, bei Außenwänden besteht auch die Möglichkeit der in der Mitte des Bauteils liegenden Kerndämmung und der das Bauteil innen und außen umschließenden Manteldämmung.

Die Lage der Dämmschicht bestimmt den Temperaturverlauf im Bauteil /s. Abschnitt 1.5/ wesentlich und hat starken Einfluß auf den Dampfdiffusionsstrom durch das Bauteil und auf die Lage des Taupunktes.

Zu beachten sind zwei Faustregeln für mehrschichtige Bauteile:

1. Der Wärmedurchlaßwiderstand der Schichten soll von innen nach außen zunehmen.
2. Der Dampfdiffusionswiderstand der Schichten soll von innen nach außen abnehmen.

Für Wärmeschutzmaßnahmen an bestehenden Gebäuden folgt daraus eine weitere Faustregel:

- Außendämmung ist bauphysikalisch sicher, jedoch in der Regel teuer,
- Innendämmung ist bauphysikalisch und baukonstruktiv problematisch, jedoch in der Regel billiger.

Detaillierte Einschätzungen der möglichen Verbesserungsmaßnahmen werden in /Abschnitt 3.3/ gegeben.

3.2.1.2   Auswirkungen des Temperaturverlaufs im Bauteil

Besondere Bedeutung gewinnt der Temperaturverlauf im Bauteil in Verbindung mit der Wasserdampfdiffusion, Abschnitt 1.6. Zwar ist für die schädliche Kondenswasserbildung auf Bauteiloberflächen bei gleichem Wärmedurchlaßwiderstand die Folge der einzelnen Bauteilschichten ohne Bedeutung; die Feuchtigkeitsbildung im Bauteil hingegen wird begünstigt oder verhindert. Feuchtigkeit im Bauteilinneren kann zur Zerstörung des Bauteils führen, mit Sicherheit aber wird die Wärmedämmeigenschaft stark vermindert.

Der Temperaturverlauf im Bauteil ist ebenfalls wichtig in bezug auf Temperaturverformungen des Bauteils, wobei hier die Längenänderung aufgrund zeitlich unterschiedlicher Außentemperaturen im Vordergrund steht /Abb. 3 - 2/.

Infolge der starken Temperaturdifferenz zwischen Sommer und Winter treten Verformungen an Bauteilen auf, die um so stärker sind, je ungeschützter die tragenden Bauteilschichten den Außentemperaturen ausgesetzt sind. Bei relativ konstanten Innentemperaturen verformt sich ein Bauteil mit innenliegender Dämmschicht stärker als bei außenliegender Dämmschicht /Abb. 3 - 3/. Werden diese Verformungen konstruktiv behindert, so entstehen Kräfte im Bauteil, die zu partiellen Bauwerkzerstörungen führen können.

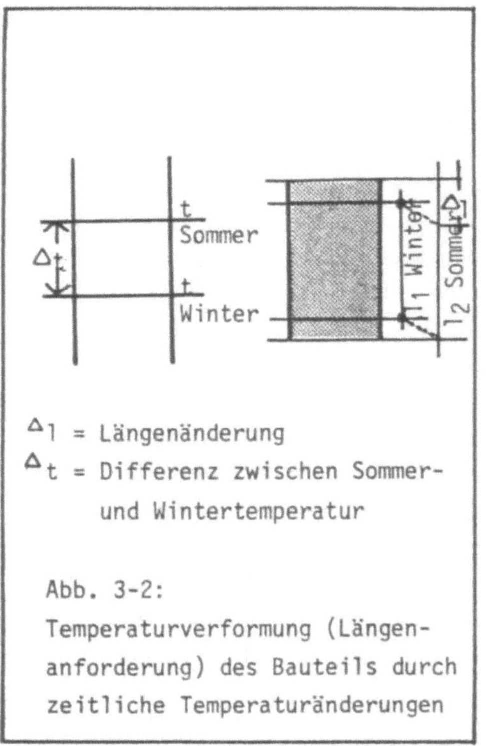

Δl = Längenänderung
Δt = Differenz zwischen Sommer-
und Wintertemperatur

Abb. 3-2:
Temperaturverformung (Längen-
anforderung) des Bauteils durch
zeitliche Temperaturänderungen

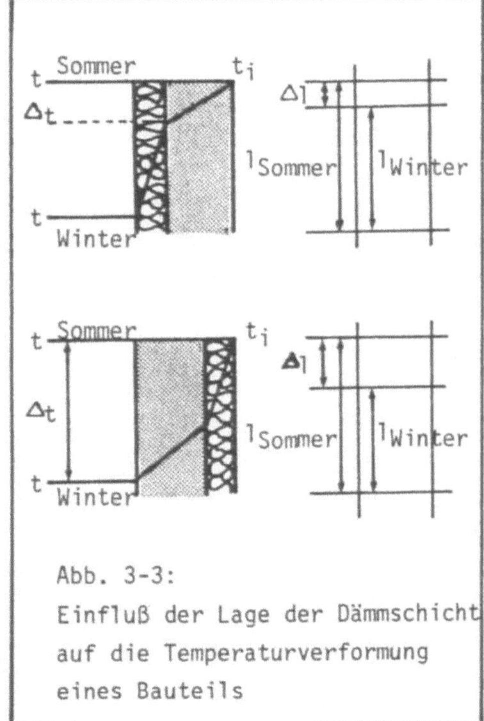

Abb. 3-3:
Einfluß der Lage der Dämmschicht
auf die Temperaturverformung
eines Bauteils

3.2.1.3 Baulicher Feuchteschutz

Kondenswasserbildung an der Bauteiloberfläche (Tauwasserbildung)

Ein häufig zu beobachtender Bauschaden ist die Tauwasserbildung auf der Innenseite von Außenbauteilen beheizter Räume. Neben der reinen Durchfeuchtung der
Bekleidungsmaterialien tritt oft Schimmel- und Pilzbefall auf, gut erkennbar als
schwarze Flecken auf der Innenwand.

Es gibt hierfür im wesentlichen drei Ursachen:

1. Die Wärmedämmung des Bauteils ist zu gering.
2. Die Luftfeuchtigkeit des Raumes ist zu hoch.
3. Das Anheizen des Raumes erfolgt "zu schnell".

Die Oberflächentemperatur eines Bauteils wird durch die Lufttemperatur zu beiden
Seiten des Bauteils und seine Wärmedämmung bestimmt /Abschnitt 1.3 und 1.5/.
Wenn aufgrund unzureichender Wärmedämmung des Bauteils die Oberflächentemperatur innen unter den Taupunkt der Raumluft absinkt, so schlägt sich an diesen
"kalten Stellen" Tauwasser nieder. Besonders häufig wird dieser Effekt an Ge-

bäude-Außenecken und an Wärmebrücken beobachtet. Obwohl Bauteile den Mindestanforderungen nach DIN 4108 genügen oder sogar einen höheren Dämmwert aufweisen
können, treten an den Eckverbindungen Tauwasserniederschläge auf; dies, weil in
den Eckbereichen die Wärmedurchgänge höher sind als in den ungestörten ebenen
Flächen. So hat beispielsweise eine Außenwand mit einem Mindestdämmwert nach
DIN 4108 von k = 1.39 W/m^{2}K eine Oberflächentemperatur von circa 15°C, eine
Gebäudeaußenecke dieser Wand jedoch nur von 9 - 10°C. Bei einer Raumlufttemperatur von 20°C und einer relativen Luftfeuchtigkeit von 60% fallen an dieser
Stelle etwa 30 g Tauwasser je Quadratmeter und Stunde an.

Häufig tritt Tauwasserbildung hinter Einbaumöbeln oder Schränken auf, die dicht
an Außenwänden aufgestellt sind. Die Erklärung hierfür ist eigentlich einfach,
dennoch wird der Fehler oft wiederholt. Das Möbelstück wirkt wie eine zusätzliche, starke Innendämmung der Außenwand. Der Temperaturverlauf durch das Möbelstück und die Wand verändert sich derart, daß der größte Temperaturabfall innerhalb des Möbels stattfindet, so daß auf der Wandoberfläche sehr niedrige Temperaturen (z.B. - 3°C bis + 5°C) auftreten. Der Taupunkt verlagert sich dadurch
auf die Wand oder sogar in das Möbelstück, begleitet von Schimmelbildung und
Durchfeuchtung der aufbewahrten Gegenstände.

Der einfachste Weg, dies zu verhindern, besteht darin, die Möbelstücke so aufzu-
stellen, daß ihr Abstand zur Außenwand eine möglichst gute Umlüftung mit warmer
Raumluft zuläßt und die Innenoberflächentemperatur der Außenwand über das Tau-
punktniveau ansteigen kann.

Tauwasserbildung kann (selbst bei guter Wärmedämmung) auftreten, wenn die Luftfeuchtigkeit in Räumen übermäßig hoch ist. In kleineren Bädern und Küchen ist
dies häufig der Fall, aber auch stark belegte Schlafräume und sogar Wohnzimmer
sind davon betroffen. Die einfachste Problemlösung ist hier, durch ausreichende
natürliche und mechanische Lüftung die Raumluft mit der zu hohen Feuchtigkeit zu
entfernen. Ältere Fenster mit relativ undichten Fensterfugen gewährleisten häufig einen in der Regel ausreichenden Luftwechsel - verbunden allerdings mit den
unerwünschten Lüftungswärmeverlusten. Das Bestreben nach Energieeinsparung hat
zu immer besser schließenden und fast gänzlich luftdichten Fenstern geführt. Im
Grenzfall wird durch das dichte Fenster, verbunden mit falschem Lüftungsverhalten der Bewohner, der Luftaustausch so verringert, daß ein zur Vermeidung von
Tauwasserbildung ausreichender Luftwechsel nicht mehr gesichert ist - Bauschäden
sind die Folge.

Räume, die während der Heizperiode länger unbeheizt bleiben, kühlen auch in den
raumumschließenden Bauteilen aus. Werden diese Räume wieder beheizt, so steigt
normalerweise die Lufttemperatur relativ schnell an, während die Wände und Dek-

ken (besonders bei speicherfähigem Baumaterial) sich nur langsam erwärmen. In
dieser Zeitspanne - der Anheizphase - kann es passieren, daß die Oberflächentemperatur der Bauteile unter der Taupunkttemperatur der Raumluft bleibt. Die sich
ergebende Tauwasserbildung kann dann als unbedenklich angesehen werden, wenn

- das Oberflächenmaterial der Decken und Wände die Feuchtigkeit aufnehmen kann,
  ohne daß sich Tropfen bilden (und die Feuchtigkeit nach Erwärmung des Raumes
  wieder an diesen abgibt),
- die Wärmedämmung der Bauteile so ausgelegt ist, daß während des dauernden
  Heizungsbetriebes keine Tauwasserbildung mehr auftritt.

Kondenswasserbildung im Bauteil

Bei unterschiedlichen Klimazuständen (Temperatur und Feuchte) zu beiden Seiten
eines Bauteils findet /Abschnitt 1.6/ ein Wärmedurchgang durch das Bauteil von
"warm nach kalt" statt, und es diffundiert Wasserdampf von der warmen zur kalten
Seite oder von der feuchten zur trockenen. Dabei ist es möglich, daß sich an
bestimmten Stellen innerhalb des Bauteils eine Temperatur ergibt, die unterhalb
der Taupunkt-Temperatur liegt. Gelangt durch Diffusion Wasserdampf an diese
Stelle, so kann dieser sich dort zum Teil als Kondenswasser (Tauwasser) nieder-
schlagen. Physikalisch gesehen tritt Kondensation im Bauteil dann ein, wenn der
Dampfteildruck (auch Partialdruck) den Sättigungsdruck erreicht /Abb. 3 - 4/.

Kondensation wird also vermieden, wenn die Dampf(teil-)drücke an jeder Stelle
des Bauteils niedriger sind als der dortige Sättigungsdruck. Da der Sättigungsdampfdruck eine Funktion der Temperatur ist, spielen der Temperaturverlauf im
Bauteil und damit bei mehrschichtigen Bauteilen auch die Schichtenfolge eine
wichtige Rolle.

Als Faustformel für die einwandfreie Konstruktion mehrschichtiger Außenbauteile
gilt:

- Der Wärmedämmwert der einzelnen Schichten sollte nach außen zunehmen
  (konkret: Wärmedämmschicht auf der Außenseite!).
- Der Diffusionswiderstand hingegen sollte nach außen abnehmen
  (konkret: gegebenenfalls notwendige Dampfsperren auf die Innenseite!).

Wenn nämlich die weniger dampfdurchlässige Schicht auf der wärmeren Seite der
Konstruktion liegt, kann an dieser Stelle auch nur relativ wenig Wasserdampf in
das Bauteil eindringen, der im Innern dann auf dampfdurchlässigere Schichten
trifft, die eine rasche Dampfdiffusion ermöglichen.

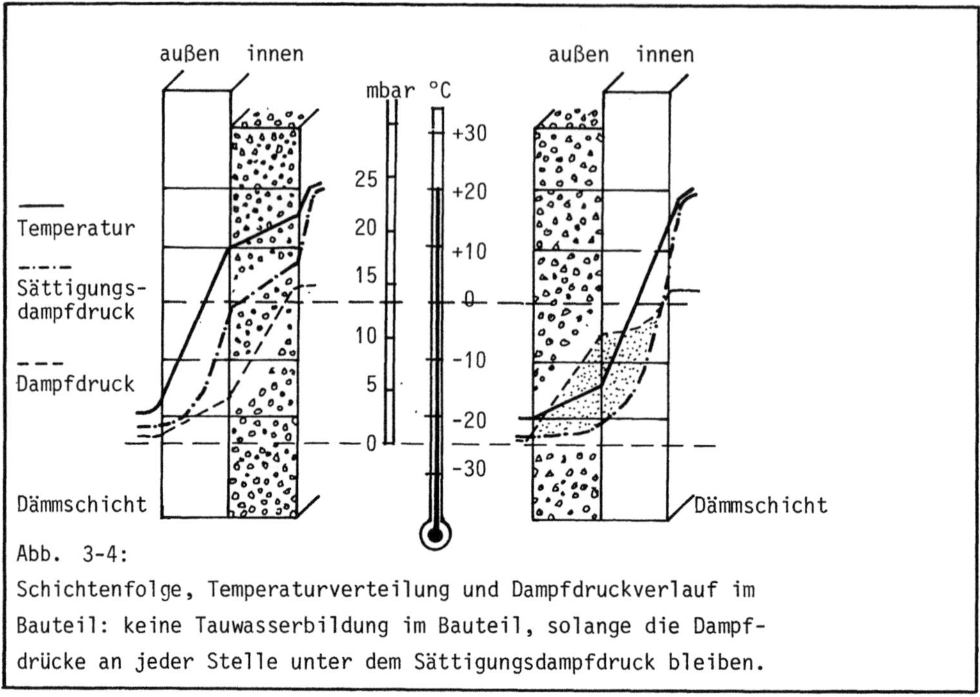

Abb. 3-4:
Schichtenfolge, Temperaturverteilung und Dampfdruckverlauf im
Bauteil: keine Tauwasserbildung im Bauteil, solange die Dampf-
drücke an jeder Stelle unter dem Sättigungsdampfdruck bleiben.

Tauwasserbildung in Bauteilen ist dann unschädlich, wenn durch Erhöhung des
Feuchtegehaltes der Bau- und Dämmstoffe der Wärmeschutz und die Standsicherheit
der Bauteile nicht gefährdet werden. Die dafür erforderlichen Voraussetzungen
formuliert die DIN 4108, "Wärmeschutz im Hochbau". Die wichtigsten Forderungen
sind:

- Das während der Tauperiode (Winter) im Bauteil anfallende Wasser muß während
  der Verdunstungsperiode wieder an die Umgebung abgegeben werden.
- Die Baustoffe dürfen durch Tauwasser nicht geschädigt werden, z.B. durch Pilzbefall oder Korrosion.
- Bei Dach- und Wandkonstruktionen darf die auftretende Tauwassermenge 1 kg
  pro Quadratmeter nicht überschreiten.

Aus funktionalen und konstruktiven Gründen kann es notwendig sein, Bauteile
gegen Durchfeuchtung durch eindringenden Wasserdampf mit einer Dampfbremse (nur
geringe Dampfdiffusion möglich) zu schützen. Wenn sich beispielsweise bei Außenwänden dampfbremsende Verkleidungen (wie Kunststoffputze, Keramikplatten, Glas-
platten) nicht vermeiden lassen, ist es notwendig, auf der Innenseite der Außenwand Schichten vorzusehen, deren Diffusionswiderstand noch höher ist, am besten
spezielle Metallfolien als Dampfsperren.

3.2.2   Wärmebrücken

Wärmebrücken sind Stellen in der Gebäudeaußenhaut, die entweder materialbedingt
oder konstruktionsbedingt dem Wärmedurchgang weniger Widerstand entgegensetzen
als die anderen Flächen. Der Wärmedurchgangskoeffizient k ist an diesen Stellen
höher und aufgrund des stärkeren Wärmestroms ergeben sich im Winter dort auf der
Innenseite des Bauteils niedrigere Oberflächentemperaturen. Damit sind Wärmebrücken kritische Stellen für Tauwasserbildung und die dadurch hervorgerufenen
Kondensationsschäden. Daneben führen Wärmebrücken auch zu einer Erhöhung der
Transmissionswärmeverluste, die dann signifikante Größenordnungen annehmen können, wenn Wärmebrücken größeren Ausmaßes auftreten - bedingt durch z.B. das
gewählte Konstruktionssystem (auskragende Balkonplatten oder Heizkörpernischen
in Brüstungsbereichen). Einige typische Beispiele für Wärmebrücken zeigt
/Abb. 3 - 5/.

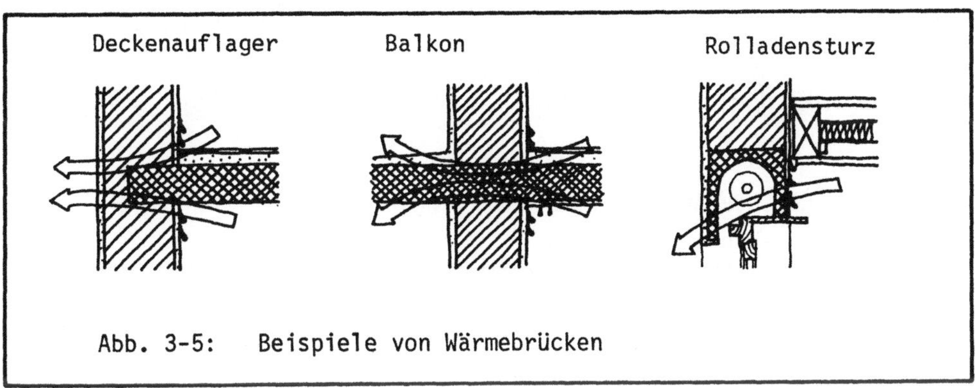

Abb. 3-5:   Beispiele von Wärmebrücken

Den Wärmeschutz im Bereich von Wärmebrücken regelt ebenfalls die DIN 4108,
Teil 2, Abschnitt 5.4: "Für den Bereich der Wärmebrücken sind die Anforderungen
der Tabelle 1 (Mindestwerte der Wärmedurchlaßwiderstände 1/Λ und Maximalwerte
der Wärmedurchgangskoeffizienten k von Bauteilen) einzuhalten, wobei teilweise
für die ungünstige Stelle geringere Anforderungen angegeben werden. Ecken von
Außenbauteilen mit gleichartigem Aufbau sind nicht als Wärmebrücken zu behan-
deln. Bei anderen Ecken von Außenbauteilen ist der Wärmeschutz durch konstruktive Maßnahmen zu verbessern". Mit diesen Anforderungen stellt die DIN 4108 die
Wärmebrücken in Außenwänden der übrigen Wandfläche gleich, lediglich für Wärmebrücken in Decken zu Außenräumen werden an den Wärmeschutz teilweise geringere
Anforderungen gestellt.

Zu wenig Beachtung schenkt die DIN 4108 den Ecken von Außenbauteilen gleicharti-
gen Aufbaus, die gemäß Norm nicht als Wärmebrücken zu betrachten sind. In Außen-
ecken sind nämlich die Temperaturverhältnisse anders als beim Wärmedurchgang
durch ebene Flächen. Durch die Verzerrung des Temperaturfeldes und der Wärme-

ströme ergeben sich an der Innenseite im Winter Oberflächentemperaturen in der
Raumecke, die um 35% bis 50% unter denen der ebenen Wand liegen.

Bei einer Wand, die gemäß den Mindestanforderungen der DIN 4108 einen Wärmedurchlaßwiderstand von 0.55 m^{2}K/W aufweist, stellt sich bei einer Raumtemperatur
von 20°C und einer Außentemperatur von - 15°C eine Oberflächentemperatur in der
Ecke von circa 8°C bis 9°C ein. Schon bei einer relativen Feuchte der Raumluft
von 45% würde sich an diesen Stellen Tauwasser bilden /s. Abb. 3 - 6/. Erst ein
deutliches Überschreiten der DIN-Forderungen führt hier zu befriedigenden Lösungen. Dies kann durch Teildämmung des Eckbereiches, besser aber durch eine durch-
gehend verbesserte Wärmedämmung erreicht werden.

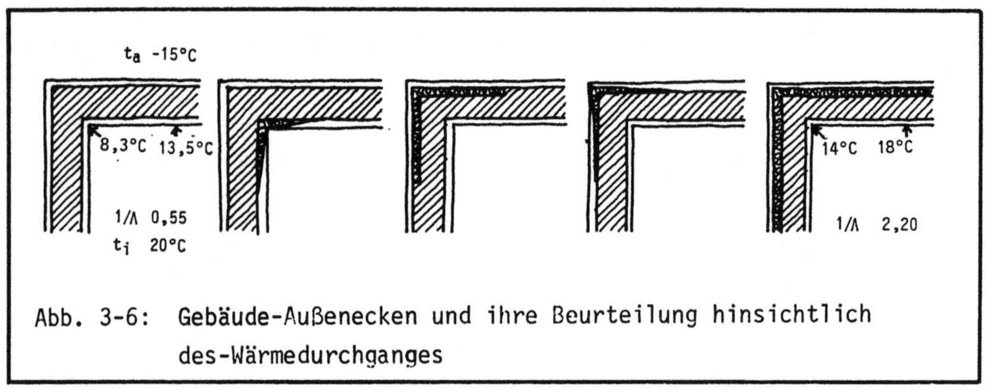

Abb. 3-6:   Gebäude-Außenecken und ihre Beurteilung hinsichtlich
            des-Wärmedurchganges

3.2.2.1   Tauwasserbildung an Wärmebrücken

Gerade im Bemühen um Energieeinsparung durch verstärkte Wärmedämmung und dichte
Fenster kommt der sorgfältigen Behandlung von Wärmebrücken verstärkte Bedeutung
zu. Stärkere Wärmedämmung führt schnell zu höheren Raumtemperaturen, besonders
wenn die Heizungsregelung in einem Gebäude nicht feinfühlig arbeitet. Warme
Raumluft kann relativ viel Wasserdampf aufnehmen. Die zur Reduzierung der Lüftungswärmeverluste immer dichter schließenden Fenster mit Isolierverglasung
beschränken den natürlichen Luftwechsel und reduzieren die früher vorhandene
Wasserdampfkondensation an der Glasscheibe. Insgesamt kann in dieser Situation
das Raumklima sehr warm und feucht werden, so daß sich sogar an Wärmebrücken mit
relativ hohen Oberflächentemperaturen schnell Tauwasser bilden kann. Nur durch
richtiges Lüftungsverhalten der Bewohner kann dieser Effekt vermieden werden und
zugleich die gewünschte Energieeinsparung erzielt werden. Durch Mangel an Information und Aufklärung verhalten sich aber viele Bewohner falsch, so daß gerade
in letzter Zeit immer häufiger über Durchfeuchtungsprobleme und Bauschäden be-
richtet wird.

3.2.2.2   Vermeidung von Wärmebrücken

Bei der nachträglichen Wärmedämmung von Gebäuden besteht einerseits die Gefahr,
Wärmebrücken neu zu schaffen, andererseits die Möglichkeit, vorhandene Wärmebrücken zu beseitigen. So führt beispielsweise die Innendämmung von Außenwänden
fast immer zu neuen, bisher in der Form nicht vorhandenen Wärmebrücken, da die
in der Außenwand gelagerten Geschoßdecken die Dämmschicht jeweils unterbrechen.
Gleiches gilt für Balkonplatten. In solchen Fällen muß versucht werden, die
Wärmebrücke durch eine innenseitig unter der Geschoßdecke angebrachte Dämmplatte
zu vermeiden. Eine außenseitig angebrachte durchgehende Wärmedämmschicht, die
auch auskragende Bauteile umschließt, beseitigt bisher gegebenenfalls vorhandene
Wärmebrücken. Der früher relativ hohe Wärmestrom durch diese Wärmebrücken wird
stark reduziert, da sich durch die außenliegende Dämmschicht der Temperaturverlauf im Bauteil stark verändert. Die früher kalte Außenseite liegt nun im "warmen Bereich" und die Temperaturdifferenz von hier zum Innenraum beträgt nur noch
wenige Kelvin; eine wesentliche Komponente des Wärmestroms entfällt damit und
die Wärmebrücke ist beseitigt.

Zusammenfassend ist zu sagen, daß auch im Hinblick auf Wärmebrücken der außenliegenden Wärmedämmung der Vorzug zu geben ist.

3.3   Bautechnische Maßnahmen zur Energieeinsparung im Gebäudebestand
3.3.1   Möglichkeiten der Energieeinsparung im Gebäudebestand

Zur Erschließung des sehr großen Energiesparpotentials im Gebäudebestand /s. Abschnitt 3.1.2/ führen grundsätzlich zwei Wege:

- Verbesserung der Wirkungsgrade der Energieversorgungsanlagen, das heißt, ver-
  besserte Ausnutzung der eingesetzten Primärenergien
- Reduzierung des Wärmebedarfs, das heißt, Minderung der Transmissions- und
  Lüftungswärmeverluste durch bautechnische Maßnahmen an der Gebäudehülle.

Die Heterogenität des Gebäudebestandes mit seinen verschiedensten Wohn- und
Nichtwohnbauten, das unterschiedliche Alter der Gebäude, die verschiedenen Bauteilgruppen mit unterschiedlichen Baukonstruktionen und die vielfältigen bautechnischen Wärmeschutzmaßnahmen führen zu einer Vielzahl realistischer Möglichkeiten zur Energieeinsparung, die auf den ersten Blick unüberschaubar erschei-
nen.

Dennoch haben wir den Versuch unternommen, die unübersichtlich erscheinende
Menge von Informationen zu strukturieren, zu bewerten und nachfolgend auf ge-
neralisierbare Aussagen einzugrenzen.

Die Möglichkeiten der Energieeinsparung an Gebäuden lassen sich einteilen in:

- Maßnahmen beim Betrieb bzw. bei der Benutzung der Gebäude
- Maßnahmen zur Verbesserung der Heizungs- und Regelungssysteme
- Maßnahmen zur Verbesserung des Wärmeschutzes; bautechnische Maßnahmen

Die energiegerechte Planung von Neubauten wird in /Kapitel 2/ beschrieben.

Die bautechnischen Maßnahmen zur Energieeinsparung im Gebäudebestand sind nach den Bauteilgruppen

- Außenwände /Abschnitt 3.3.3/
- Fenster /Abschnitt 3.3.4/
- Dächer /Abschnitt 3.3.5/
- Kellerdecken/-fußböden /Abschnitt 3.3.6/

zusammengefaßt.

Diese Bauteilgruppen sind die wesentlichen Wärmeverlustquellen aller Gebäudearten /s. Abb. 3 - 1/ und für sie lassen sich typische Bestandskonstruktionen beschreiben. Eine Analyse des Gebäudebestandes zeigt nämlich, daß trotz der Gebäudevielfalt eine Eingrenzung auf eine überschaubare Anzahl typischer Konstruktionen je Bauteilgruppe möglich ist. Dies besonders, wenn das Kriterium des Wärmedurchgangs im Vordergrund steht. Für alle Bauteilgruppen war es möglich, Wärmeschutzklassen zu bilden, die zugleich eine Aussage über die Eignung für eine wirtschaftlich vertretbare Verbesserung des Wärmeschutzes beinhalten.

Für die Bauteile Außenwand, Fenster, Dach und Kellerdecke/-fußboden wurden dann generelle Maßnahmen zur Verbesserung des Wärmeschutzes ausgewählt und zugeordnet. Wir sind uns dabei bewußt, daß eigentlich eine Vielzahl weiterer technischer Möglichkeiten der Wärmedämmung zur Verfügung stehen, wir meinen jedoch, mit den dargestellten Lösungen die wichtigsten grundsätzlichen Ansätze zur Verminderung des Wärmebedarfs durch bautechnische Maßnahmen dargestellt zu haben.

Im konkreten Einzelfall wird der Energieberater bei einer detaillierten Analyse und Beratung eine umfassende Bauaufnahme der Bauweise, Konstruktion, Materialien und des Zustandes der Bauteile anfertigen müssen, um eine individuelle Problemlösung erarbeiten zu können.

Auf keinen Fall, dies sei besonders betont, bedeuten die dargestellten Verbesserungsmaßnahmen die Propagierung oder Bevorzugung eines bestimmten Materials, Konstruktionssystems oder Produktes.

Die Auswirkung einer Verbesserungsmaßnahme auf den Energieverbrauch ist grundsätzlich von der Qualität des vorhandenen Bauteils abhängig. Bei einem schlecht gedämmten Bauteil wirkt eine Verbesserung des Wärmedurchlaßwiderstandes erheblich besser als bei einem gut gedämmten, da die erzielbare Verbesserung des k-Wertes nicht linear verläuft.

Eine Aussage über Energiekosteneinsparungen durch k-Wert-Minderungen und über die Wirtschaftlichkeit einzelner Maßnahmen ist deshalb nur am konkreten Objekt möglich. Deshalb wird für alle Vorschläge zur Bewertung stets die Verbesserung des Wärmedurchlaßwiderstandes angegeben.

Die Berechnung des neuen k-Wertes kann damit einfach erfolgen. Zuerst wird der Wärmedurchgangswiderstand 1/k der Bestandskonstruktion errechnet. Der Wert für die Verbesserung des Wärmedurchlaßwiderstandes 1/ Verbesserung wird addiert

$$\frac{1}{1/k_{alt}} + \frac{1}{1/\Lambda \text{ Verbesserung}} = \frac{1}{1/k_{neu}}$$

woraus der neue Wärmedurchgangswiderstand $1/k_{neu}$ resultiert. Der Kehrwert hiervon

$$\frac{1}{1/k_{neu}} = k_{neu}$$

ergibt den neuen k-Wert und damit die erwünschte Angabe über die Reduzierung des Wärmedurchgangs durch das Bauteil:

$k_{alt} - k_{neu}$ = Verminderung des Wärmeverlustes

Es wäre ein Trugschluß, aus der so errechneten Verringerung des Wärmebedarfs direkt auf die erzielte Energieverbrauchseinsparung zu schließen. Durch den verringerten Leistungsbedarf ist das vorhandene Heizungssystem überdimensioniert und der Anlagen-Jahreswirkungsgrad verschlechtert sich, vorausgesetzt, es werden nicht gleichzeitig Maßnahmen am Heizungssystem getroffen. Der resultierende Energieverbrauch am Kessel ist damit relativ höher als vorher - dies gilt es bei der Einsparbilanz zu berücksichtigen.

Wärmeschutztechnische Verbesserungsmaßnahmen an der Gebäudehülle sind ein starker Eingriff in das bauphysikalische Verhalten der bestehenden Gebäude. Richtig geplant und ausgeführt sind sie unproblematisch - es hat sich jedoch gezeigt, daß bei vielen Baumaßnahmen aus Unachtsamkeit Bauschäden aufgetreten sind. Sehr häufig sind Kondenswasserbildungen, verbunden mit Schimmelpilzbildung im Bereich nicht hinreichend gedämmter Wärmebrücken zu beobachten. Oft ist die verbesserte

Wärmedämmung und höhere Dichtigkeit der Fensterfugen der Grund hierfür: die
höhere Raumlufttemperatur kann mehr Feuchtigkeit aufnehmen, der natürliche Luftaustausch mit der (im Winter trockeneren) Außenluft ist stark eingeschränkt.
Durch feuchtere Raumluft kann es deshalb zu Kondensationserscheinungen an Bauteilen kommen, die vorher unproblematisch waren. Sorgfältige Beachtung der möglichen Schwachstellen und Information der Benutzer über eine erforderliche Änderung ihres Lüftungsverhaltens können diese Schäden vermeiden helfen.

3.3.2 Altbaumodernisierung, Instandsetzung und Energieeinsparung

Bei den meisten Wirtschaftlichkeitsbetrachtungen von Energiesparmaßnahmen werden
den erzielbaren Energiekosteneinsparungen jeweils die vollen Investitionskosten
gegenübergestellt. Viele Energiesparmaßnahmen machen sich daher bei den heutigen
Energiepreisen durch die Heizkosteneinsparung noch nicht derart schnell bezahlt,
daß sie als wirtschaftlich vertretbar bezeichnet werden dürfen.

Korrekterweise müßten Investitionskosten, die der Modernisierung oder Instandhaltung der Bauteile zuzurechnen sind, in Abzug gebracht werden. Ein gutes Beispiel hierfür ist der Austausch einfach verglaster Fenster gegen eine Isolierverglasung. Neben der reinen Energieeinsparung wird mit dieser Investition eine
erhebliche Wertsteigerung des Gebäudes, eine Nutzwertanhebung durch größere
Behaglichkeit und verbesserte Schalldämmung sowie eine verlängerte Lebensdauer
dieses Bauteils erreicht.

Am Beispiel einer sowieso fälligen Fassadenerneuerung eines verputzten Gebäudes
kann die Problematik noch deutlicher dargestellt werden. Ist aufgrund des
schlechten Erhaltungszustandes eine Fassadenrenovierung vorzunehmen, so fallen
hierfür Kosten für folgende Arbeiten an:

- Gerüsterstellung
- Abschlagen des alten Putzes
- Anbringung von neuem Putz
- Fassadenanstrich
- Nebenkosten

Am Beispiel der Renovierung einer Außenfassade eines Zweifamilienhauses soll
einmal ein Vergleich der Investitionskosten und der resultierenden Amortisationszeiten durchgeführt werden.

Bei einer reinen Renovierung der Fassade würden die o.g. Arbeiten Kosten von
insgesamt 13.000,-- DM verursachen, sie führen zu keiner Verbesserung des Wärmeschutzes.

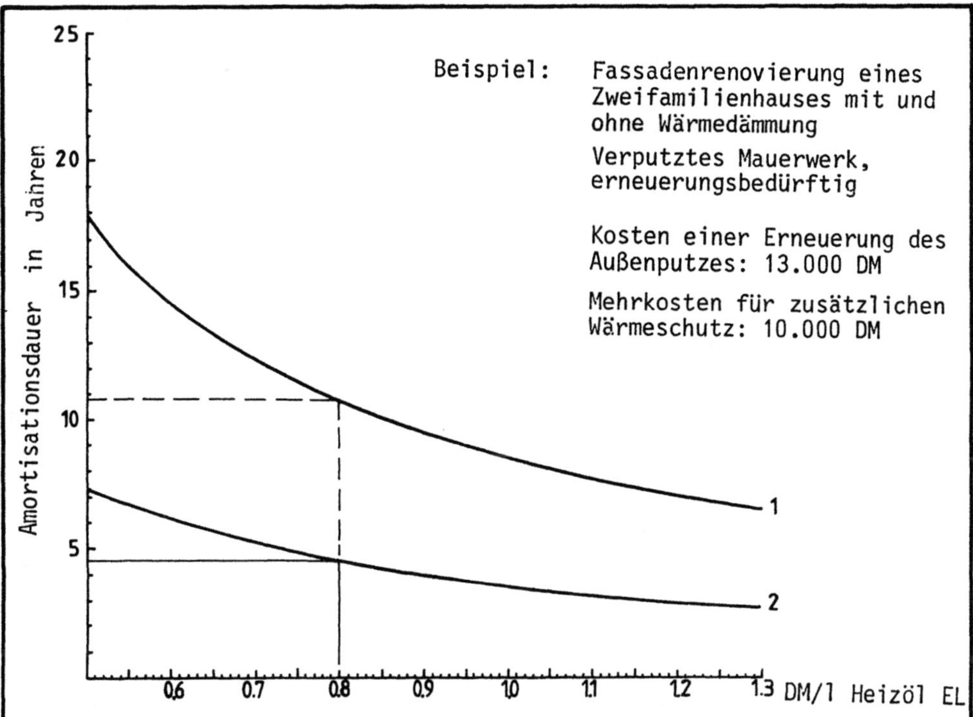

Kurve 1:   Gesamtkosten für Fassadenrenovierung einschließlich
           Wärmedämmung (23.000,-- DM)

Kurve 2:   Differenzkosten für zusätzlich vorgesehene Wärme-
           dämmung   (10.000,-- DM)

Angenommener Energiepreis: DM 0,80/l Heizöl EL

Abb. 3-7:   Amortisationsdauern von Gesamt-Investitionskosten
            einer Fassadenerneuerung gegenüber den Differenzkosten
            für eine zusätzliche Wärmedämmung

Wird zusätzlich eine außenseitige Wärmedämmung an der Außenwand vorgesehen, so wird neben der eigentlichen Fassadenrenovierung auch eine Maßnahme zur Reduzierung des Energieverbrauchs durchgeführt. Die Mehrkosten hierfür sollen in diesem Beispiel 10.000,-- DM betragen.

Nur diese Mehrkosten für die Anbringung der Wärmedämmschicht dürften eigentlich direkt den dadurch erzielbaren Energiekosteneinsparungen gegenübergestellt werden.

Die Auswirkungen dieser Differenzkostenbetrachtung zeigt /Abb. 3 - 7/. Werden den Energiekosteneinsparungen die vollen Investitionskosten gegenübergestellt, so ergibt sich bei einem angenommenen Energiepreis von 0,80 DM/l Heizöl ein Amortisationszeitraum von etwa 11 Jahren. Betrachtet man hingegen nur die Differenzkosten für die Wärmedämmung, also 10.000,-- DM Mehrinvestition, so verringert sich der Amortisationszeitraum auf unter 5 Jahre; die reinen Mehrkosten für die Verbesserung der Wärmedämmung können damit als wirtschaftlich vertretbar bezeichnet werden.

3.3.3 Maßnahmen an Außenwänden
3.3.3.1 Typische Außenwandkonstruktionen im Gebäudebestand

Die Baukonstruktionen der Außenwände des Gebäudebestandes sind je nach Gebäudeart, Konstruktionssystem, Baualter und Region recht unterschiedlich und weisen eine relativ große Vielfalt auf.

Wohnbauten wurden in der Regel konventionell in Mauerwerksbauweise erstellt, erst bei den Wohnhochhäusern der sechziger und siebziger Jahre setzten sich vorgefertigte Stahlbetonskelettsysteme und Gebäude in Beton-Großtafelbauweise stärker durch. Auch Ein-/Zweifamilienhäuser wurden in dieser Zeit in geringem Umfang mit diesen Systemen errichtet. Der größere Teil der Fertighäuser sind jedoch Ein- und Zweifamilienhäuser aus Holzkonstruktionen.

Traditionelle Wandbaumaterialien wurden aus Baustoffen hergestellt, die regional verfügbar waren. Typische Beispiele sind Fachwerkhäuser, deren Holzfachwerk mit Lehm oder einfachen Lehmziegeln ausgefacht sind. In bergigen Gegenden, in denen Bruchsteine leicht zu gewinnen waren oder im Bergbau als Abfallprodukt anfielen, waren Außenwände aus Naturstein sehr verbreitet.

Im Zuge der Industrialisierung und der Entwicklung der Transportsysteme gewannen Ziegel stark an Bedeutung - sie waren über viele Jahrzehnte das vorherrschende Baumaterial und spielen auch heute noch eine bedeutende Rolle. Je nach regionaler Baustoffverfügbarkeit waren die Ziegelarten unterschiedlich, dies auch in ihren Maßen.

Als Folge verschärfter Wärmeschutzanforderungen wurden in den letzten Jahren vermehrt wärmedämmende Leichtziegel angewendet.

Nichtwohnbauten wurden beginnend mit den Nachkriegsjahren häufiger als Stahlbeton-Skelettkonstruktionen ausgeführt, der Grund hierfür war die Forderung nach einer möglichst frei zu gestaltenden und variablen Nutzfläche. Die Fassadenkonstruktionen sind dabei recht unterschiedlich: Ausgemauerte Ausfachungen, Leichtbetonfertigteile, eingesetzte Fertigelemente aus Holz, Stahl und Aluminium kombiniert mit Glas und vorgehängten Fassaden aus unterschiedlichen Materialien (im Verwaltungsbau in den letzten Jahren sehr häufig Aluminium-Glasfassaden).

Für eine wirtschaftlich vertretbare Verbesserung des Wärmeschutzes der Außenwände kommen nur die ungedämmten (k-Werte $\quad$ 0.7 W/m^{2}K) Konstruktionen in Frage. Außenwände mit einem Wärmedurchgangskoeffizienten k $\quad$ 0.6 W/m^{2}K und geschlossene Fassadensysteme werden bei den Verbesserungsmaßnahmen in /Abschnitt 3.3.3.2/ deshalb nicht betrachtet.

Fachwerkwände

Früher sehr verbreitet, spielen Fachwerkwände im heutigen Gebäudebestand kaum noch eine Rolle. Lediglich in ländlichen Bereichen Nord- und Mittel-Deutschlands sind noch häufiger alte Fachwerkhäuser zu finden.

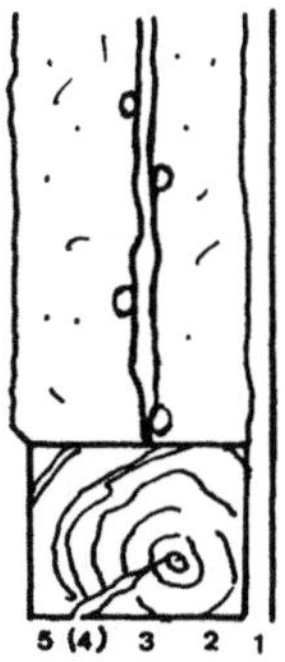

BAUTEILSCHICHTEN	s (cm)
1 Innenputz	2
2 Lehm	8
3 Holzstakung als Halterung für Lehm	2
(4) Balken des Fachwerks	(25)
5 Lehm	15

$k_W = 1.5$ W/m^{2}K

Abb. 3-8: Fachwerkaußenwand

Fachwerkkonstruktionen wurden aus starken Balken gebaut, die die Funktion des Tragwerkes übernahmen. Die eigentlichen Schutzfunktionen der Außenwand (Witterungs-, Wärme-, Sichtschutz) wurden dadurch erreicht, daß die zwischen den Balken liegenden "Gefache" ausgefüllt wurden. Dazu wurden vorwiegend Lehm, Lehmziegel oder Ziegel verwendet /Abb. 3 - 8/.

Natursteinwände

Natursteinwände wurden je nach regionaler Verfügbarkeit aus porigen (Sediment-) Gesteinen (Sandstein) oder aus dichten Gesteinen (z.B. Granit, Marmor, Basalt) errichtet. Wohngebäude aus Naturstein sind in der Regel höchstens zwei- bis dreigeschossig. Häufig wurden Natursteinwände für Keller- und Erdgeschosse verwendet, auf denen dann für die Obergeschosse eine Fachwerkkonstruktion aufgestellt wurde.

Die Wanddicken variieren je nach Material und Bearbeitungsgrad recht stark; mittlere Wanddicken liegen zwischen 30 und 60 cm. Die Außenseite war meistens unverputzt, während die Innenseite mit Holz verkleidet bzw. verputzt ist /Abb. 3 - 9/.

	BAUTEILSCHICHTEN	s (cm)
	Variante 1: 1 Innenputz 2 Sandstein	2-3 40-60
	Variante 2: 1 Innenputz 2 Granit/Basalt	2-3 30-50
	k_W = 1.8 - 2.3 W/m^{2}K Variante 1 k_W = 2.8 - 3.4 W/m^{2}K Variante 2	

Abb. 3-9:   Natursteinwand

Ungedämmtes Ziegelmauerwerk

Die in Deutschland am weitesten verbreitete Außenwandkonstruktion ist das Ziegelmauerwerk. Ziegel soll hier im weiteren Sinne als der geformte und industriell gefertigte Mauerstein verstanden werden. Im Laufe der Jahrzehnte wurde eine Vielzahl von Ziegeln entwickelt und verwendet, wie z.B.:

- Vollziegel
- gelochte Vollziegel
- Hochlochziegel
- Kalksandsteine
- Kalksandlochsteine
- Hohlblocksteine

Die Mauersteine wurden in verschiedensten Formaten (Reichsformat, Hamburger Format, altes österreichisches Format) hergestellt; die Wandkonstruktionen lassen sich in folgende Gruppen einteilen:

- Außenwand aus Vollziegeln /Abb. 3 - 10/
- Außenwand aus Vollziegeln mit Klinkervormauerung /Abb. 3 - 11/
- Außenwand aus Hohlblocksteinen /Abb. 3 - 12/
- Außenwand aus Kalksand-Lochsteinen (KSL) /Abb. 3 - 13/
- Außenwand aus Hochlochziegeln /Abb. 3 - 14/
- zweischalige Außenwand aus Vollziegeln oder Kalksandsteinen /Abb. 3 - 15/

Wärmedämmendes Mauerwerk

Als Antwort auf die Anforderungen der Wärmeschutzverordnung und als Reaktion auf die Wünsche der Bauherren nach energiesparenden Baumaterialien wurden in den letzten Jahren stärker wärmegedämmte Außenwandkonstruktionen entwickelt:

- Außenwand aus Leichtbeton (z.B. mit Zuschlagstoff Blähton) /Abb. 3 - 16/
- Außenwand aus porosierten Leichtziegeln /Abb. 3 - 17/

Mehrschichtige, wärmegedämmte Außenwände

Weiter steigendes Energiebewußtsein und verschärfte Anforderungen der Wärmeschutzverordnung haben zum Bau stark wärmedämmender Außenwandkonstruktionen mit mehrschichtigem Aufbau geführt. Am gesamten Gebäudebestand haben diese bisher nur einen geringen Anteil. Bei Wärmedämmwerten von etwa 0.4 W/m^{2}K ist eine nachträgliche Verbesserung dieser Konstruktionen kaum noch sinnvoll und wirtschaftlich nicht vertretbar. Maßnahmen zur Verbesserung des Wärmeschutzes dieser Konstruktion werden hier deshalb nicht empfohlen.

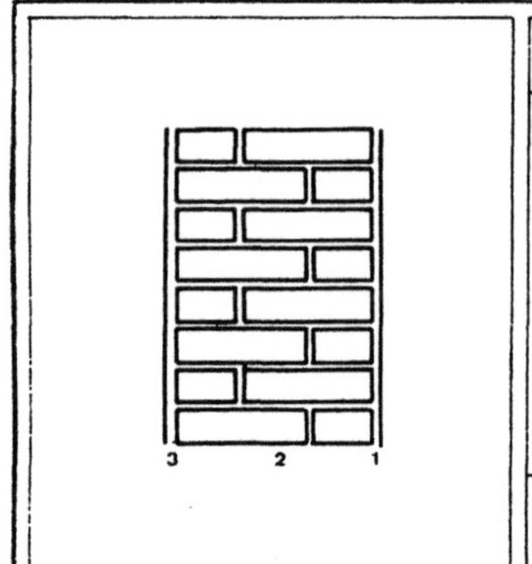

BAUTEILSCHICHTEN	s (cm)
1 Innenputz	1,5
2 Vollziegel EG, 1. OG.	51
Vollziegel 2. - 5.OG.	38
3 Außenputz	2

k_W = 1.2 W/m^{2}K   EG., 1.OG.
k_W = 1.5 W/m^{2}K   2. - 5.OG.

Abb. 3-10: Außenwand aus Vollziegel

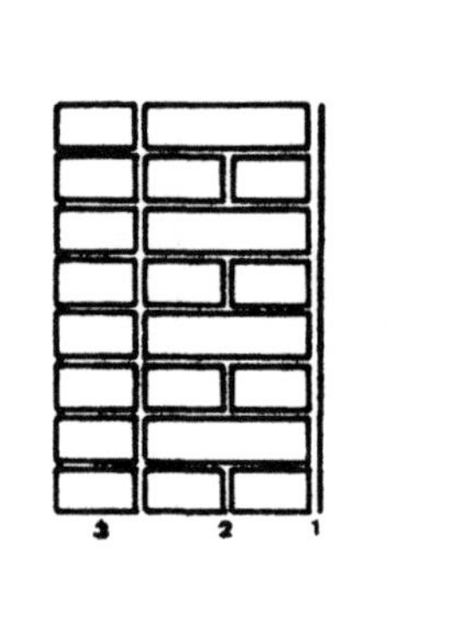

BAUTEILSCHICHTEN	s (cm)
1 Innenputz	1,5
2 Vollziegel	26
3 Klinkermauerwerk	12

k_W = 1.6 W/m^{2}K

Abb. 3-11: Außenwand aus Vollziegeln mit Klinkervormauerung

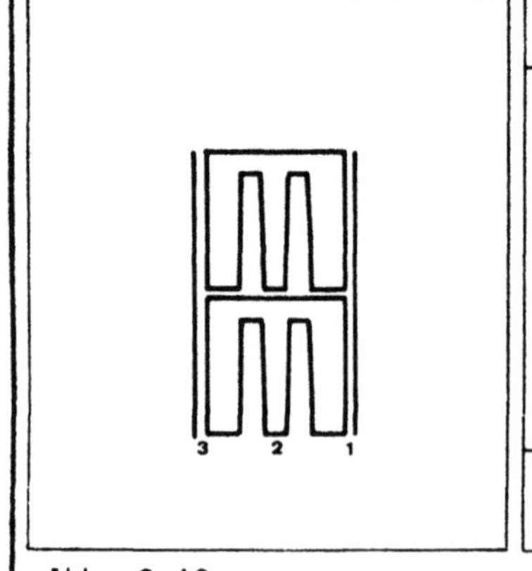

BAUTEILSCHICHTEN	s (cm)
1 Innenputz	1,5
2 Hohlblocksteine	24
3 Außenputz	2

k_W = 1.5 W/m^{2}K

Abb. 3-12: Außenwand aus Hohlblocksteinen

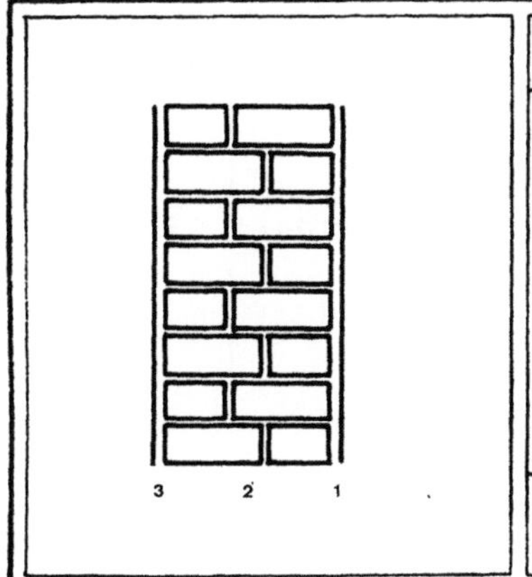

BAUTEILSCHICHTEN	s (cm)
1 Innenputz	1,5
2 Kalksand-Lochsteine	30
3 Außenputz	2

$k_W = 1.6 \ W/m^2K$

Abb. 3-13: Außenwand aus Kalksand-Lochsteinen (KSL)

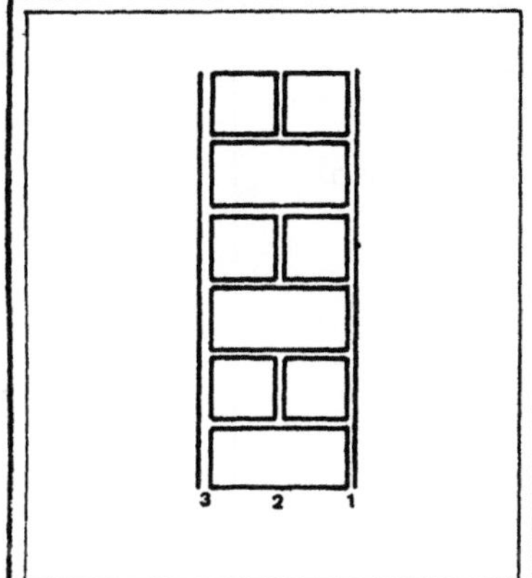

BAUTEILSCHICHTEN	s (cm)
1 Innenputz	1,5
2 Hochlochziegel	24
3 Außenputz	2

$k_W = 1.5 \ W/m^2K$

Abb. 3-14: Außenwand aus Hochlochziegeln

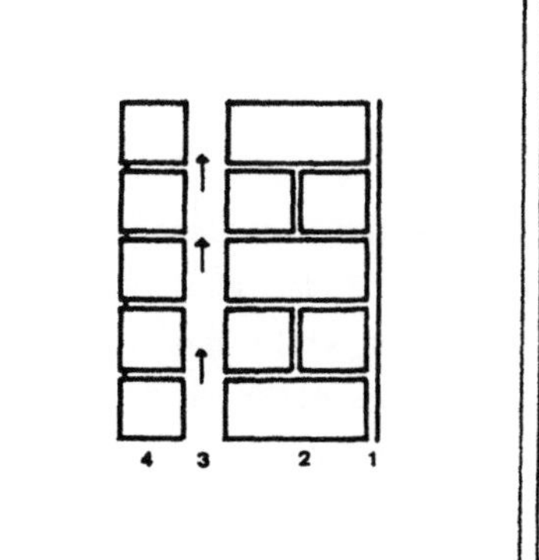

BAUTEILSCHICHTEN	s (cm)
1 Innenputz	1,5
2 Kalksandstein	24
3 Luftschicht	6
4 Kalksandstein	11,5

$k_W = 1.3 \ W/m^2K$

Abb. 3-15: Außenwand aus zweischaligem Mauerwerk mit Luftschicht

BAUTEILSCHICHTEN		s (cm)
1	Dämmputz	1,5
2	Leichtbeton, Zuschlag-stoff, Blähton, Sichtbeton	25

$$k_W = 1.0 \ W/m^2K$$

Abb. 3-16: Außenwand aus Leichtbeton

BAUTEILSCHICHTEN		s (cm)
1	Dämmputz	2
2	Leichtziegel (z.B. Poro-ton) mit Dämmörtel	30
3	Dämmputz	2

$$k_W = 0.75 \ W/m^2K$$

Abb. 3-17: Außenwand aus porosierten Leichtziegeln

Klassifizierung der Außenwandkonstruktionen nach dem Kriterium des Wärmedurchgangs

Bedingt durch die Baualtersklasse, die Gebäudeart, regionale Einflüsse und unterschiedliche Baumaterialien erscheint die Variationsbreite der möglichen Außenwandkonstruktionen sehr groß und unüberschaubar. Dieses steht dem Anliegen des Energieberaters entgegen, die Bewertung des Wärmeschutzes einer Bestandskonstruktion durch eine möglichst einfache Klassifizierung vornehmen zu können.

Die Gegenüberstellung der verschiedenen Bestandskonstruktionen ergibt allerdings, daß sich unter dem Kriterium des Wärmedurchgangs durchaus wenige Klassen bilden lassen, die weite Bereiche der Konstruktionen abdecken. /Tabelle 3-1/

zeigt den Versuch einer Zuordnung von Außenwandkonstruktionen zu k-Wert-Bandbreiten. In diesem Schema ist eine Einordnung der o.a. Außenwandkonstruktionen relativ einfach möglich.

Außenwände	Abb. Nr.	Bandbreite des Wärmedurchgangs k (W/m^2K)	mittlerer Wärmedurchgangswert $\varnothing$ k (W/m^2K)	Wärmeschutzklasse
Naturstein (Bruchsteine aus Granit, Basalt, Marmor,Sandstein)	3-9	1.8 - 3.4	2.6	A
- Fachwerk mit Ausfachung aus Lehm/-ziegeln	3-8	1.0 - 1.8	1.5	B
- Ziegelwände ohne Dämmung	3-10 3-11	1.1 - 1.7	1.5	
- Leichtbeton, Leichtziegel porosierte Leichtziegel	3-16 3-17	0.6 - 1.1	0.8	C
Wände mit spezieller Wärmedämmschicht (Dicke >6 cm)	ohne Abb.	0.3 - 0.6	0.4	D

Tab. 3-1:   Klassenbildung von Außenwandkonstruktionen nach dem Kriterium Wärmedurchgang

Natürlich kann diese Einordnung nach k-Wert-Bandbreiten nur für eine Grob-Analyse geeignet sein; für die Ermittlung der wirtschaftlich optimalen Verbesserung des Wärmeschutzes ist eine Berechnung des k-Wertes der Bestandskonstruktion erforderlich.

/Abbildung 3-18/ zeigt deutlich, daß die wirkungsvollsten Ansätze für die Verbesserung des Wärmeschutzes für die Außenwände in den Klassen A (Natursteinwände) und B (ungedämmte Ziegelwände) liegen. Diese beiden Klassen decken auch den größten Anteil des Gebäudebestandes ab. Gedämmte Außenwandkonstruktionen, wie sie Klasse C enthält, wurden erst in den letzten 10 Jahren in größerem Umfang gebaut, mit einem k-Wert von etwa 0.8 W/m^2K wird sich nur noch in Grenzfällen eine wirtschaftliche Verbesserung des Wärmeschutzes durchführen lassen. Verbesserungen der Bestandskonstruktionen dieser Klassen müssen besonders sorgfältig durchleuchtet werden.

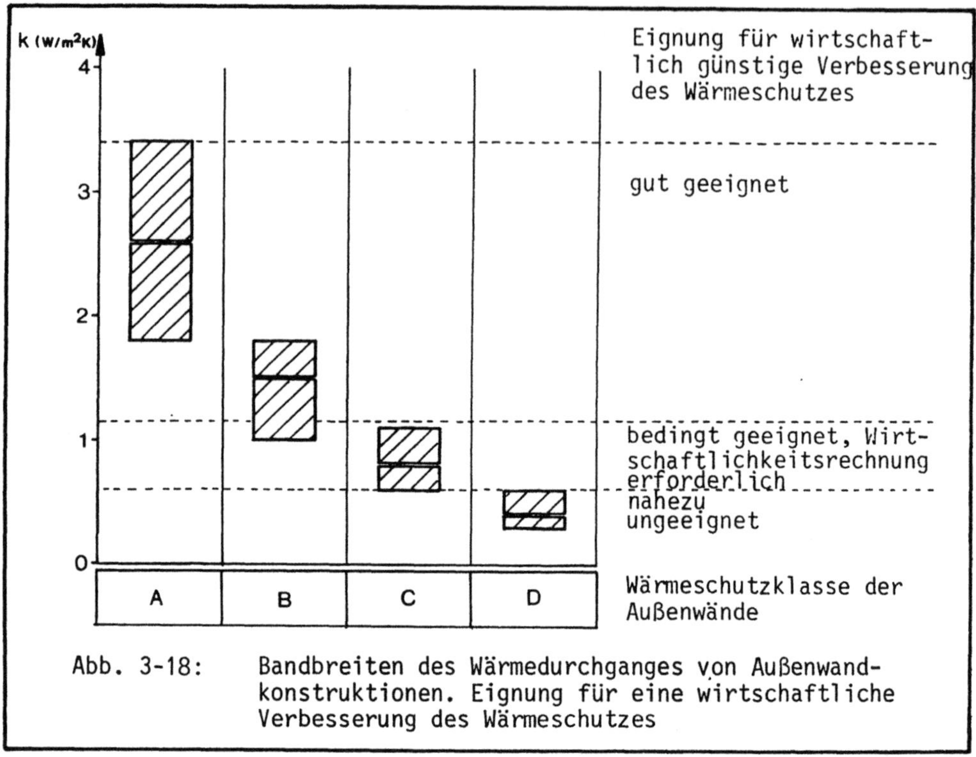

Abb. 3-18:   Bandbreiten des Wärmedurchganges von Außenwandkonstruktionen. Eignung für eine wirtschaftliche
Verbesserung des Wärmeschutzes

Die Klasse D umfaßt Außenwandkonstruktionen, die im Wohnungsbau erst seit wenigen Jahren von energiebewußten Bauherren angewendet werden. Im Nichtwohnungsbau
sind Konstruktionen mit einem k-Wert von 0.4-0.6 W/m²K in den letzten 15 Jahren
häufiger anzutreffen, dies insbesondere bei vorgehängten Fassaden mit einer
starken Wärmedämmschicht.

Als auch heute noch anzustrebender Wärmeschutzstandard für Neubauten geben
k-Werte in der Bandbreite zwischen 0.3 und 0.6 W/m²K kein wirtschaftliches Argu-
ment zu einer wärmeschutztechnischen Verbesserung.

3.3.3.2   Wärmedämmung der Außenwände

Eine grundlegende Sanierung von Außenwänden ist oftmals allein aufgrund des
schlechten Erhaltungszustandes erforderlich. Durch Risse und undichte Anschlüsse
kann Regenwasser ins Wandinnere eingedrungen sein, Schäden am Mauerwerk, vor
allem am Verputz, sind die Folge, ebenso wie größere Wärmeverluste. Vorhandene
Bauschäden sind ein Anlaß, Renovierungen durchzuführen. Durchfeuchtungen von
Bauteilen, insbesondere Schimmelpilzbildung in Raumecken, an Stürzen und an
Rolladenkästen haben ihre Ursache oft in einer im Verhältnis zur vorherrschenden

Raumluftfeuchtigkeit ungenügenden Wärmedämmung. Innerhalb bauphysikalisch falsch aufgebauter Außenwandkonstruktionen kann sich über Jahre hinweg Kondenswasser ansammeln, was einerseits zu einer Zerstörung des Bauteils führen kann, andererseits aber zu einer Vergrößerung der Wärmeverluste der Wand.

Im Rahmen einer sowieso fälligen Sanierung einer unzureichend gedämmten Außenwand bietet sich eine zusätzliche Verbesserung des Wärmeschutzes geradezu an. Die Mehrkosten für das Dämmaterial und die Anbringung der Dämmschicht amortisieren sich in diesen Fällen durch die erzielten Energiekosteneinsparungen in der Regel schon in wenigen Jahren.

Aber auch die Sanierung der Außenwände allein aus dem Grunde der Verbesserung des Wärmeschutzes ist in vielen Fällen wirtschaftlich vertretbar. Besonders bei Außenwänden mit hohem Wärmedurchgang läßt sich - die Wahl einer geeigneten, preiswerten Verbesserungsmaßnahme vorausgesetzt - durch die erzielbaren Energiekosteneinsparungen eine durchaus vertretbare Amortisationszeit erreichen. Die Energieberatung sollte dabei viel Sorgfalt bei der Suche und Auswahl nach geeigneten Verbesserungsmaßnahmen walten lassen.

Zwar scheint auf den ersten Blick die Vielzahl der denkbaren Alternativen aufgrund der unterschiedlichen Bestandskonstruktionen und der verschiedenen angebotenen Wärmeschutzmaßnahmen fast unüberschaubar zu sein, es zeigt sich aber, daß sich auch die Maßnahme zur Verbesserung des Wärmeschutzes von Außenwänden auf eine überschaubare Anzahl typischer Konstruktionen reduzieren lassen.

Die nachträgliche Wärmedämmung kann grundsätzlich auf drei Arten erfolgen:

- Anbringung einer Wärmedämmschicht auf der Außenseite als Außendämmung
- Ausfüllen der Luftschicht bei zweischaligem Mauerwerk mit Dämmaterial als Kerndämmung
- Anbringung einer nachträglichen Wärmedämmung auf der Innenseite als Innendämmung

Jede dieser drei Varianten hat Vor- und Nachteile, wobei die Diskussion der Fachleute sich meistens auf die Streitfrage, ob Außen- oder Innendämmung, konzentriert.

Als Faustregel hat sich hier herausgebildet:

Die Außendämmung ist teurer, aber bauphysikalisch unproblematisch.
Die Innendämmung ist preiswerter, aber bauphysikalisch problematisch.

Außendämmung der Wände

Die Außendämmung wird als die bauphysikalisch korrekteste Lösung angesehen. Die Wärmedämmschicht ist hier auf der kalten Außenseite angeordnet und vermindert dadurch die Kondensationsgefahr im und am Bauteil und führt auch zu einer größeren Wärmeträgheit des Bauteils. Dadurch, daß bei der Außendämmung in der Regel die gesamte Außenwand einschließlich der Tragkonstruktion vollständig von der Wärmedämmung umschlossen wird, entstehen hier auch keine Probleme mit Wärmebrücken.

Die Außendämmung hat weiterhin den Vorteil, bestehende Risse zu überdecken und damit unsichtbar zu machen. Waren große Temperaturschwankungen auf der Oberfläche der Außenwand der Grund für die Risse, so werden diese nach der Außendämmung nicht mehr auftreten.

Aus wirtschaftlicher Sicht ist eine Außendämmung insbesondere dann lohnend, wenn sie gleichzeitig mit einer sowieso fälligen Fassadenrenovierung durchgeführt werden kann. Die erforderlichen Kosten für ein Gerüst und für die neue Wetterschutzschicht der Außenwand können dann nämlich auf zwei Kostenbereiche verteilt werden.

Zu erheblichen Mehraufwendungen können bei Außenwänden die Anschlüsse an Fensterbänke, Türen, Balkone usw. führen. Diese Anschlüsse sind häufig baukonstruktiv nicht einfach zu bewältigen und führen oft zu einer Beschränkung der Dämmschichtdicke. Diese Problematik wird von Planern und Energieberatern in der Regel zu wenig beachtet.

Für die Außendämmung gibt es im wesentlichen drei Konstruktionsarten:

1. Wärmedämmputz

Das Anbringen eines Wärmedämmputzes ist sinnvoll, wenn eine Putzfassade möglichst wenig verändert werden soll. Im Vergleich zu normalem Putz kann durch einen Wärmedämmputz ohne große Zusatzkosten eine gewisse Verbesserung der Wärmedämmung erzielt werden /Abb. 3 - 19/.

Wärmedämmputze bestehen aus fertigem Trockenmörtel, bei dessen Verarbeitung herkömmliches Verputzen mit Wärmedämmung in einem kombiniert werden. Die meisten auf dem Markt befindlichen Wärmedämmputze bestehen zu über 80% aus druckaufgeschäumten Polystyrol-Perlen mit Durchmessern von circa 0,5 - 4 mm, hydraulischen

Bindemitteln aus Kalk und Zement und chemischen Additiven. Wärmedämmputz-Systeme bestehen in der Regel aus drei Schichten, die in getrennten Arbeitsgängen aufgebracht werden:

- Zementmörtel oder spezieller Vorspritzmörtelanwurf, circa 0,5 cm dick
- Wärmedämmputz bis zu 6 cm Dicke, in einem Arbeitsgang maschinell oder von Hand aufgebracht
- Deckputz, der dem Dämmputz angepaßt ist. Als Deckputz darf in der Regel nur mineralisch gebundener Mörtel verwendet werden.

Bei der Anwendung des Dämmputzes als Außendämmung ist keine Dampfsperre notwendig, bei der Anwendung als Innendämmung wird jedoch zu einer Berechnung der Dampfdiffusionsverhältnisse geraten.

Wenn Wärmedämmputze gestrichen werden, muß die Farbe dampfdiffusionsdurchlässig und regenabweisend sein.

Als Deckputz darf in der Regel kein kunststoffgebundener Abrieb aufgetragen werden.

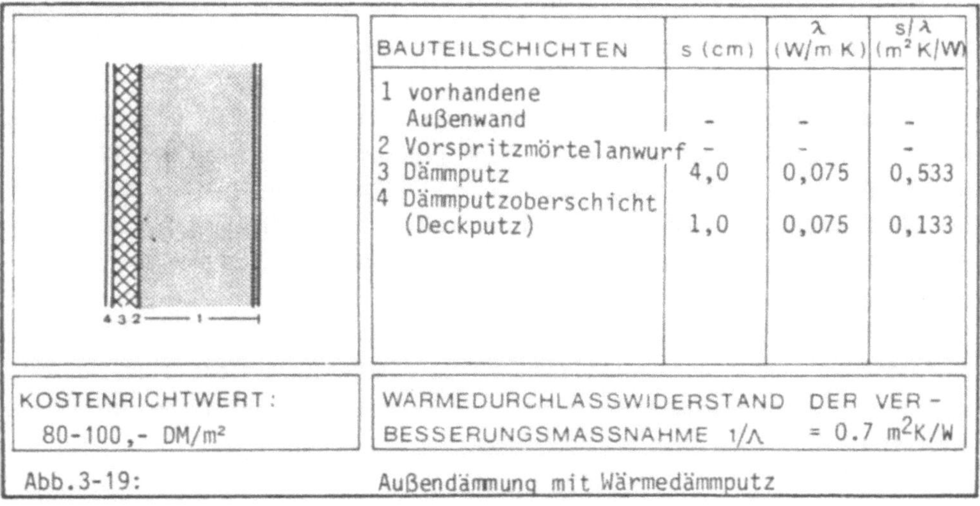

BAUTEILSCHICHTEN	s (cm)	λ (W/m K)	s/λ (m² K/W)
1 vorhandene Außenwand	-	-	-
2 Vorspritzmörtelanwurf	-	-	-
3 Dämmputz	4,0	0,075	0,533
4 Dämmputzoberschicht (Deckputz)	1,0	0,075	0,133

KOSTENRICHTWERT: 80-100,- DM/m²

WARMEDURCHLASSWIDERSTAND DER VERBESSERUNGSMASSNAHME $1/\lambda$ = 0.7 m²K/W

Abb.3-19: Außendämmung mit Wärmedämmputz

2. Wärmedämmverbundsysteme

Bei der verputzten Außendämmung, den Wärmedämmverbundsystemen, werden die Wärmedämmplatten direkt auf die bestehende Fassade angebracht und abschließend verputzt. Diese verbreitet ausgeführte Art der Außendämmung verlangt neben einer gründlichen bauphysikalischen Prüfung und einer gewissenhaften Arbeitsausführung sehr sorgfältig ausgeführte Anschlußdetails. Ein großer Nachteil der Wärmedämmverbundsysteme ist, daß sie durch mechanische Einwirkungen ziemlich leicht ver-

letztbar sind. Alle Risse und Durchbrüche des Verputzes haben bald Schäden an
der Dämmschicht und an der Putzschicht durch eindringendes Regenwasser zur Folge. Ablösungen des Putzes auf großen Flächen und verringerte Wärmedämmung können
auftreten.

BAUTEILSCHICHTEN	s (cm)	λ (W/m K)	s/λ (m² K/W)
1 vorhandene Außenwand	–	–	–
2 Polystyrol Hartschaum (oder Mineralwolle)	8,0	0,035	2,285
3 Kunststoffzement-putz armiert	0,5	0,7	0,007
4 Kunststoff-Dis-persionsputz	0,3	0,7	0,004

KOSTENRICHTWERT: 90-110,- DM/m²

WÄRMEDURCHLASSWIDERSTAND DER VERBESSERUNGSMASSNAHME 1/Λ = 2.3 m²K/W

Abb. 3-20: Außendämmung mit Wärmedämmverbundsystem

Bei den meisten Wärmedämmverbundsystemen /Abb. 3 - 20/ wird eine auf den Untergrund aufgeklebte Dämmschicht mit einem dünnschichtigen, vereinzelt aber auch
mit einem dickschichtigen, gewebearmierten Verputz versehen. Die circa 2 - 4 mm
starken dünnschichtigen Verputze sind kunststoffgebunden. Die dickschichtigen
Verputze ab 5 mm Stärke sind mineralisch gebunden und spröder als die Dünn-
schichtsysteme. Sie neigen eher zur Schwindrißbildung und für ihre Haftung auf
den Wärmedämmplatten sind besondere Vorkehrungen erforderlich, wie z.B. Rillen
in den Platten. Vorteilhaft ist, daß mineralische Verputze mechanisch dafür
widerstandsfähiger sind.

Die gebräuchlichsten Dämmstoffe für verputzte Außendämmsysteme sind zur Zeit
expandierter, schwer entflammbarer Polystyrol-Schaumstoff (PSE) oder Mineralfaserplatten.

Bei Verformungen der Wärmedämmplatten ergeben sich beim Polystyrol-Hartschaum
sehr viel größere Spannungen im darüber liegenden Verputz als bei den Mineral-
fasern. Risse über den Plattenfugen, wie sie bei den Polystyrol-Hartschaum aufgetreten sind, dürften bei Mineralfaserplatten deshalb kaum zu erwarten sein.

Mineralfaserplatten stellen aber weiche Untergründe dar, d.h., auch dünnschichtige Verputze neigen auf solchen Untergründen eher zu Schwindrißbildung als auf härteren Materialien. Wassereintritte bleiben bei Polystyrol-Hartschaumplatten örtlich begrenzt, bei Mineralfaserplatten hingegen ist mit großflächiger Verbreitung und Durchnässung der Konstruktion zu rechnen.

Aus brandschutztechnischen Gründen ist die Anwendbarkeit von PSE-Schaumstoffplatten begrenzt, während Mineralfaserplatten auch bei Hochhäusern zulässig sind.

Die baupraktischen Erfahrungen mit Wärmedämmverbundsystemen auf Polystyrol-Schaumstoffbasis sind, nicht zuletzt aufgrund der Schadensfälle, ausreichend groß. Solche Systeme werden seit fast 20 Jahren bei Sanierungsvorhaben angewendet. Für Wärmedämmsysteme mit Mineralfaserplatten fehlen solche langjährigen praktischen Erfahrungen, da diese in größerem Umfang erst seit circa 5 - 8 Jahren verarbeitet werden. Unklar ist vor allem, ob in den Mineralfaserplatten sich ausscheidendes Kondenswasser mit der Zeit nicht doch zu Ablösungen einzelner Schichten führen kann.

Wärmedämmverbundsysteme mit Dämmstoffdicken von bis 6 cm gelten als erprobt und sicher. Die Tendenz geht heute zu der Ausführung mit 8 cm, einige Hersteller bieten auch 10 cm oder mehr an. Bei diesen Dicken sollten die ausführungstechnischen Details sehr sorgfältig durchleuchtet werden, insbesondere ist die Problematik der Anschlüsse an Fenstern, Türen und Dächern zu lösen.

Die Verbesserung des Wärmedurchlaßwiderstandes durch die Anbringung eines Wärmedämmverbundsystems ist sehr gut; so steigt der Wärmedurchlaßwiderstand bei Anbringung von 8 cm Polystyrol-Hartschaumplatten um etwa 2,3 m^2K/W /Abb. 3 - 20/. Das bedeutet beispielsweise für eine Außenwand aus 24 cm Kalksandstein eine Reduzierung des k-Wertes von circa 2,0 W/m^2K auf etwa 0,36 W/m^2K.

Bei Investitionskosten von circa 90,-- DM bis 110,-- DM/m^2 Wandfläche bei Polystyrol-Hartschaum-Systemen und ca. 120,-- bis 150,-- DM bei Mineralfaser-Systemen ergibt sich aufgrund der relativ hohen Energiekosteneinsparungen oft noch eine gerade vertretbare Wirtschaftlichkeit für die Wärmedämmverbundsysteme.

3. Hinterlüftete Fassade

Eine bauphysikalisch einwandfreie Lösung stellt die hinterlüftete Fassade dar. Die Wärmedämmschicht wird hier durch eine zweite, vorgehängte Fassade geschützt. Die Konstruktion ist, richtig ausgeführt, sehr dauerhaft, aber auch entsprechend teuer.

Hinterlüftete Fassaden werden deshalb vorwiegend bei der wärmetechnischen Sanierung von hohen Wohnhäusern und Wohnhochhäusern sowie bei Nicht-Wohnbauten eingesetzt. Sie sind stets dann die einzige Alternative, wenn Wärmedämmverbundsysteme
(z.B. aufgrund von Brandschutzanforderungen bei Hochhäusern) nicht mehr zum
Einsatz kommen können /Abb. 3 - 21/.

BAUTEILSCHICHTEN	s (cm)	λ (W/m K)	s/λ (m² K/W)
1 vorhandene Außenwand	-	-	-
2 Mineralfaserplatten	10,0	0,04	2,500
3 Luftraum	4,00	-	-
4 vorgehängte Verkleidung	1,0	-	-

KOSTENRICHTWERT: 160 bis 250,- DM/m²

WÄRMEDURCHLASSWIDERSTAND DER VER- BESSERUNGSMASSNAHME $1/\lambda$ = 2.5 m²K/W

Abb. 3-21: Außendämmung mit hinterlüfteter Vorsatzschale

Die hinterlüftete Fassade besteht aus einer Wärmedämmschicht auf der Außenwand,
einem Belüftungszwischenraum und einer außenliegenden, abdeckenden Schale. Die
Wärmedämmschicht wird auf den Untergrund geklebt oder mechanisch befestigt oder
beides.

Die Hinterlüftung der Fassaden gewährleistet das Abführen des durch die Konstruktion diffundierenden Wasserdampfes sowie des evtl. von außen eindringenden
Niederschlagwassers. Die Luftschicht sollte 4 - 5 cm stark sein, sie darf 2 cm
an keiner Stelle unterschreiten.

Als äußere Abdeckung werden entweder großformatige Platten oder kleinformatige,
schuppenförmig übereinanderliegende Platten verwendet. Als Halterung für die
Fassadenplatten wird in der Regel ein eigenes Konstruktionssystem angebracht.
Dieses kann bei hohen Gebäuden und Hochhäusern aufgrund der auftretenden Wind-
kräfte und der mechanischen Belastungen durch die Platten recht aufwendig und
teuer werden.

Als Wärmedämmstoffe für hinterlüftete Fassaden eignen sich schwer entflammbare
Materialien, für Hochhäuser sind nur nicht-brennbare Materialien zugelassen.
Meistens werden unbeschichtete Mineralfaserplatten, seltener auch Hartschaumplatten verwendet; Mineralfasermatten sind ungeeignet. Für die Dicke der Dämmstoffschichten sind relativ weite Grenzen gesetzt; Dämmstoffdicken von 8 -

10 cm sind heute als Standard anzusehen, Dicken von 10 cm oder mehr sind durchaus zu empfehlen. Grenzen werden hier lediglich durch das Befestigungssystem der Fassadenplatten gesetzt, allerdings ist auch zu beachten, daß die Fensternischen tiefer werden und im Bereich des Dachanschlusses größere Änderungen durchgeführt werden müssen.

Wichtig ist, daß die Wärmedämmplatten dicht auf der Tragmauer aufliegen, ohne daß dort Hohlräume entstehen, in denen die Luft unkontrolliert zirkulieren kann. Bei den Anschlüssen ist darauf zu achten, daß das Hinterlüften der Dämmschicht selbst durch Wind verhindert wird. Die Wirtschaftlichkeit der hinterlüfteten Fassaden ist aufgrund der hohen Investitionskosten (circa 160,-- DM/m^2 bis 250,-- DM/m^2 Außenwand und höher) sehr eingeschränkt. Obwohl eine sehr starke Verbesserung des Wärmedurchlaßwiderstandes der Bestandskonstruktion in der Größenordnung von 2,5 m^{2}K/W /Abb. 3 - 21/ und mehr erreicht werden kann, führt die realisierbare Energiekosteneinsparung meistens zu sehr langen Amortisationszeiträumen. Eine ausführliche Wirtschaftlichkeitsbetrachtung, die allerdings auch die Nebeneffekte dieser aufwendigen Fassadenrenovierung (erhöhte Lebensdauer, geringer Wartungsaufwand) ins Kalkül ziehen sollte, ist angeraten.

Dämmung vorhandener Hohlräume (Kerndämmung) der Wände

Besonders im Norden und Nordwesten Deutschlands sind zweischalige Außenwandkonstruktionen verbreitet /s. auch Abb. 3 - 15/. Die innere Wandscheibe hat in der Regel tragende Funktion, während die äußere Wandscheibe für den Wetterschutz, insbesondere gegen Schlagregen, vorgesehen ist. Zwischen den beiden Mauerschalen liegt eine Luftschicht, die in der Regel 4 - 5 cm stark ist. Dieses ist der Anwendungsraum für die Kerndämmung.

Für diese Art Dämmung der Außenwand ist in der Regel kein Gerüst erforderlich, auch kann die Kerndämmung unabhängig von anderen Renovierungsarbeiten ausgeführt werden /Abb. 3 - 22/. Ihre Durchführung ist deswegen relativ preiswert, allerdings sind ihrer Wirksamkeit durch die Dicke des verfügbaren Luftraumes auch Grenzen gesetzt.

Grundsätzlich sollte die Empfehlung für eine Kerndämmung durch eine gründliche bauphysikalische Untersuchung abgesichert werden. Die wärme-und diffusionstechnischen Eigenschaften des bestehenden zweischaligen Mauerwerkes können nämlich durch das Einbringen von Dämmstoffen so verändert werden, daß ggfs. Feuchtigkeitsprobleme durch Dampfdiffusion entstehen. Auch zu überprüfen ist die Bauweise und der Erhaltungszustand der äußeren Schale; eindringender Schlagregen könnte den Dämmstoff durchnässen und bei bestimmten Materialien die Durchfeuchtung auch der tragenden Wand bewirken.

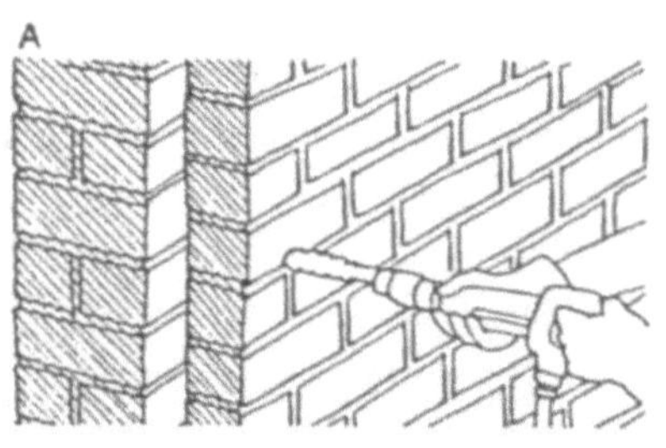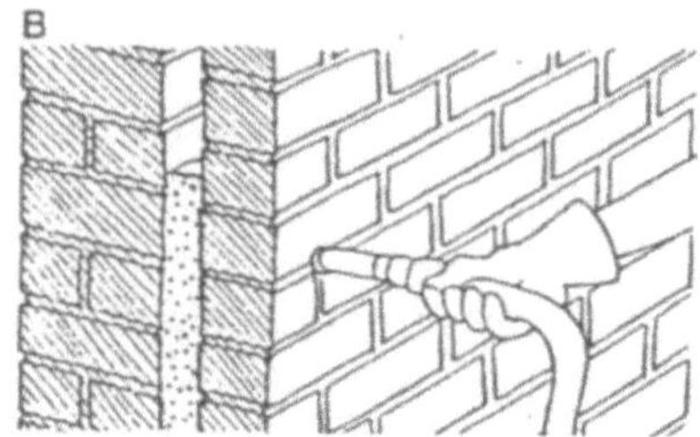

A Anbohren der äußeren Mauerschale

B Einbringen des Dämmstoffes durch Einblasen oder Einschäumen

Abb. 3-22:   Einbringen der Kerndämmung in die Luftschicht von zweischaligem Mauerwerk

Wärmedämmstoff kann in den Luftraum des zweischaligen Mauerwerks geschüttet, geblasen und geschäumt werden. Als Dämmstoffe können Granulat oder Flocken verwendet werden (Polystyrol-Kügelchen, Mineralwollflocken, Schaumglasgranulat usw.). Wärmedämmende Schäume bestehen beispielsweise aus Polyurethan oder Harnstoff-Formaldehyd. Außer Polyurethan-Schaum sind alle genannten Dämmstoffe sehr dampfdurchlässig. Wo also eine relativ dichte äußere Schale und eine durchlässige innere Schale vorgegeben sind, besteht dann immer erhöhtes Kondenswasserrisiko.

Die Verbesserung des Wärmedurchlaßwiderstandes durch Kerndämmung einer 5 cm starken Luftschicht zeigt /Abb. 3 - 23/.

BAUTEILSCHICHTEN	s (cm)	λ (W/m K)	s/λ (m² K/W)
1 vorhandene zweischalige Außenwand	–	–	–
2 Dämmstoff Verfüllung	5,0	0,04	1,09

KOSTENRICHTWERT: 40,- DM/m²

WÄRMEDURCHLASSWIDERSTAND DER VERBESSERUNGSMASSNAHME $1/\Lambda$ = 1.1 m²K/W

Abb. 3-23:   Kerndämmung bei zweischaligem Mauerwerk

Innendämmung der Wände

Bei vielen Gebäuden ist aufgrund der Fassadengestaltung mit starken Gliederungen oder Stuckornamenten oder auch wegen der verwendeten Materialien (Naturstein, teure Keramikbeläge) eine Außendämmung der Außenwand nicht möglich. Deswegen und in vielen Fällen auch aus Kostengründen wird häufig eine Innendämmung der Außenwände ins Kalkül gezogen.

Ein Vorteil der Innendämmung ist, daß sie abschnittsweise durchgeführt werden kann; so wird beispielsweise eine wohnungsweise oder geschoßweise Verbesserung der Außenwanddämmung möglich, wo sonst aus Kostengründen auf die gesamte Dämmung der Außenwand verzichtet werden müßte.

Diesen Vorteilen stehen jedoch einige gravierende Nachteile und zu beachtende bauphysikalische Probleme gegenüber. Am gravierendsten ist, daß bei bauphysikalisch bisher sicheren Außenwänden durch die Innendämmung neue Feuchtigkeitsprobleme entstehen können. Es besteht nämlich die Gefahr, daß in der Wandkonstruktion, die als Folge der Innendämmung nun tiefere Temperaturen aufweist, im Winter mehr Kondenswasser ausgeschieden wird als im Sommer wieder austrocknen kann. Je nach der Dampfdurchlässigkeit des Dämmstoffes und der Wandkonstruktion ist diese Gefahr mehr oder weniger groß. Um Kondensationsschäden zu verhindern, wird daher auf der Raumseite, wenn nötig, zusätzlich eine Dampfsperre oder Dampfbremse verlegt. Durch eine mangelhaft angebrachte oder falsch aufgebaute Innendämmung können Durchfeuchtungen der Wände entstehen, die zu einer Zerstörung des Bauteils führen können. Nachteilig ist bei der Innendämmung auch, daß Wärmebrükken, wie Deckenauflager, Balkonplatten usw. nicht ausgeschaltet werden.

Bei der Innendämmung müssen zudem Einbußen der verfügbaren Wohnfläche hingenommen werden, die durch die Dicke der Dämmschicht und ihre Verkleidung bedingt sind.

Bezüglich des Raumklimas kann nachteilig sein, daß die Außenwand nun nicht mehr Wärme aufnehmen kann und auf diese Weise nicht mehr als temperaturausgleichender Speicher wirken kann. Nur bei lediglich zeitweise benutzten Räumen oder zum Beispiel in Ferienhäusern ist dieses ein Vorteil.

Für Innendämmungen können folgende Konstruktionssysteme angewendet werden:

1. Wärmedämm-Verbundplatten /Abb. 3 - 24/
   Verbundplatten bestehen aus einer Dämmstoff- und einer schützenden, zum Teil auch tragenden Schicht als Oberfläche. Die Platten werden direkt auf das bestehende Bauteil geklebt oder durch mechanische Befestigung angebracht. Bei unebenem Untergrund werden sie mit Distanzschrauben oder auf einen geschifteten Holzrost montiert.

   Als Dämmstoffe werden Schaumstoff-, Mineralfaser- und Holzfaserplatten und als Trägermaterial Gips- oder Gipskartonplatten, Holzwolleleichtbauplatten, Holzspanplatten verwendet. Dämmstoffdicken von 6 - 10 cm sind zu empfehlen.

BAUTEILSCHICHTEN	s (cm)	λ (W/m K)	s/λ (m² K/W)
1 vorhandene Außenwand	-	-	-
2 Gipskartonverbundplatte mit	1,1	0,21	0,052
Polystyrol-Hartschaum	6,0	0,035	1,714

KOSTENRICHTWERT: ca. 70,- DM/m²

WARMEDURCHLASSWIDERSTAND DER VERBESSERUNGSMASSNAHME $1/\Lambda$ = 1.8 m²K/W

Abb. 3-24: Innendämmung mit Verbundplatte

2. Wärmedämmung mit Holzbekleidung
   Soll die Wand eine Holzbekleidung erhalten, so werden als Wärmedämmung Mineralfaserfilze oder Hartschaumplatten, möglichst nicht weniger als 6 cm dick, zwischen waagerechten Holzplatten an der Wand befestigt und mit Profilbrettern oder Holzpaneelen verkleidet. Unter Umständen ist es auch möglich, die Wärmedämmung lückenlos aufzukleben und die Verkleidung mit Distanzschrauben davor zu befestigen.

3. Wärmedämmung hinter Vormauerung /Abb. 3 - 25/
   Bei Vormauerungen mit Verputz wird zuerst eine Wärmedämmung auf dem bestehenden Bauteil angebracht, evtl. eine Dampfsperre verlegt und davor eine Wand aus Bausteinen oder Platten aufgemauert. Je nach Art des Bausteines ist entweder ein Verputz oder nur eine Oberflächenbehandlung notwendig.

Als Wärmedämmung eignen sich grundsätzlich alle plattenförmigen Produkte,
wobei sehr starke Dämmstoffdicken angewendet werden können.

Ein wesentlicher Vorteil der Vormauerung ist, daß sie als Wärmespeicher wirksam werden kann, allerdings wird dies durch den hohen Platzverlust erkauft.

BAUTEILSCHICHTEN	s (cm)	λ (W/m K)	s/λ (m² K/W)
1 vorhandene Außenwand	–	–	–
2 Mineralfaser-platte	8,0	0,04	2,000
3 Dampfsperre	0,01	–	–
4 Vormauerung KSL	11,5	0,70	0,164
5 Innenputz	1,5	0,87	0,017

KOSTENRICHTWERT: 125,- DM/m²

WÄRMEDURCHLASSWIDERSTAND DER VER-BESSERUNGSMASSNAHME $1/\lambda$ = 2.2 m²K/W

Abb. 3-25: Innendämmung mit Vormauerung

4. Wärmedämmende Tapeten

Als einfache Methode der Innendämmung werden wärmedämmende Tapeten angeboten. Diese Tapeten mit aufkaschiertem Schaumstoff von 3 - 5 mm Dicke erhöhen die Wärmedämmung und Oberflächentemperatur von Wänden nur geringfügig. Man darf sich durch die Tatsache nicht täuschen lassen, daß sich die Dämmtapeten warm anfühlen. Das ist auf die geringe Wärmeableitung aus der Hand zurückzuführen, hat aber nichts mit einer guten Wärmedämmung zu tun. Verglichen mit ihrer äußerst geringen Wirkung sind die Kosten für die Dämmtapeten relativ hoch.

Es muß nochmals betont werden, daß das diffusionstechnische Verhalten der Konstruktion besonders bei klimatisierten Innenräumen, dampfdichten Außenwänden (z.B. Betonwand) und dampfdurchlässigen Wärmedämmstoffen (z.B. Mineralfaserplatten) überprüft werden muß.

Der Dämmung von Heizkörpernischen /Abb. 3 - 26/ kommt bei der Innendämmung besondere Bedeutung zu. In den Nischen ist das Mauerwerk dünner und die Innentemperatur wesentlich höher - ideale Voraussetzungen also für einen starken Wärmedurchgang, allerdings auch für eine wirtschaftlich vertretbare Dämmung.

Die Dämmung ist oft dadurch erschwert, daß zwischen Heizkörper und der Außenwand nur wenig Platz vorhanden ist.

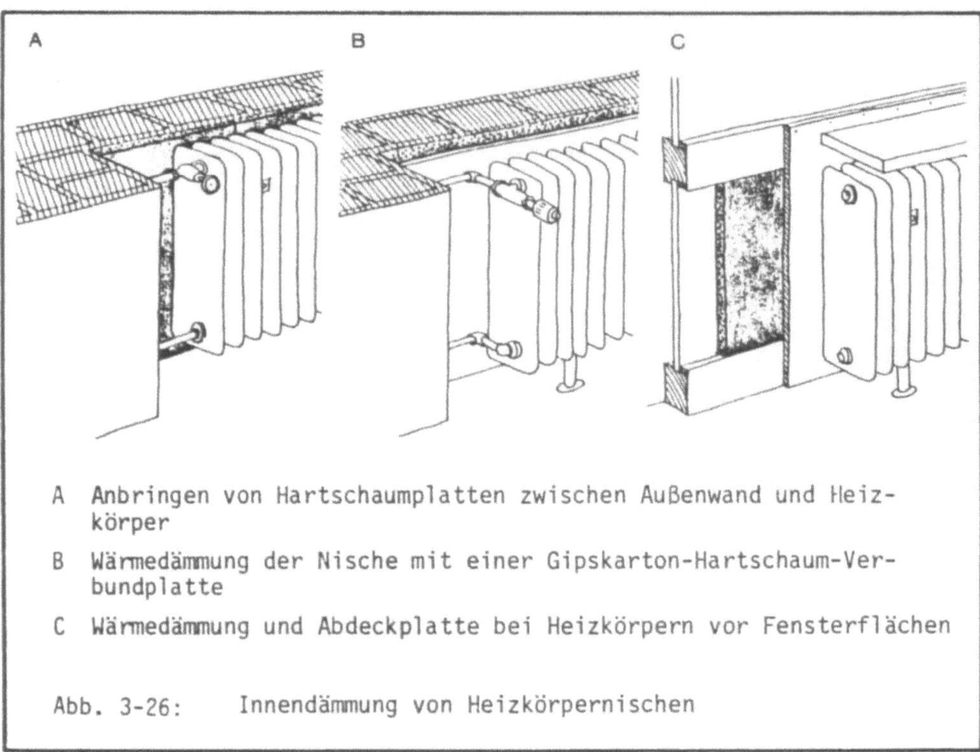

A Anbringen von Hartschaumplatten zwischen Außenwand und Heizkörper

B Wärmedämmung der Nische mit einer Gipskarton-Hartschaum-Ver-
   bundplatte

C Wärmedämmung und Abdeckplatte bei Heizkörpern vor Fensterflächen

Abb. 3-26:   Innendämmung von Heizkörpernischen

Am einfachsten ist es, hinter die Heizkörper Hartschaumplatten zu schieben und
diese an der Außenwand zu befestigen /Abb. 3 - 26 A/.

Besser, aber auch aufwendiger ist die Dämmung der Nischen mit Gipskarton-Hart-
schaumverbundplatten; dazu müssen die Heizkörper abgenommen werden, dann können
die Verbundplatten an der Außenwand befestigt werden. Danach werden die Heizkörper an Distanzrohrstücken angeschlossen und weiter im Raum als vorher aufgestellt /Abb. 3 - 26B/.

Besonders hohe Wärmeverluste entstehen, wo Heizkörper direkt vor Glasflächen
angeordnet sind. Die Glasbrüstung läßt sich von innen mit einer Hartschaumplatte
abdecken und mit einer Sperrholz- oder Spanplatte bekleiden. Aus ästhetischen
Gründen sollte mit einem vorherigen Anstrich der Glasfläche auf der Raumseite
vermieden werden, daß der Dämmstoff von außen her sichtbar wird /Abb. 3 - 26C/.

Bezüglich des Diffusionsverhaltens gelten die gleichen Grundsätze wie bei der
Innendämmung, d.h. eine Dampfsperre ist notwendig bei dampfdichten Außenwandbau-
teilen, bei Verwendung von Faserdämmstoffen und bei hoher Raumluftfeuchtigkeit.

3.3.4 Fenster

Fenster und Außentüren können als ausgesprochene Wärmelöcher in der Gebäudeaußenhaut bezeichnet werden. Ihr Anteil an den Gesamtwärmeverlusten eines Gebäudes
liegt je nach Gebäudeart zwischen 30% und 50% /s. Abschnitt 3.1.1/.

Bei diesen Bauteilen treten Wärmeverluste in zweierlei Hinsicht auf:

- Transmissionswärmeverluste: Glas und Rahmen der Fenster leiten die Wärme nach
  außen. So geht beispielsweise durch einen Quadratmeter Fenster etwa dreimal
  soviel Wärme verloren wie durch einen Quadratmeter normale Wand.
- Lüftungswärmeverluste: durch Fenster und Türfugen sowie durch Konstruktions-
  fugen dringt warme Luft unkontrolliert nach außen.

Die Transmissionswärmeverluste sind dabei stark von der Art der Verglasung und
des Rahmenmaterials abhängig (siehe DIN 4108, August 1981, Teil 4, Tabelle 3).
Die Luftdurchlässigkeit, ausgedrückt durch den Fugendurchlaßkoeffizienten a, von
alten Fenstern ist in den meisten Fällen sehr groß und der Luftaustausch zwischen Außenluft und Raumluft an diesen Stellen führt zu beträchtlichen Lüftungswärmeverlusten. Meistens wenig beachtet, aber oft größer als der Verlust durch
die Fensterfälze ist der Lüftungswärmeverlust durch schlecht oder nicht gedich-
tete Fugen zur Wand. Im Rahmen einer Überprüfung und Verbesserung von Fenstern
sind deshalb stets die drei Dichtungsebenen

- Anschluß des Blendrahmens am Mauerwerk
- Fuge zwischen Blendrahmen und Flügelrahmen und
- Fuge zwischen Flügelrahmen und Verglasung

zu betrachten /Abb. 3 - 27/.

Eine vollkommene Abdichtung der Fensterfugen ist bei schlecht wärmegedämmten
Gebäuden jedoch nicht zu empfehlen, da durch den reduzierten Luftaustausch im
Winter plötzlich Feuchtigkeitsschäden auftreten können.

Der starke Wärmedurchgang durch Glasflächen hat zur Folge, daß an Fenstern niedrige Oberflächentemperaturen auftreten, die die Behaglichkeit im Innenraum be-
einträchtigen /Tab. 3 - 2/.

Um dieses zu kompensieren, werden für gewöhnlich die Heizkörper unter den Fenstern angeordnet, damit die aufsteigende Warmluft die Glasoberfläche erwärmt.
Mit stärker dämmenden Verglasungen kann der an dieser Stelle auftretende sehr
hohe Wärmeverlust eingeschränkt werden /Tab. 3 - 3/.

1   Wandanschluß des Blendrahmens

2   Fuge zwischen Flügel und
    Blendrahmen

3   Glasfalz

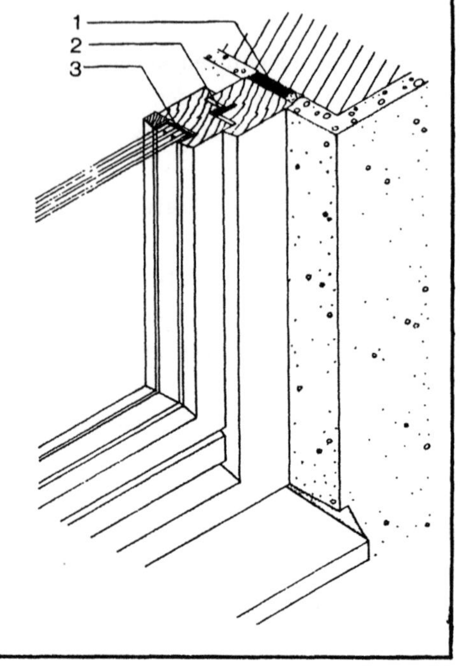

Abb. 3-27:

Die drei Dichtungspunkte am Fenster

Glassystem	Aufbau d: Glasdicke (mm) LZR: Luftzwischen- raum (mm)	k-Wert W/m^2K	Oberflächentemperatur bei Außentemperatur t_a		
			0^oC	-10^oC	-20^oC
Einfachglas	d = 5	5,6	+ 6	- 1	- 8
Isolierglas	d = 4, LZR = 12	3,0	+12	+ 8	+ 4
Doppelvergl.	d = 2, LZR = 30	2,8	+12,8	+ 9,8	+ 5,5
Isolierglas 3-fach	d = 4, LZR = 2x9	2,2	+14,3	+11,4	+ 8,5
Spezialglas 2-fach	d = 4, LZR = 12, Reflexionsbelag und Gasfüllung	1,8	+15,5	+13,3	+11,0
Spezialglas 3-fach	d = 4, LZR = 2x9 Gasfüllung	1,7	+15,8	+13,6	+11,5

Tab. 3-2: k-Werte von verschiedenen Glassystemen und die sich
daraus ergebende Oberflächen-Temperatur der Innenscheibe (Raumtemperatur t_i = 20°C).

	2-fach IV	DV	3-fach IV	2-fach IV IR-Film	Wand
k-Wert (W/m^{2}K)	3,1	2,8	2,2	1,8	0,5
Temperatur der innern Scheibenoberfläche (°C)	20	20	20	20	20
Lufttemperatur am Fenster innen (°C)	30,3	28,8	26,2	24,7	21,1
Wärmefluß (W/m^2)	82,5	70,2	49,4	37,8	8,7
Wärmeverlust während der Heizperiode (kWh/m^{2}a)	446	379	267	204	47
Heizölmenge während der Heizperiode (kg/m^{2}a)	51	44	31	23	5

IV = Isolierverglasung   DV = Doppelverglasung

Heizkörper unter dem Fenster, der die Oberflächentemperatur des Fensters auf 20 °C anhebt. Mittlere Außentemperatur circa 4 °C

Tab. 3-3:   Vergleich der Wärmeverluste verschiedener Verglasungen und einer gedämmten Außenwand über eine Heizperiode

Die Einfachverglasung hatte am gesamten Gebäudebestand einen sehr hohen Anteil. In den letzten 10 bis 15 Jahren sind allerdings umfangreiche Modernisierungen durchgeführt worden, so daß heute über die Hälfte aller Fenster mindestens den Qualitätsstandard einer Zweischeibenisolierverglasung aufweisen. Dabei war nicht unbedingt das Bestreben nach Energieeinsparung der Anlaß für die Fenstermodernisierung, sondern der schlechte Erhaltungzustand und der geringe Komfort der alten Einfachfenster.

Ein weiterer Grund für die starke Durchführung von Fenstermodernisierungen war und ist auch, daß die Verbesserung von bestehenden Fenstern und der Einbau neuer Fenster gegenüber anderen wärmeschutztechnischen Maßnahmen nur einen geringfügigen Eingriff in die Nutzung des Gebäudes darstellt und auch die Nebenkosten und Störwirkungen gering sind.

Abhängig von der Konstruktions- und Verglasungsart und entsprechend dem Erhaltungszustand sind für die wärmeschutztechnische Verbesserung von Fenstern recht unterschiedliche Maßnahmen anwendbar. Im nachfolgenden Abschnitt werden deshalb die wichtigsten Konstruktions- und Verglasungsarten gezeigt, und in dem darauffolgenden Abschnitt dann hierzu passende typische Verbesserungsmaßnahmen.

3.3.4.1   Konstruktions- und Verglasungsarten von Fenstern
            im Gebäudebestand

Am häufigsten wurde im Gebäudebestand bei der Erstausstattung mit Fenstern als
Rahmenmaterial Holz verwendet. Dabei kommen vorwiegend folgende Systeme zum
Einsatz /Abb. 3 - 28/:

- Einfachverglasung (EV)
  Ein Flügel- und Blendrahmen mit einer Stärke von circa 30 - 50 mm.
  Eine Glasscheibe mit einer Dicke von 2 - 5 mm; k-Wert etwa 5 W/m^{2}K.
- Doppelverglasung (DV)
  Blendrahmenstärke zwischen 40 und 60 mm, der Flügel besteht aus zwei Rahmen
  mit circa 26 - 36 mm starken Profilen. Die circa 2 - 4 mm starken Scheiben
  haben einen Abstand von 26 - 36 mm; k-Wert etwa 2,8 W/m^{2}K.
- Isolierverglasung (IV)
  Blendrahmenstärke zwischen 40 und 60 mm, Flügelrahmen 54 - 74 mm. Zwei Schei-
  ben sind am Rande zu Isolierglas verschweißt, gelötet oder geklebt; die Glas-
  stärke beträgt 3 - 5 mm und der Luftzwischenraum (LZR) beträgt 6 - 15 mm;
  k-Wert etwa 3 W/m^{2}K.

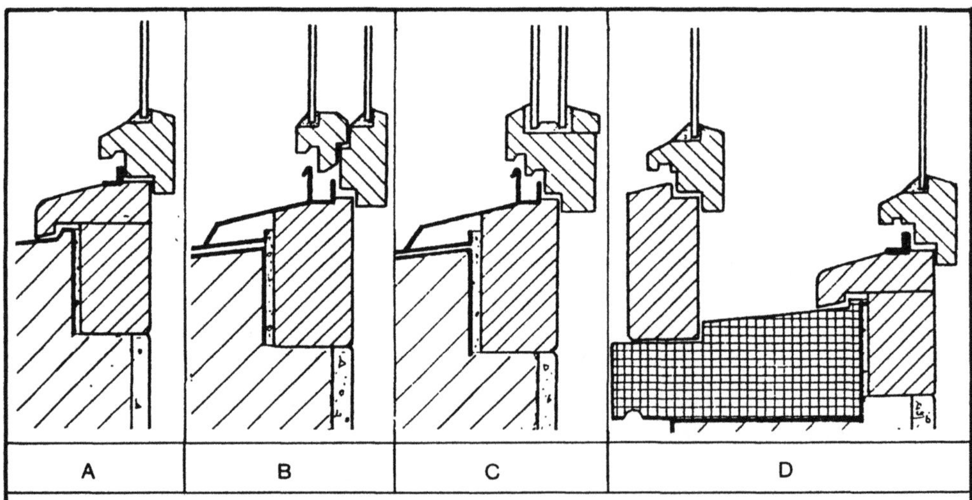

A   Einfachverglasung   (EV)
B   Doppelverglasung   (DV)
C   Isolierverglasung   (IV)
D   Kastenfenster
Abb. 3-28:   Fenster- und Verglasungsarten

- Kastenfenster

  Bei diesen selteneren Systemen handelt es sich eigentlich um zwei vollständig
  getrennte einfach verglaste Fenster. Teilweise wurde ein Fensterelement einfach demontierbar als sogenanntes Winterfenster ausgebildet; k-Wert etwa 2,6 -
  2,8 W/m^{2}K.

Die Fuge zwischen Verglasung und Flügelrahmen wurde meistens mit Fensterkitt
gedichtet, der Anschluß an das Mauerwerk wurde in der Regel mit Strick ausge-
stopft. Eine Dichtung der Fuge zwischen Blend- und Flügelrahmen erfolgte nicht
/Abb. 3 - 27/.

Vereinzelt wurden als Rahmenmaterial auch Stahlprofile verwendet, die aufgrund
des hohen Wärmedurchganges im Winter sehr oft zu Kondenswasserbildung am Rahmen
führten - Rostbildung, teilweise Vereisung und stärkere Bauschäden waren häufig
als Folge zu beobachten.

Verbesserte Holzfenster, Kunststoffenster, Aluminiumfenster und Holz-/Aluminium-
fenter, mindestens mit Zweischeibenisolierverglasung, sind seit Ende der sechziger Jahre der Standard für Erstausstattung und Modernisierungsmaßnahmen.

3.3.4.2   Verbesserung der Fugendichtung von Fenstern und Türen

Der erste Schritt zur Verbesserung der Fenster sollte in einer Überprüfung und
Neueinstellung der Beschläge bestehen. Diese können sich nämlich im Laufe der
Zeit lockern und für eine stark undichte Fuge zwischen Blend- und Flügelrahmen
verantwortlich sein.

Ein einfacher Weg zur Prüfung der Fugenundichtigkeit ist es, in die Fensterfugen
einen Streifen Schreibmaschinenpapier einzuklemmen. Läßt sich dieser nach der
Einregulierung der Beschläge ohne zu zurreißen herausziehen, so lohnt sich normalerweise der Einbau zusätzlicher Falzdichtungen (dies sind z.B. Moosgummi,
keilförmige Schaumstoffdichtung, faltbare Polypropylen-Streifen, Dichtungen aus
Hart-/Weich-PVC-Kombinationen oder Neopren).

Vier mögliche Anbringungsformen von Falzdichtungsprofilen zeigt die /Abb.
3 - 29/.

Eingenutete Gummidichtungsprofile sind eine wirkungsvolle und dauerhafte Lösung
/Abb. 3 - 29D/; dazu muß in bestehende Holzfenster eine Nut eingefräst werden,
was diese Verbesserungsmaßnahme allerdings relativ verteuert.

Keilförmige Dichtungsstreifen aus wetterfestem Kunststoff, die in den inneren
Setzfalz geklebt oder genagelt werden, sind ebenfalls sehr wirkungsvoll
/Abb. 3 - 29C/.

Moosgummistreifen aus geschlossenen-porigem PVC-Schaummaterial sollten in dem
inneren Preßfalz angeklebt werden; da sie stark beansprucht werden, ist ihre
Lebensdauer nur gering und eine häufigere Überprüfung und ggfs. Auswechslung ist
erforderlich /Abb. 3 - 29B/.

Die Anbringung von Schaumstoff- und Filzstreifen am äußeren Preßfalz ist in
jedem Fall weniger wirkungsvoll und dauerhaft als die vorher genannten Dich-
tungsarten /Abb. 3 - 29A/.

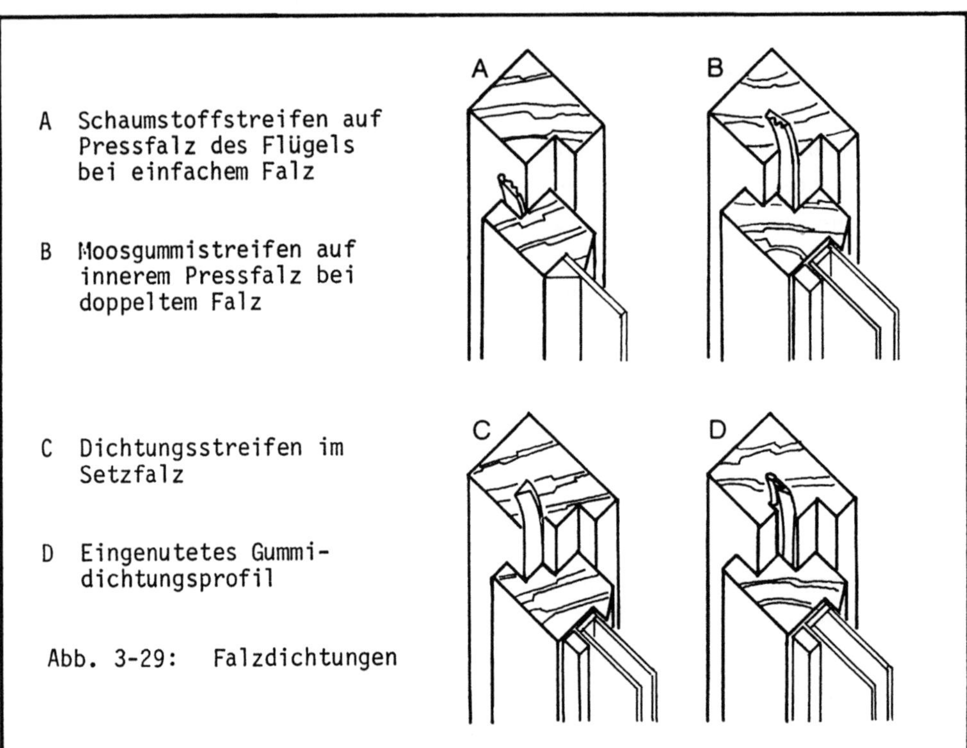

A Schaumstoffstreifen auf
   Pressfalz des Flügels
   bei einfachem Falz

B Moosgummistreifen auf
   innerem Pressfalz bei
   doppeltem Falz

C Dichtungsstreifen im
   Setzfalz

D Eingenutetes Gummi-
   dichtungsprofil

Abb. 3-29:   Falzdichtungen

Bei doppelt gefälzten Fenstern sollten die Fugendichtungsbänder stets in den
inneren Falz der Fensterfuge am Rahmen (und nicht am Flügel) befestigt werden.
Nur bei Fenstern mit einfachem Falz kann die Dichtung auch am Fensterflügel
angebracht werden.

Bezüglich der unterschiedlichen Fugendichtungsmaterialien gilt folgender Grundsatz: weiche Dichtungsstreifen werden in dem Preßfalz, das ist die Fläche, die parallel zur Fensterscheibe liegt, angebracht, keilförmige oder harte Dichtungsleisten hingegen werden vorteilhafterweise am Setzfalz (Fläche senkrecht zur Verglasung) angebracht.

Die Kosten für diese Maßnahmen sind sehr gering - teilweise können sie in Selbsthilfe durchgeführt werden. Dichtungsstreifen zum Kleben oder Schrauben kosten zwischen 1,-- und 4,-- DM je laufender Meter, das Ausspritzen der Fugen mit elastischer Silikondichtung durch einen Handwerksbetrieb etwa 15,-- DM/m.

Die Abdichtung der Fugen zwischen Blendrahmen und Mauerwerk wird am besten mit dauerelastischen Kittmassen auf Silikonbasis vorgenommen. Nach Entfernung von Deckleisten wird die Fuge sauber gekratzt, mit Stopfmaterial bis auf etwa 1 cm Tiefe ausgefüllt und anschließend mit der Kittmasse dauerelastisch verfugt /Abb. 3 - 30/.

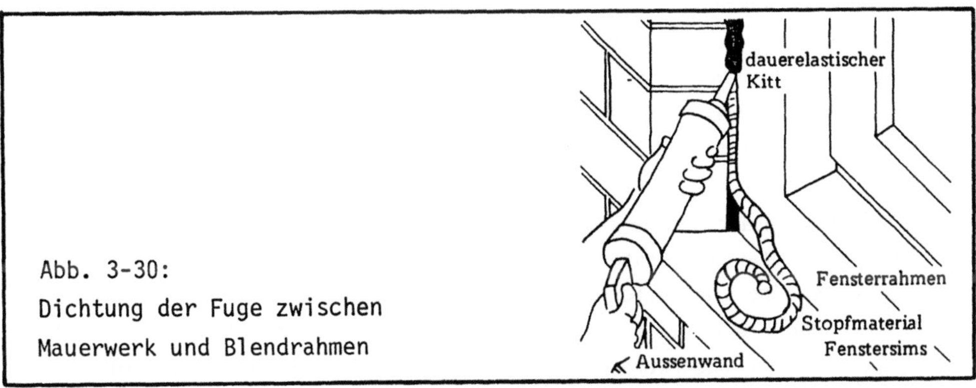

Abb. 3-30:
Dichtung der Fuge zwischen
Mauerwerk und Blendrahmen

Für die Fugendichtung der Außentüren eignen sich prinzipiell dieselben Produkte wie für die Fenster, wobei zu beachten ist, daß Dichtungsbänder im Preßfalz besonders stark beansprucht werden. Der untere Anschlag der Tür ist meistens ungefälzt, als Abdichtungen können hier Schwellenprofile, Gummiprofile in Aluminiumschienen, Dichtungsbürsten und Metalldichtungsschienen eingesetzt werden /Abb. 3 - 31/.

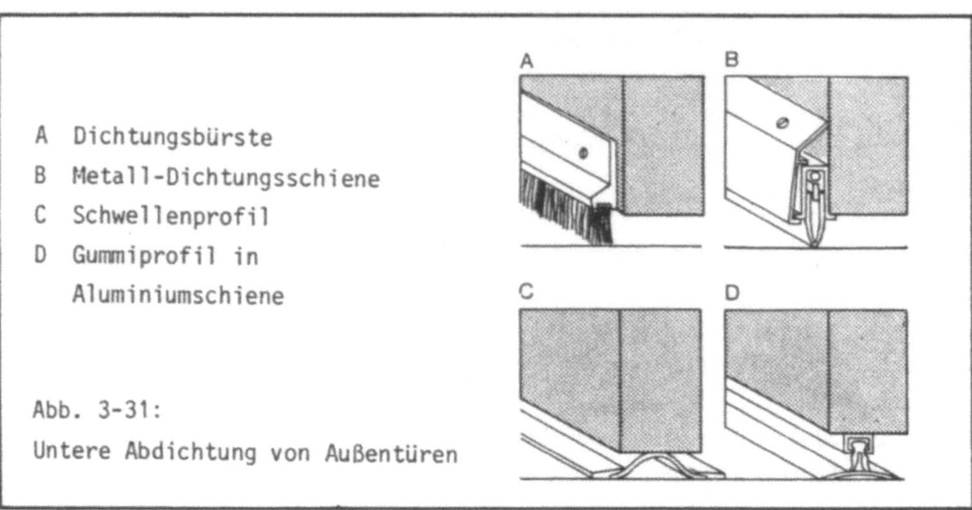

A Dichtungsbürste
B Metall-Dichtungsschiene
C Schwellenprofil
D Gummiprofil in
   Aluminiumschiene

Abb. 3-31:

Untere Abdichtung von Außentüren

3.3.4.3 Verbesserung der Verglasung an bestehenden Fenstern

Da der komplette Austausch von Fenstern eine sehr kostpielige Maßnahme ist, die sich trotz relativ hoher Energieeinsparungen erst in sehr langen Zeiträumen amortisiert, sollte vor diesem weitestgehenden Schritt sorgfältig untersucht werden, ob nicht Verbesserungsmaßnahmen am bestehenden Fenster ähnlich wirkungsvoll sind, jedoch wirtschaftlicher erreichbar.

- Montage einer Zusatzscheibe /Abb. 3 - 32/
  Bei einfachverglasten Fenstern kann auf der Innenseite auf den bestehenden Flügelrahmen eine zusätzliche Scheibe sehr einfach aufgebracht werden. Dies verbessert den k-Wert um circa 50%. Die Kosten hierfür betragen etwa 100,-- bis 200,-- DM pro Quadratmeter fertig montiert. Zu prüfen ist allerdings, ob die vorhandenen Beschläge dem Mehrgewicht standhalten.

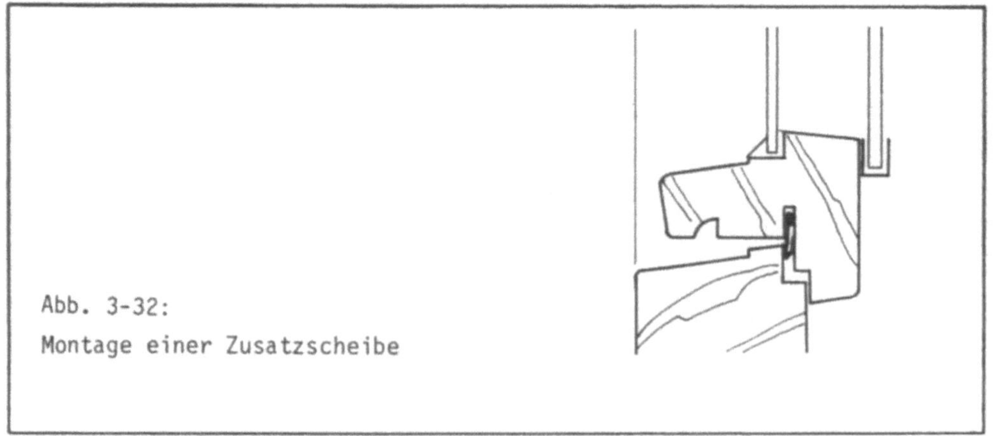

Abb. 3-32:

Montage einer Zusatzscheibe

- Auswechseln der Einfachverglasung durch Isolierverglasung /Abb. 3 - 33/. Die
  Glasindustrie hat spezielle Isolierglasscheiben entwickelt, die in den Glasfalz von vorher einfachverglasten Fensterflügeln passen. Auch hier ist zuerst
  zu prüfen, ob Fensterflügel und Beschläge das zusätzliche Gewicht überhaupt
  aufnehmen können und ob die Isolierglasscheibe im vorhandenen Fensterflügel
  fachgerecht verklotzt werden kann.

Als Richtpreis für die Isolierglasscheibe einschließlich Einbau kann mit circa
150,-- DM/m² gerechnet werden.

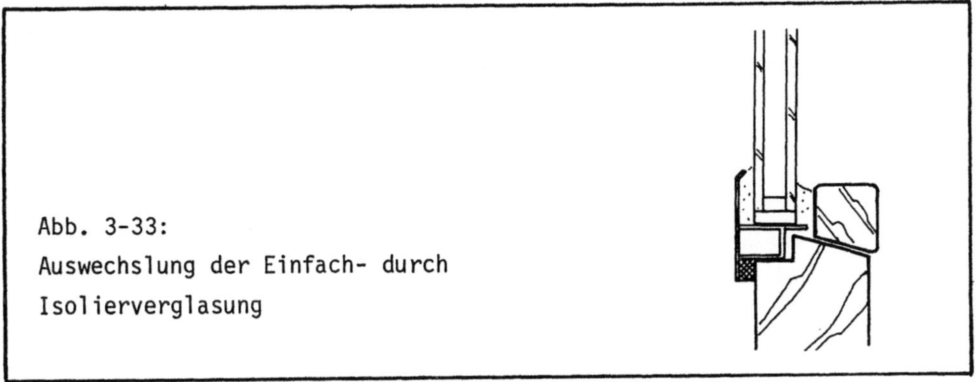

Abb. 3-33:
Auswechslung der Einfach- durch
Isolierverglasung

- Einbau neuer Fensterflügel /Abb. 3 - 34/
  Auf den vorhandenen Blendrahmen wird ein neues Metall- oder Kunststoff-Blend-
  rahmenprofil befestigt. Zugleich wird ein neuer Flügelrahmen mit Isolierverglasung eingesetzt. Es entstehen Kosten in Höhe von etwa 350,-- DM/m² bis
  400,-- DM/m². Vorteilhaft ist, daß der Austausch der Fenster ohne Bearbeitung
  bestehender Bauteile in der Regel in ein bis zwei Stunden möglich ist. Nachteilig ist, daß die verfügbare Verglasungsfläche in der Regel kleiner wird.
  Unabdingbare Voraussetzung ist allerdings, daß der alte Blendrahmen und sein
  Anschluß an das Mauerwerk in gutem Zustand sind.

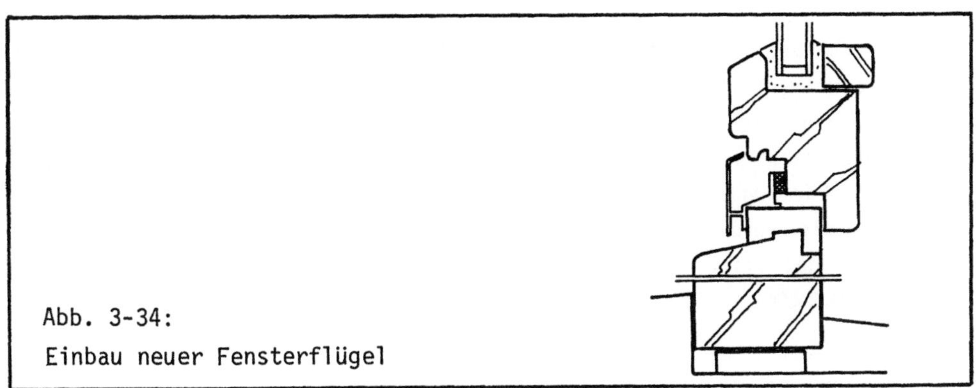

Abb. 3-34:
Einbau neuer Fensterflügel

3.3.4.4   Ersatz des Fensters

Der Ersatz bestehender Fenster allein aus Gründen der Heizkosteneinsparung ist nur in Ausnahmefällen wirtschaftlich. Soll aber zur Verbesserung des Komforts und des Wohnwertes eines Hauses ein nicht mehr funktionstüchtiges Fenster ausgewechselt werden, so bietet es sich an, wärmedämmende neue Fenster einbauen zu lassen. Die Mehrkosten für die Isolierverglasung und bessere Fugendichtung machen sich durch die erreichbaren Energieeinsparungen bezahlt.

Für den Einsatz von Fenstern gibt es zwei Sanierungsmethoden:

- Neue Fenster auf alten Blendrahmen
  Sofern der alte Blendrahmen im Mauerwerk fest verankert, nicht verzogen, fäulnisfrei und trocken ist, kann er als Unterkonstruktion für ein neues Fenster genutzt werden.

  Die Fenster werden von den Anbietern vor Ort ausgemessen, beim Hersteller hergestellt und verglast, vor Ort fertig montiert und abschließend zum alten Rahmen bzw. zum Mauerwerk hin abgedichtet. Hierfür werden Einbausysteme aus Holz, Kunststoff oder Aluminium angeboten.

  Der Vorteil liegt darin, daß der Einbau in wenigen Stunden durch eine einzige Firma erfolgen kann - es sind nur selten Stemm-, Putz- und Malerarbeiten erforderlich.

- Vollständiger Austausch der Fenster
  Wenn die vorhandenen Fenster so schadhaft sind, daß eine der bisher vorgenannten Verbesserungsmaßnahmen nicht mehr möglich ist, verbleibt nur noch der vollständige Austausch. Dazu muß der alte Blendrahmen ganz entfernt und durch einen neuen Blendrahmen mit einem neuen Fenster ersetzt werden. Dabei wird die Abdichtung zwischen dem Bauwerk und dem neuen Blendrahmen optimal erfolgen können.

  Vorteilhaft ist, daß diese Lösung technisch einwandfrei ausgeführt werden kann und der Lichtverlust gegenüber dem bestehenden Fenster in der Regel sehr gering gehalten werden kann (lediglich stärkere Flügelrahmenprofile wegen Isolierverglasungen gegenüber Einfachverglasungen). Die Umbauarbeiten bringen allerdings Lärm und Staub mit sich - unangenehm für die Bewohner. Anpassungsarbeiten, wie Beiputzen und Malerarbeiten werden erforderlich. Die Kosten liegen für das reine Fensterelement (ohne Montage und Nebenarbeiten) bei etwa 350,-- DM/m^2, mit Einbau etwa bei 400,-- bis 450,-- DM/m^2.

Beim Einbau neuer Fenster sollte grundsätzlich geprüft werden, ob anstelle der auf jeden Fall erforderlichen Zweifachisolierverglasung nicht eine Dreifachisolierverglasung oder eine speziell wärmedämmende Verglasung gewählt werden sollte. Die Auswirkungen auf den Wärmedurchgangskoeffizienten k in Abhängigkeit von der Scheibenzahl, bei konstantem Luftzwischenraum einerseits und bei kon-stanter Gesamtstärke des Verglasungselementes andererseits zeigt die /Abb. 3 - 35/. Die k-Werte von verschiedenen Glassystemen und die sich daraus ergebende Oberflächentemperatur der Innenscheibe wurde in /Tabelle 3 - 2/ dargestellt.

Die beiden o.a. Vergleiche zeigen deutlich, daß eine starke Reduzierung des k-Wertes bei dem "Wärmeloch" Fenster durch die Art der Verglasung möglich ist. Selbstverständlich spielen bei der Entscheidung die Kosten eine wichtige Rolle. Als Entscheidungshilfe ist hier eine sorgfältige Grenzkostenbetrachtung angebracht.

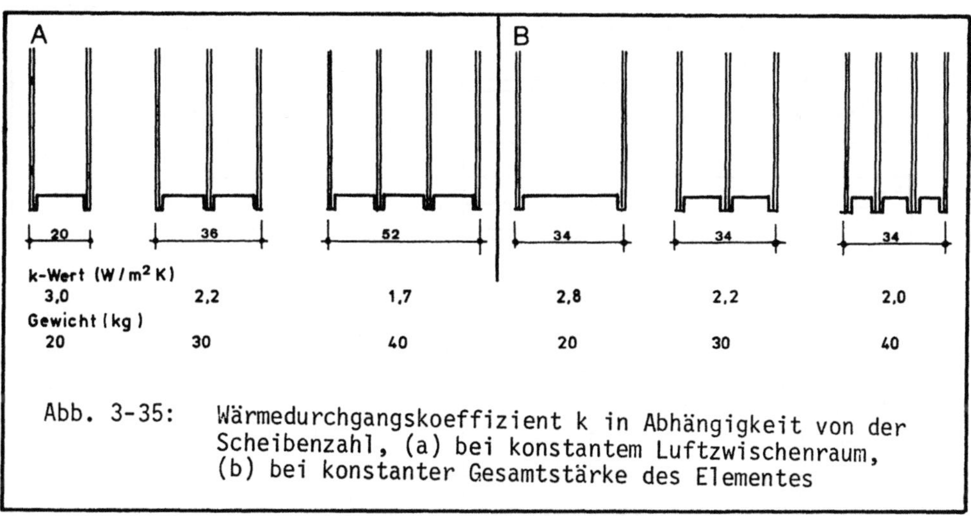

Abb. 3-35: Wärmedurchgangskoeffizient k in Abhängigkeit von der Scheibenzahl, (a) bei konstantem Luftzwischenraum, (b) bei konstanter Gesamtstärke des Elementes

3.3.4.5   Temporärer Wärmeschutz des Fensters

Selbst Fenster mit einer relativ stark wärmedämmenden Verglasung sind mit k-Werten zwischen 1,5 und 1,8 W/m²K im Vergleich zu gedämmten Außenwänden (k-Werte zwischen 0,3 und 0,8 W/m²K) Zonen starker Wärmeverluste. Dies besonders in den Zeiten und an den Stellen, wo keine positive Beeinflussung der Wärmebilanz des Fensters durch solare Einstrahlungsgewinne gegeben ist. Besonders nachts wäre es also angebracht, diese Schwachstellen durch zusätzliche Wärmeschutzvorrichtungen - temporären Wärmeschutz - zu verschließen.

Fensterläden stellen die älteste und bekannteste Form des temporären Wärmeschutzes dar. Allerdings ist erforderlich, daß die Abdichtung der geschlossenen Läden am Bauwerk möglichst gut ist; nur ein ruhendes Luftpolster

Benutzer-Verhalten

Durch Betätigen von Jalousien, Rolladen oder/und dichten Nachtvorhängen während der Nachtzeit kann der Wärmeverlust erheblich vermindert werden:

Bitte beachten:

- Zwischen Fenster und gezogenen Vorhängen darf kein Wärmestau entstehen.
- Vorhandene Warmluftschlitze an Simsen sind zu schliessen.
- Der Vorhang darf den Heizkörper nicht überdecken.
- Bei Nachtabsenkung der Raumtemperatur sind die absoluten Einsparungen am Fenster entsprechend geringer.

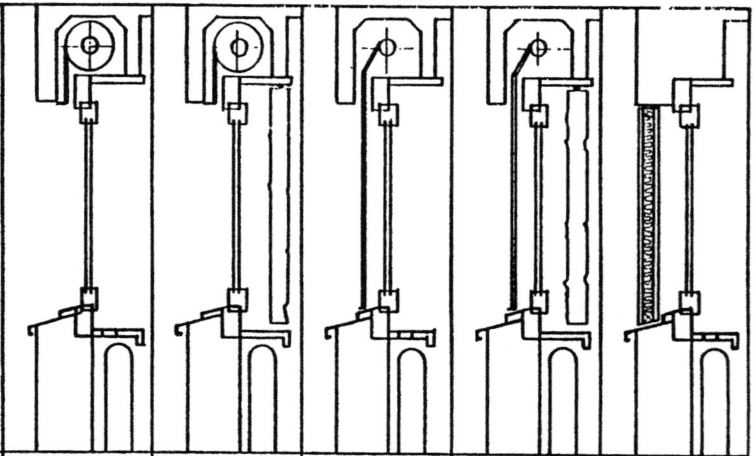

Fensterart bzw. Verglasung	Situation	Fenster allein	Fenster + Vorhang (Simse geschlossen)	Fenster + Rolladen	Fenster + Rolladen + Vorhang	Fenster + isolierter Jalousieladen
IV-Fenster 2fach-Verglasung	k-Wert Wärmeenergieeinsparung	3,0 W/m²K	2,2 W/m²K 27 %	1,9 W/m²K 37 %	1,5 W/m²K 50 %	0,5 W/m²K 83 %
DV-Fenster 2fach-Verglasung	k-Wert Einsparung	2,8 W/m²K	2,1 W/m²K 25 %	1,82 W/m²K 35 %	1,45 W/m²K 48 %	0,49 W/m²K 82 %
IV-Fenster 3fach-Verglasung	k-Wert Einsparung	2,2 W/m²K	1,74 W/m²K 21 %	1,54 W/m²K 30 %	1,27 W/m²K 42 %	0,47 W/m²K 79 %
IV-Fenster Spez.Verglasung	k-Wert Einsparung	1,8 W/m²K	1,48 W/m²K 18 %	1,34 W/m²K 26 %	1,13 W/m²K 37 %	0,45 W/m²K 75 %

Abb. 3-36: Verminderung der Energieverluste durch das Fenster (ohne Nachtabsenkung) in Abhängigkeit von der Bedienung von Rolladen und Vorhang

zwischen dem Laden und dem Fenster ermöglicht eine hohe Wärmedämmung. Ideal wäre auch, wenn die Fensterläden zusätzlich gedämmt wären - dieses würde ihre Wirkung nochmals verbessern.

Rolläden können ebenfalls als temporärer Wärmeschutz eingesetzt werden /Abb. 3 - 36/.

Auch dichte Stoffvorhänge und die zwischen dem Fenster liegende Luftschicht wirken auf der Raumseite des Fensters als zusätzliche Wärmedämmung. Voraussetzung ist hier allerdings, daß die aufsteigende Warmluft des Heizkörpers nicht zwischen Fenster und Vorhang gelangt, da sonst ein zusätzlicher Wärmeverlust entsteht /Abb. 3 - 37/.

Je besser der k-Wert eines Fensters ist, desto geringer ist die mit temporärem Wärmeschutz erzielbare Wirkung. Wesentlichen Einfluß hat das Verhalten der Bewohner - nur die konsequente Benutzung der Einrichtungen führt auch zu den angestrebten Energieeinsparungen. Da das Benutzerverhalten aber nur schwer zu beeinflussen ist, wird mancherorts vorgeschlagen, das Geld für temporäre Wärmeschutzmaßnahmen lieber in eine Verglasung zu investieren, die um eine Stufe besser ist als ursprünglich vorgesehen, z.B. also Dreischeiben- statt Zweischeibenisolierverglasung.

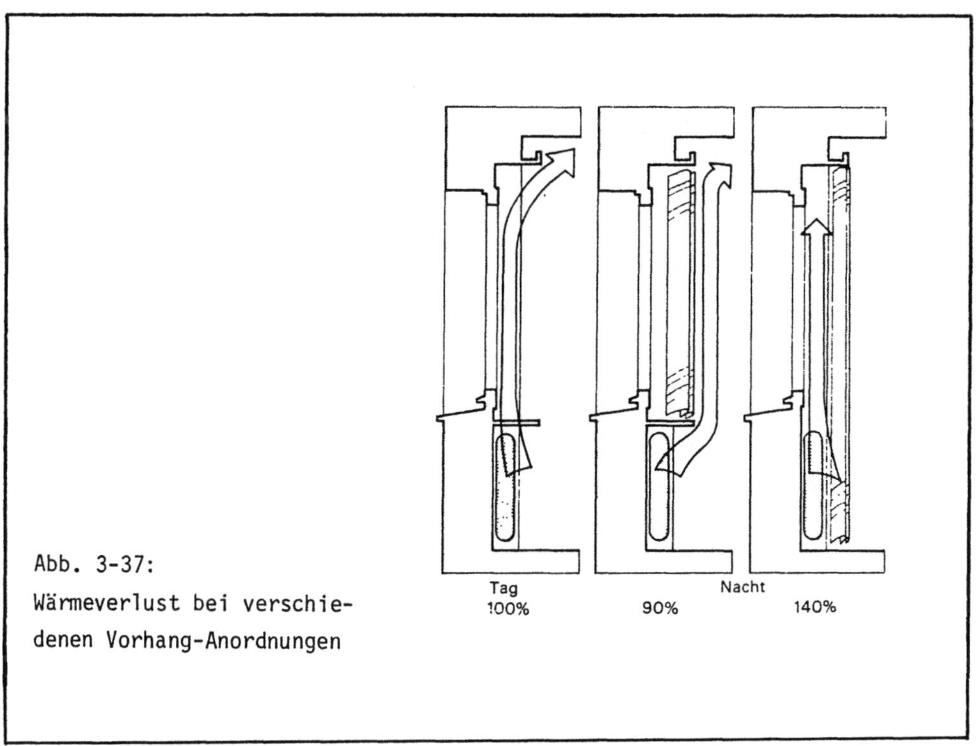

Abb. 3-37:
Wärmeverlust bei verschiedenen Vorhang-Anordnungen

3.3.5   Dächer
3.3.5.1   Typische Dachkonstruktionen im Gebäudebestand

Die Dachkonstruktionen des Gebäudebestandes lassen sich nach drei Hauptkriterien
gliedern:

- Dachform
  Flachdach mit einem Neigungswinkel von 0 - 5°; flachgeneigtes Dach mit einem
  Neigungswinkel von 5 bis circa 25°; geneigte Dächer (Steildach) mit einem
  Neigungswinkel von über 25°

- Aufbauart
  Belüftetes bzw. nicht belüftetes Dach. Es wird unterschieden, ob zwischen
  Dachhaut und Wärmedämmung ein mit der Außenluft in Verbindung stehender Luft-
  raum (belüftetes Dach/Kaltdach) angeordnet ist, oder ob sich die Dachhaut ohne
  Luftraum über einer Ausgleichsschicht direkt auf der Wärmedämmung befindet
  (nicht belüftetes Dach/Warmdach)

- leichte oder schwere Bauweise
  Unterscheidung nach dem Flächengewicht < 300 kg/m^2 oder > 300 kg/m^2.

Die geneigten Dächer werden darüber hinaus unterteilt in ausgebaute Dachräume,
bei denen in der Ebene der geneigten Dachfläche zumindest eine geringfügige
Wärmedämmschicht vorhanden ist (und sei es nur eine Holzverschalung mit Putz-
trägern und Putz) und nicht ausgebaute Dachräume, bei denen die oberste Geschoßdecke den oberen Abschluß des Gebäudes zur Außenluft darstellt; diese ist in der
Regel eine Holzbalkenkonstruktion mit Einschub, die zumindestens eine geringe
Wärmedämmwirkung aufweist.

In den nachfolgenden Abschnitten werden die wichtigsten Dachkonstruktionen des
Gebäudebestandes gezeigt; die hierzu passenden wärmeschutztechnischen Verbesserungsmaßnahmen beinhaltet /Abschnitt 3.3.5.2/.

Geneigte Dächer (Schrägdächer, Steildächer)

Bei den meisten alten Schrägdächern findet man das mit Dachziegeln, Schindeln
oder Schieferplatten schuppenartig eingedeckte Oberdach, das in der Regel auf
einer Lattung oder Beplankung der Dachsparren aufgebracht ist /Abb. 3 - 38/. Bei
neueren Gebäuden befindet sich in der Regel darunter ein Unterdach, entweder aus
Dachpappe, die überlappt auf die Beplankung genagelt ist, oder aus einer naht-
losen Kunststoffbahn.

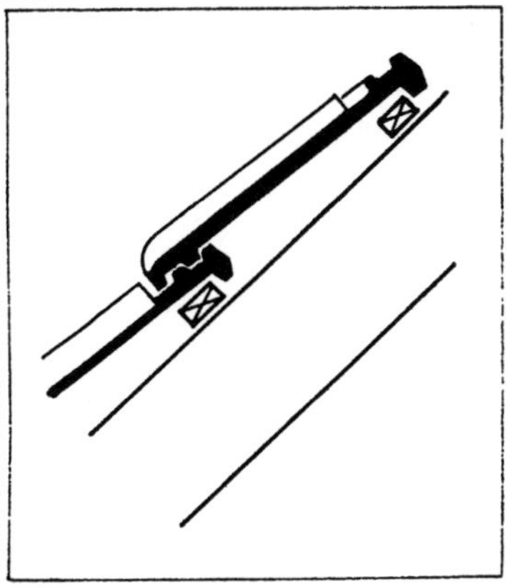

BAUTEILSCHICHTEN	s (cm)
1 Ziegel auf Latten mit gedichteten Fugen	-

$k_D \cong 5$ W/m^{2}K

Abb. 3-38:   Schrägdach, Dachraum nicht ausgebaut

Wenn der Dachraum ausgebaut und benutzt wurde, wurde in der Regel auf der Unterseite der Sparren eine Lattung angebracht, die entweder eine Holztäfelung trug oder an der ein Putzträger mit einer darauf liegenden Putzschicht befestigt wurde /Abb. 3 - 39/. Erst bei neueren Gebäuden wurde an dieser Stelle eine geringe Wärmedämmschicht aufgebracht.

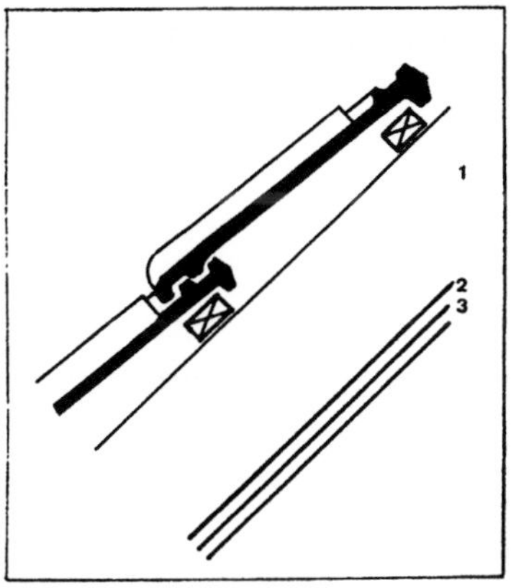

BAUTEILSCHICHTEN	s (cm)
1 Sparren, Dachlatten, Ziegel	-
2 Bretterschalung	2,2
3 Putz (auf Putzträger)	1,5

$k_D = 3,2$ W/m^{2}K

Abb. 3-39:   Schrägdach, Dachraum ausgebaut

Bauphysikalische Probleme traten bei diesen Konstruktionen - sofern sie dicht waren - in der Regel nicht auf, allerdings erhebliche Wärmeverluste.

Die k-Werte der Dächer weisen eine entsprechende Bandbreite auf; während nicht verfugte Dachziegel auf Lattung k-Werte von über 10 W/m^{2}K haben, können gut gedämmte Dachkonstruktionen mit Dämmschichtdicken über 6 cm in den Bereich von etwa 0,4 W/m^{2}K gelangen /s. Tab. 3 - 4/.

233

Oberste Geschoßdecke

Bei nicht ausgebauten Dachgeschossen übernimmt die oberste Geschoßdecke die Wärmedämmung - sie wird in solchen Fällen stets zur Wärmebedarfsberechnung herangezogen.

Verbreitete Konstruktionsarten sind hier:

- Holzbalkendecke mit Einschub /Abb. 3 - 40/
  Diese etwas teurere Konstruktion hat durch den Einschub aus Sand oder Koksasche eine vergleichsweise gute Wärmedämmung

- Holzbalkendecke ohne Einschub /Abb. 3 - 4/
  Eine billige Konstruktion mit schlechter Wärmedämmung, im Gebäudebestand bei sehr alten Bauten stark verbreitet

- Massive Geschoßdecke /Abb. 3 - 42/
  Diese obersten Geschoßdecken aus Steinen, Stahlsteinen oder Stahlbeton wurden früher ohne wärmedämmendes Material eingebaut und hatten damit einen sehr hohen Wärmedurchgang; erst in den letzten 20 Jahren wurden solche Decken häufiger mit wärmedämmenden Materialien an der Deckenunterseite (Holzwolleleichtplatten als Putzträger) oder auf der Decke (Mineralwolle oder Korkplatten als Dämmschicht im schwimmenden Estrich ausgeführt - der Erfolg waren k-Werte in dem Bereich von 0,6 bis 1,2 W/m^2K.

	BAUTEILSCHICHTEN	s (cm)
1	Putz auf Putzträger	1,5
2	Bretterschalung	2,2
3	Luftraum	10
4	Bretterschalung	2,2
5	Strohlehm	10
6	Holzdielen	2,5

$$k_D = 1,0 \ W/m^2K$$

Abb. 3-40: Dachgeschoßdecke, Holzbalkendecke mit Einschub

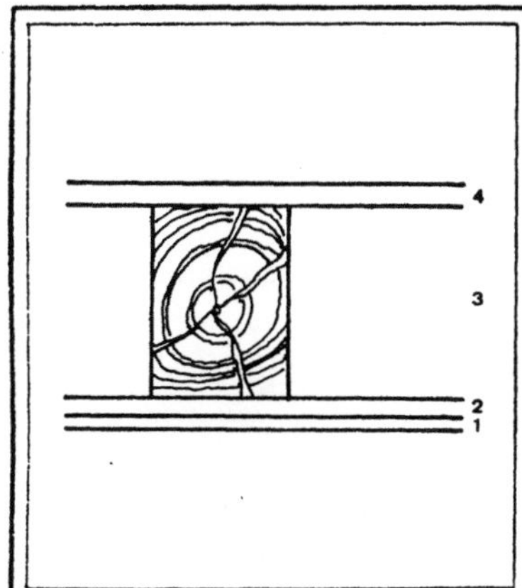

BAUTEILSCHICHTEN	s (cm)
1 Putz auf Putzträger	1,5
2 Bretterschalung	2,2
3 Luftraum	24
4 Holzdielen	2,5

$$k_D = 1,4 \ W/m^2K$$

Abb. 3-41: Dachgeschoßdecke, Holzbalkendecke ohne Einschub

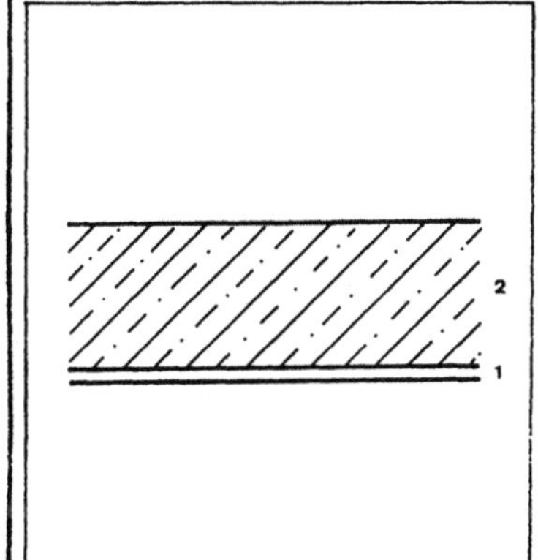

BAUTEILSCHICHTEN	s (cm)
1 Dünnputz	1,5
2 Stahlbetondecke	16

$$k_D = 3,0 \ W/m^2K$$

Abb. 3-42: Dachgeschoßdecke aus Stahlbeton

Flachdach/Kaltdach

Beim Kaltdach befindet sich zwischen Wärmedämmung und Dachhaut ein belüfteter Hohlraum. Dieser gewährleistet im Winter das Abführen des durch die Wärmedämmung diffundierenden Wasserdampfes. Im Sommer verbessert er den Wärmeschutz, indem er das Abfließen der unter der Dachhaut entstehenden Wärme ermöglicht.

Betont werden muß, daß beim Kaltdach die zwischen Unterkonstruktion und Dachhaut durchstreichende Außenluft die Aufgabe hat, die Wärme und Feuchtigkeit abzuführen. Der Luftraum muß deshalb ausreichend bemessen und eine Durchlüftung muß gewährleistet sein, sonst reichert sich die durch den Belüftungszwischenraum

strömende Außenluft immer mehr mit Feuchtigkeit an, bis sie nach einer bestimm-
ten Distanz von der Einströmöffnung mit Wasserdampf gesättigt ist und keine
Feuchtigkeit mehr aufnehmen kann. Dort besteht dann die Gefahr der ständigen
Durchfeuchtung der Unterkonstuktion, da die Belüftung wirkungslos geworden ist
/Abb. 3 - 43/.

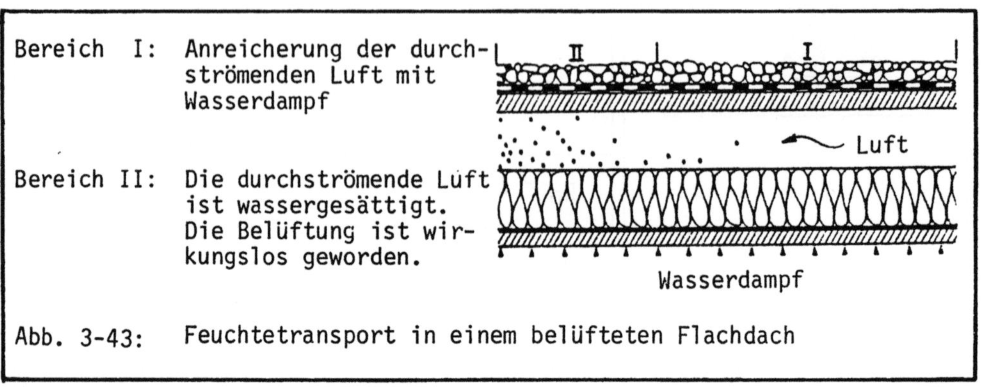

Bereich I:	Anreicherung der durch-strömenden Luft mit Wasserdampf
Bereich II:	Die durchströmende Luft ist wassergesättigt. Die Belüftung ist wirkungslos geworden.
Abb. 3-43:	Feuchtetransport in einem belüfteten Flachdach

Flachdachkonstruktionen als Kaltdächer sind häufig Pultdächer mit Holzfachwerk-
bindern, die einen ausreichenden Zwischenraum zwischen der Unterseite des Daches
mit der darauf liegenden Wärmedämmschicht und der Dachhaut ermöglichen.

Als Kaltdächer ausgebildete Flachdächer, in die in der Regel eine etwa 4 cm
dicke Wärmedämmschicht eingelegt wurde, haben mit k-Werten um 0,8 bis 1,2 W/m²K
eine vergleichsweise recht gute Wärmedämmwirkung und sind - richtig ausgeführt -
bauphysikalisch relativ unproblematisch.

Flachdach/Warmdach

Beim als Warmdach ausgebildeten Flachdach ist die wasserdichte Dachhaut direkt
auf der Wärmedämmung verlegt /Abb. 3 - 44/. Hier gibt es keinen belüfteten Zwischenraum. Eine auf der Warmseite der Dämmschicht liegende Dampfsperre hat die
Kondensation in der Dämmschicht auf ein vertretbares Maß zu reduzieren. Das
Dampfdurchlaßvermögen der Dachhaut bestimmt die Menge der in den Sommermonaten
möglichen Austrocknung; zu Schäden und zu einer stark reduzierten Dämmwirkung
kommt es dann, wenn innerhalb des Warmdaches im Winter mehr Wasser kondensiert
als im Sommer wieder austrocknen kann.

236

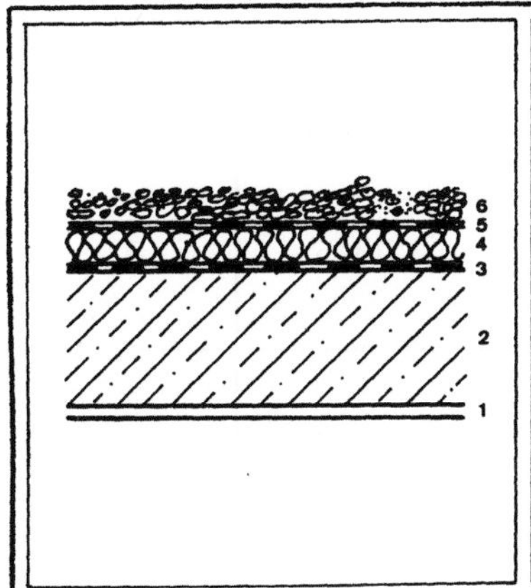

BAUTEILSCHICHTEN	s (cm)
1 Dünnputz	1,5
2 Stahlbetondecke	18
3 Dampfsperre	-
4 Polystyrol-Hartschaum	5
5 Dachdichtung 3 Lagen Bitumenpappe	-
6 Kiesschüttung	5

$$k_D = 0,6 \ W/m^2K$$

Abb. 3-44: Warmdach

Warmdächer können bei einer ausreichenden Wärmedämmschichtdicke (circa 6 cm) ein sehr guter Wärmeschutz (k-Werte zwischen 0,3 und 0,8 W/m^2K) sein; bei sorgfältiger baukonstruktiver Auslegung sind sie auch bauphysikalisch unproblematisch. Die Praxis hat allerdings gezeigt, daß Planungs- und Ausführungsfehler zu massiven Bauschäden geführt haben und daß die Wartung und Instandhaltung der Warmdächer einen relativ hohen Aufwand erfordern.

Kategorisierung der Dachkonstruktionen

Auch bei den Dächern ergibt die Gegenüberstellung der verschiedenen Bestandskonstruktionen, daß sich unter dem Kriterium des Wärmedurchgangs typische Klassen bilden lassen. /Tabelle 3 - 4/ zeigt die Zuordnung der Dachkonstruktionen zu k-Wert-Bandbreiten. In dieses Schema ist eine Einordnung der o.a. Dachkonstruktion relativ einfach möglich.

Es sei nochmals betont, daß diese Einordnung nach k-Wert-Bandbreiten nur für eine Grobanalyse geeignet ist; für die Ermittlung der wirtschaftlich optimalen Verbesserung des Wärmeschutzes ist eine Berechnung des k-Wertes der Bestandskonstruktion erforderlich. Eine gute Hilfe ist dabei die DIN 4701, Ausgabe 1947, die für eine Vielzahl alter Dachkonstruktionen k-Werte angibt - zu beachten ist, daß die dortigen Angaben in den "alten Einheiten" ($kcal/m^2h^oC$) aufgeführt sind.

/Abb. 3 - 45/ zeigt, wo die wirkungsvollsten Ansätze für die Verbesserung des Wärmeschutzes der Dächer liegen.

Dächer	Abb. Nr.	Bandbreite des Wärmedurchgangs k (W/m^{2}K)	mittlerer Wärmedurchgangswert $\emptyset\, k$ (W/m^{2}K)	Wärmeschutzklasse
Schrägdach, ungedämmt	3-38	2.5 - 10.0	3.5	A
Schrägdächer, leicht gedämmt	ohne Abb.	0.8 - 2.0	1.2	B
Schrägdächer, wärmegedämmt Schichtdicke 10cm	ohne Abb.	0.3 - 0.6	0.4	C
Oberste Geschoßdecken, massiv,ungedämmt	3-42	2.5 - 3.5	3.0	D
Oberste Geschoßd. Holzkonstruktion mit und ohne Einschub	3-40 3-41	1.0 - 2.1	1.4	E
Oberste Geschoßd. wärmegedämmt, Schichtdicke>6cm	ohne Abb.	0.3 - 0.6	0.4	F
Flachdächer, leicht gedämmt	3-44	0.6 - 1.4	0.8	G
Flachdächer wärmegedämmt Schichtdicke>6cm	ohne Abb.	0.3 - 0.6	0.4	H

Tab. 3-4: Klassenbildung von Dachkonstruktionen nach dem Kriterium Wärmedurchgang

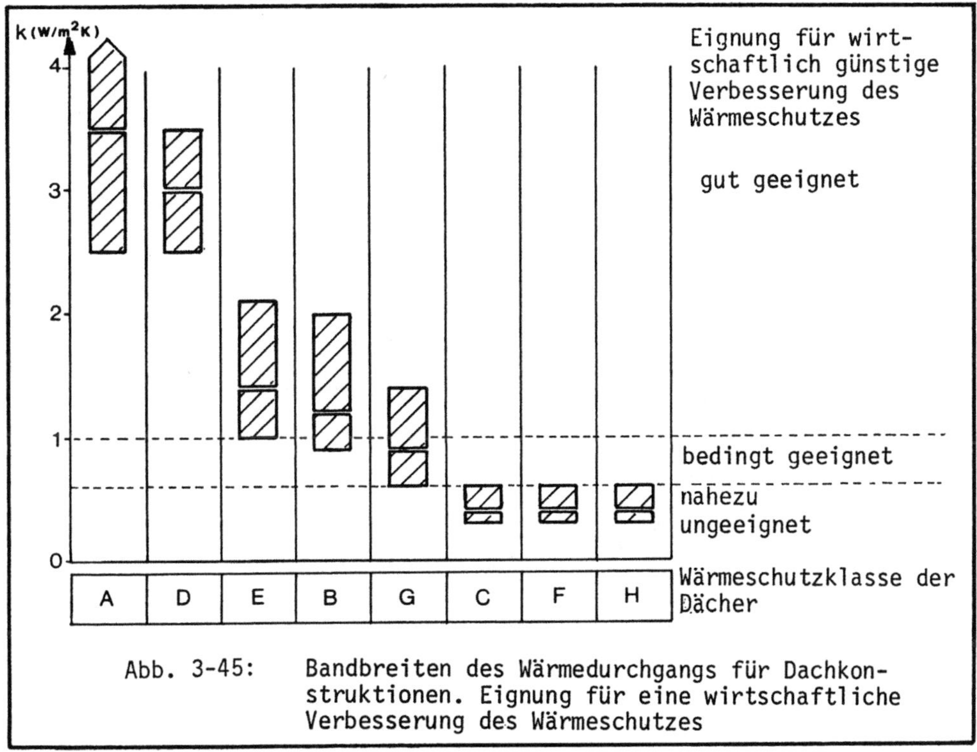

Abb. 3-45:   Bandbreiten des Wärmedurchgangs für Dachkonstruktionen. Eignung für eine wirtschaftliche
Verbesserung des Wärmeschutzes

3.3.5.2   Wärmedämmung der Dächer

Nicht wärmegedämmte alte Dachkonstruktionen bieten mit k-Werten von teilweise mehr als 10 W/m²K und Anteilen an den Gesamtwärmeverlusten der Gebäude zwischen 15% und 30% bei Einfamilienhäusern und 5% und 20% bei Mehrfamilienhäusern ideale Voraussetzungen für wirkungsvolle Verbesserungsmaßnahmen. Da die Arbeiten vergleichsweise einfach und zum Teil in Selbsthilfe durchgeführt werden können, sind sehr kurze Amortisationszeiten in vielen Fällen nachweisbar /Abb. 3 - 46/.

Die Möglichkeiten für die nachträgliche Dämmung von Dächern sind maßgeblich abhängig von der Art der Konstruktion und bei Schräg- und Steildächern von der Entscheidung, ob ein bisher ungenutzter Dachraum ausgebaut und genutzt werden soll. Bleibt der Dachraum ungenutzt, besteht die Möglichkeit, die oberste Geschoßdecke von oben oder unten zu dämmen, ist ein Ausbau beabsichtigt, bietet es sich an, die Wärmedämmung in die Dachschräge zu verlegen; bei einer vollständigen Erneuerung der Dachhaut besteht auch die Möglichkeit, die Dämmschicht auf der Außenseite des Daches anzubringen.

Bei Warmdächern bietet sich als einfachste Möglichkeit das Umkehrdach an.

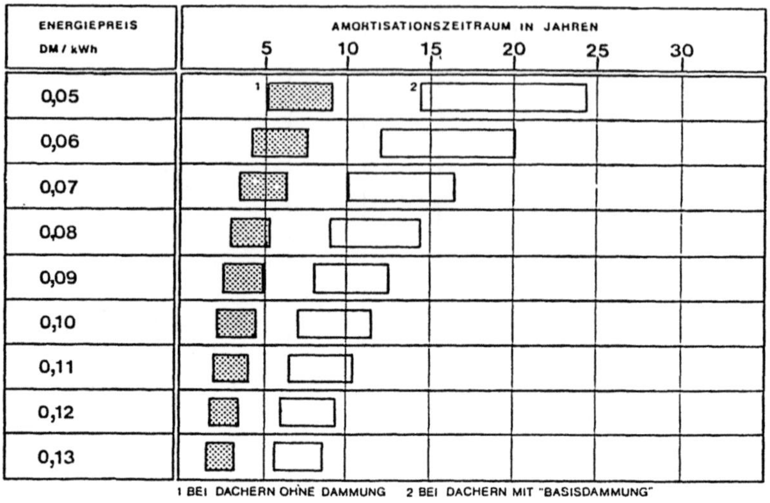

Abb. 3-46:   Amortisationszeiträume für Dachdämmungen

Bei der nachträglichen Verbesserung des Wärmeschutzes von Dächern müssen ähnlich wie bei der Außenwand einige bauphysikalische Kriterien beachtet werden. Beim Ausbau eines bisher ungenutzten Daches mit Wohnräumen muß das Dach unbedingt luftdicht sein. Einerseits werden dadurch die Lüftungswärmeverluste reduziert, andererseits verhindert ein luftdichtes Dach, daß warme, feuchte Raumluft in die kalte Dachkonstruktion hinausgelangt und dort Kondenswasser abscheidet /Abb. 3 - 47/. In Räumen mit erhöhter Feuchtigkeitsbelastung, wie z.B. Badezimmern und Küchen, muß eine Dampfsperre auf der Warmseite der Wärmedämmung angeordnet werden.

Zwischen den Dämmstoffen und der Dachdeckung bzw. der Unterspannbahn muß ein Luftspalt von mindestens 4 cm bleiben, der an Traufe und First ausreichend be- und entlüftet sein soll. Die dadurch ermöglichte Belüftung verhindert, daß sich in der Dachkonstruktion und in der Wärmedämmung Feuchtigkeit ansammeln kann. Zudem wird im Sommer die warme Luft des Zwischenraumes abgeführt und durch kühlere Außenluft ersetzt, wodurch der Dachraum kühler bleibt.

Leicht vergessen wird, daß beim wärmegedämmten Ausbau von Dachgeschossen natürlich auch die Giebelwände und Abseiten des Daches mitgedämmt werden müssen.

Die Möglichkeiten der nachträglichen Dämmung der Dächer sind so gut, daß je
nach vorhandener Bestandskonstruktion k-Werte in der Größenordnung zwischen
0.3 - 0.5 W/m^{2}K wirtschaftlich erzielt werden können.

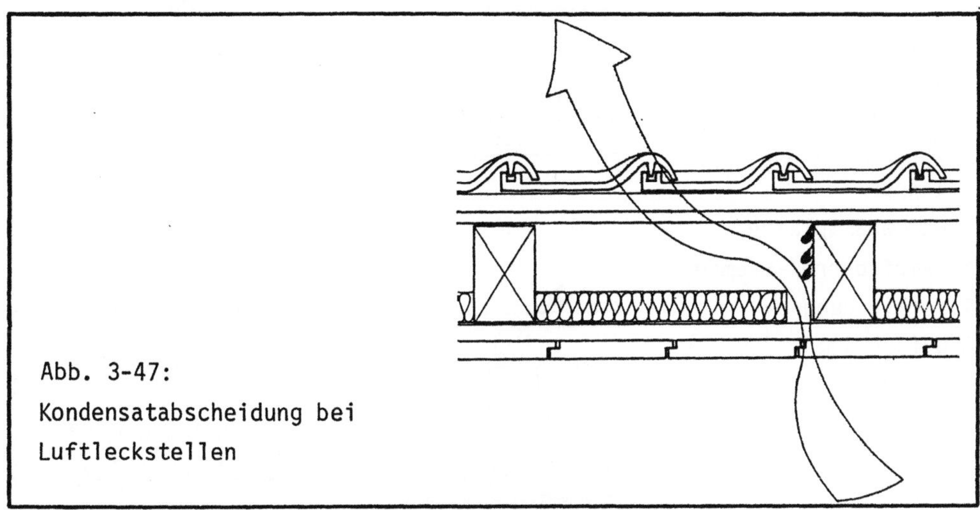

Abb. 3-47:
Kondensatabscheidung bei
Luftleckstellen

Wärmedämmung der geneigten Dächer (Schrägdächer/Steildächer)

Ein Schrägdach kann entweder von innen oder von außen wärmegedämmt werden, wobei
sich letzteres wirtschaftlich nur bei einer sowieso fälligen, neuen Dachdeckung
durchführen läßt.

Wie /Abb. 3 - 48/ zeigt, kann die Dämmung von innen auf verschiedene Arten be-
werkstelligt werden; die Art des Dämmstoffes, ob er zwischen oder unter den
Sparren angebracht wird, sowie die Art der raumseitigen Verkleidung lassen ein
weites Spektrum von Möglichkeiten offen. Wichtige Voraussetzungen für die innenliegende Dämmung ist allerdings, daß die vorhandene Dachdeckung unbeschädigt
ist.

Auf die bauphysikalischen Probleme wurde schon weiter oben hingewiesen. Im allgemeinen ist eine Dampfsperre oder -bremse empfehlenswert. Hierauf kann nur
verzichtet werden, wenn zwischen Wärmedämmung und Unterdach der Luftraum so groß
bleibt, daß eine ausreichende Belüftung tatsächlich gewährleistet ist. Auch
dürfen im Dachgeschoß nur Räume ohne hohe Feuchtebelastung (also keine Badezim-
mer, Küchen, etc.) angeordnet sein. Der Belüftungszwischenraum soll je nach
Dachneigung und -länge mindestens 4 bis 10 cm betragen /Tab. 3 - 5/.

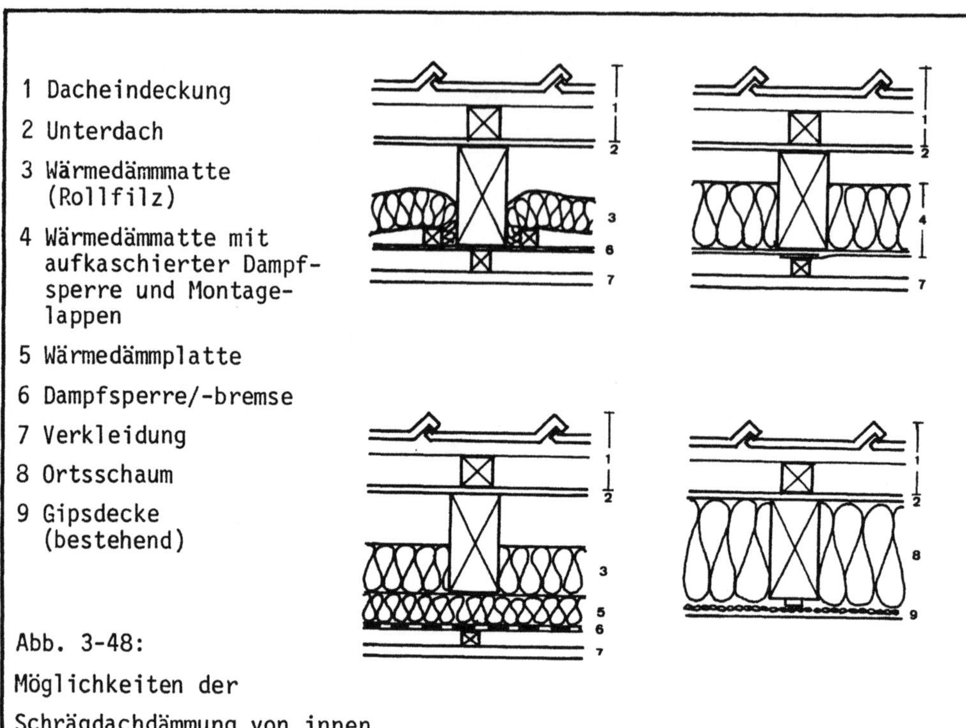

Abb. 3-48:

Möglichkeiten der

Schrägdachdämmung von innen

Sparrenlänge	Dachneigung				
	10°	15°	20°	25°	30°
5 m	4	4	4		
10 m	10	6,4	4	4	
15 m		10	6,4	4	4
20 m			10	6,4	4
25 m			10	8	6,4

Tab. 3-5: Weite des Belüftungsraumes zwischen Dachhaut und Unterdach in cm bei wärmegedämmten Schrägdächern

Bezüglich des Aufbaus der Schrägdachdämmung von innen ist zu betonen, daß die Wärmedämmung mit der Dampfsperre <u>raumseitig</u> zwischen oder unter den Sparren angeordnet wird. Als Dämmstoffe werden wegen ihrer Anpaßfähigkeit meistens Mineralfasermatten verwendet, deren Breiten auf die gebräuchlichen Sparrenabstände abgestimmt sind. Ihre Papier- oder Aluminiumfolienbeschichtungen sind eine Dampfbremse und zugleich eine winddichte Haut. Bei Schaumstoffplatten müssen die Anforderungen der Landesbauordnungen und der örtlichen Brandschutzbehörden beachtet werden. Sie eignen sich in der Regel als Dämmschicht unter den Sparren, da das Einpassen zwischen nicht maßgenau verlegte Sparren mit hohem Aufwand verbunden ist.

Allgemein ist den Anschlüssen, insbesondere beim Randsparren und bei den Pfetten Beachtung zu schenken, dies besonders wegen der erforderlichen Luftdichtigkeit zur Vermeidung von Kondenswasserbildung im Bereich der Wärmedämmung.

Dadurch daß relativ dicke Dämmstoffschichten angebracht werden können, können beim Schrägdach gute Verbesserungen der Wärmedurchlaßwiderstände erreicht werden, wie dies bei der vielfach empfohlenen 10 cm starken Dämmschicht aus Mineralfaser mit einem Wärmedurchlaßwiderstand von etwa 2,6 m^2K/W beispielsweise der Fall ist /s. Abb. 3 - 49/.

BAUTEILSCHICHTEN	s (cm)	λ (W/m K)	s/λ (m² K/W)
1 vorhandene Dachkonstruktion	-	-	-
2 Mineralfaser zwischen Sparren	1,0	0,040	2,500
3 Gipskartonplatten	1,25	0,210	0,059

KOSTENRICHTWERT: 95,- bis 120,- DM/m²

WÄRMEDURCHLASSWIDERSTAND DER VER- BESSERUNGSMASSNAHME 1/Λ = 2.5 m²K/W

Abb. 3-49:   Dämmung des Schrägdaches, innen

Die Kosten für eine Anbringung der Wärmedämmschicht unter den Sparren liegen bei etwa 95,-- DM/m^2, bei Anbringung der Wärmedämmung zwischen den Sparren bei etwa 120,-- DM/m^2, einschließlich einer Verkleidung mit Gipskartonplatten.

Die Dämmung des Schrägdaches von außen bedingt eine vollständige Entfernung der
Dachdeckung bis auf die Schalung bzw. die Sparren. Dampfsperre, Wärmedämmung und
Unterdach der Neueindeckung können aus einzeln erhältlichen Bestandteilen zu-
sammengesetzt werden, es werden aber auch komplette Bausysteme hierfür angeboten.

Für den Aufbau sind vier grundsätzliche Varianten denkbar /Abb. 3 - 50/:

- Variante A: Aufbau mit hinterlüftetem Unterdach
- Variante B: Dichtungsbahnen auf der Wärmedämmung liegend
- Variante C: Dichtungsbahnen unter der Wärmedämmung liegend
- Variante D: Dachaufbau mit wärmedämmenden Unterdachelementen

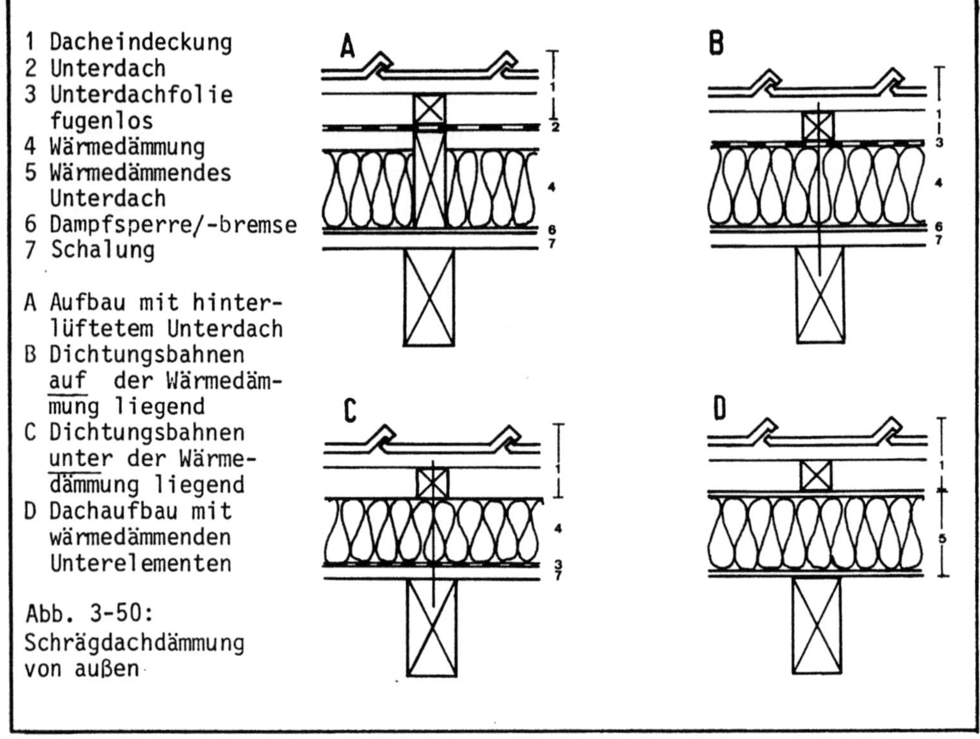

Abb. 3-50:
Schrägdachdämmung
von außen

Die Schrägdachdämmung von außen muß durch qualifizierte Handwerksfirmen ausgeführt werden, sie ist für den Heimwerker nicht zu empfehlen. Da durch diese
Konstruktionsart auch Veränderungen am First, an den Randanschlüssen und an der
Traufe bewirkt werden, ist eine sorgfältige Gesamtplanung erforderlich, bei der
besonderes Augenmerk auf die bauphysikalischen Problemstellungen gelegt werden
sollte. Bei der Verwendung von Komplettsystemen sind die Angaben der Hersteller
genau einzuhalten.

Wärmedämmung der obersten Geschoßdecke

Wenn der Dachraum eines Schrägdaches nicht für Wohnzwecke und auch nicht als Abstellraum genutzt werden soll, gibt es besonders einfache, billige und sehr wirksame Arten, den Wärmeschutz nachträglich zu verbessern:

- Ausrollen von Dämmstoffbahnen mit einer Dicke von 10 cm oder mehr; hierfür eignen sich unkaschierte Mineralfaserfilze.
- Auslegen mit Dämmstoffplatten; hierfür eignen sich Hartschaumplatten, die als normal entflammbar oder schwer entflammbar gekennzeichnet sein müssen (Baustoffklasse B 2 oder B 1 nach DIN 4102).

Eine Verbesserung des Wärmedurchlaßwiderstandes um 2,5 m^2K/W ist leicht erreichbar /Abb. 3 - 52/. Die Kosten sind mit etwa 30,-- bis 45,-- DM/m^2 recht gering. Nachteilig ist bei dieser Lösung, daß der Boden nachträglich ohne eine zusätzliche Aufbringung eines trittfesten Gehbelages nicht begehbar ist.

Soll das Schrägdach als Abstellraum genutzt werden, so ist es sinnvoll, eine Wärmedämmung auf der obersten Geschoßdecke anzubringen, die begehbar ist /Abb. 3 - 52/. Dazu können Hartschaum- oder Mineralfaserplatten auf dem Boden ausgelegt werden, auf die dann eine 16 - 19 mm dicke Holzspanplatte aufgelegt wird. Um eine ausreichende Dämmstoffdicke zu ermöglichen, ist es notwendig, Kanthölzer als Lagerhölzer für die Holzspanplatten oder einen Dielenboden auf dem alten Boden zu befestigen. Die Verbesserung des Wärmedurchlaßwiderstandes liegt bei etwa 2,6 m^2K/W. Die Kosten sind allerdings wegen der erforderlichen Unterkonstruktion der Dielen- oder Holzspanplatten mit etwa 150,-- bis 200,-- DM/m^2 sehr hoch. Bevor eine solche Verbesserungsmaßnahme empfohlen wird, sollte gemeinsam mit dem Bauherrn geprüft werden, ob nicht eine Dämmung der Dachschrägen sinnvoller ist. Wenn sich hierfür auch Mehrkosten ergeben sollten, so bietet sich doch der Vorteil, daß der wärmegedämmte Dachraum später für Wohnzwecke genutzt werden kann.

Bei alten Holzbalkendecken ohne Einschub gibt es die Möglichkeit, den Luftraum unter den Dielen mit schüttbarem, mineralischem Dämmstoff auszufüllen /Abb. 3 - 53/. Dazu werden einige Bodenbretter entfernt und schüttbare mineralische Dämmstoffe oder Mineralfaserfilze in die Hohlräume eingebracht. Der reine Materialpreis für den mineralischen Schuttdämmstoff liegt bei 7,5 cm Dicke etwa bei 10,-- DM/m^2. Insgesamt läßt sich damit in Selbsthilfe eine preisgünstige Verbesserung des Wärmeschutzes erreichen.

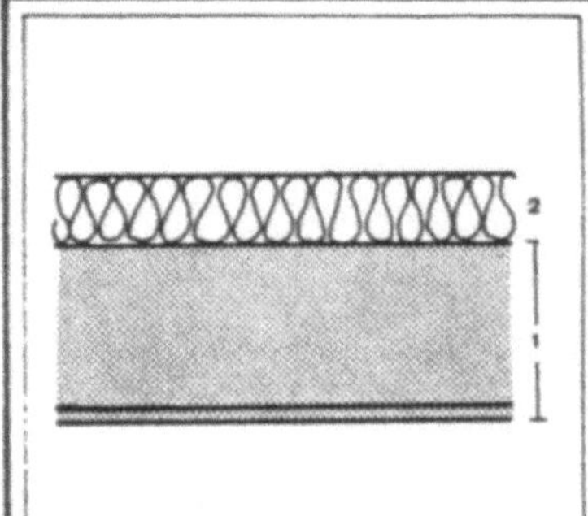

BAUTEILSCHICHTEN	s (cm)	λ (W/m K)	s/λ (m²K/W)
1 vorhandene Dachgeschoßdecke	-	-	-
2 Mineralfaser	10,0	0,04	2,5

KOSTENRICHTWERT:	WÄRMEDURCHLASSWIDERSTAND DER VER-
30,- bis 45,- DM/m²	BESSERUNGSMASSNAHME $1/\Lambda$ = 2.5 m²K/W

Abb. 3-51:   Dämmung der obersten Geschoßdecke; nicht begehbar

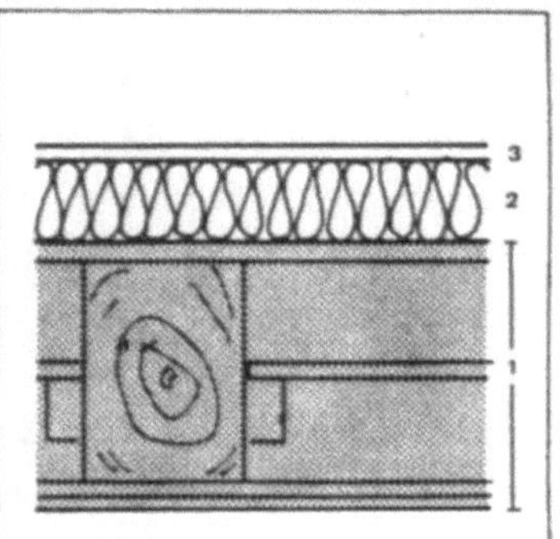

BAUTEILSCHICHTEN	s (cm)	λ (W/m K)	s/λ (m²K/W)
1 vorhandene Holzbalkendecke	-	-	-
2 Mineralfaser	10,0	0,04	2,5
3 Spanplatten auf Holzkonstruktion	1,9	0,17	0,11

KOSTENRICHTWERT:	WÄRMEDURCHLASSWIDERSTAND DER VER-
150,- bis 180,- DM/m²	BESSERUNGSMASSNAHME $1/\Lambda$ = 2.6 m²K/W

Abb. 3-52:   Dämmung der obersten Geschoßdecke; begehbar

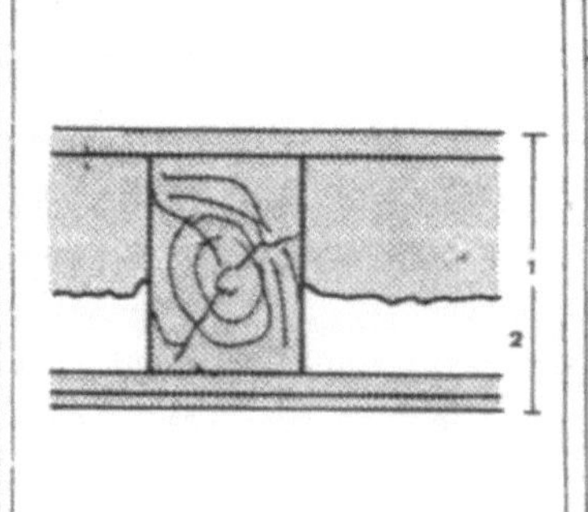

BAUTEILSCHICHTEN	s (cm)	λ (W/m K)	s/λ (m²K/W)
1 vorhandene Dachgeschoßdecke	-	-	-
2 Schüttdämmung im Hohlraum	8,0	0,04	2,0

KOSTENRICHTWERT:	WÄRMEDURCHLASSWIDERSTAND DER VER-
50,- DM/m²	BESSERUNGSMASSNAHME $1/\Lambda$ = 2.0 m²K/W

Abb. 3-53:   Dämmung der obersten Geschoßdecke; Schüttdämmung

Aus verschiedenen Gründen kann es notwendig sein, die Wärmedämmung der obersten Geschoßdecke von der Raumseite her zu verbessern /Abb. 3 - 54/. Der Dämmstoff wird dabei auf die Deckenunterseite geklebt und/oder mechanisch befestigt. Am sichersten ist eine Ausführung, bei der Latten an der Decke befestigt werden, die dann jede beliebige Verkleidung (Gipskartonplatten, Holzpaneele) tragen können.

	BAUTEILSCHICHTEN	s (cm)	λ (W/m K)	s/λ (m² K/W)
1	vorhandene Dachgeschoßdecke	-	-	-
2	Mineralfaser	10,0	0,04	2,5
3	Gipskartonplatten	1,25	0,21	0,059

KOSTENRICHTWERT: 100,- DM/m²

WÄRMEDURCHLASSWIDERSTAND DER VERBESSERUNGSMASSNAHME $1/\lambda$ = 2.5 m²K/W

Abb. 3-54: Dämmung der obersten Geschoßdecke an der Unterseite

Als Wärmedämmung werden Mineralfaserplatten oder organische Schaumstoffe und Schaumglas verwendet. Gut geeignet für die Montage zwischen einer Lattung sind Randleistenmatten mit einseitig aufgebrachter Dampfsperre. Es besteht auch die Möglichkeit, Verbundplatten aus Gips- oder Holzspanplatten als Trägermaterial in Kombination mit organischen Schaumstoffen oder Mineralwolle einzusetzen. Die wirtschaftlich optimalen Dämmstoffdicken liegen zwischen 8 - 12 cm.

Bei der Verwendung von relativ dampfdichten Dämmstoffen kann in Wohnräumen mit normaler Raumluftfeuchte evtl. auf eine Dampfsperre verzichtet werden, keinesfalls sollte dies aber in Naßräumen geschehen. Bei dampfdurchlässigen Dämmstoffen, wie z.B. Mineralwolle ist eine Dampfsperre auf jeden Fall notwendig; sie muß auf der Warmseite des Dämmstoffes angeordnet sein.

Die Anbringung einer 10 cm starken Mineralfaserdämmung mit einer Verkleidung aus Gipskarton ergibt eine Verbesserung des Wärmedurchlaßwiderstandes von etwa 2,5 m²K/W. Die Kosten hierfür liegen zwischen 90,-- und 110,-- DM/m².

Dämmung des Flachdaches/Kaltdach

Flachdächer wurden öfters auch als Kaltdächer ausgeführt. Sie bestehen im Prinzip aus zwei Schalen: die untere Schale ist die raumseitige Verkleidung mit darüber liegender Dampfbremse und Wärmedämmschicht, die obere Schale ist die Dachhaut; der Hohlraum zwischen den beiden Schalen, der ausreichend groß sein soll, ist belüftet.

Zur Verbesserung des Wärmeschutzes wird raumseitig eine zusätzliche Wärmedämmschicht angebracht. Dazu muß die bestehende Dampfbremse entfernt werden und eine neue Dampfsperre auf der Unterseite der neuen Wärmedämmschicht angebracht werden. Kann die alte Dampfbremse nicht entfernt werden, weil sie beispielsweise vollflächig verklebt ist, so muß die neue Dampfbremse einen größeren Dampfdiffusionswiderstand aufweisen als die bestehende Schicht. Da bei zwei Dichtebenen sehr leicht die Gefahr der Kondenswasserbildung besteht, ist in solchen Fällen eine nachträgliche Dämmung recht risikoreich und vom Bauphysiker sorgfältig zu planen.

Die Kosten für diese Maßnahme und die damit verbundene Verbesserung des Wärmedurchlaßwiderstandes sind vergleichbar mit den Werten der raumseitigen Dämmung der obersten Geschoßdecke.

Dämmung des Flachdaches/Warmdach

Beim Warmdach steht die Dachhaut in direktem Kontakt mit der Wärmedämmung; um Kondensationserscheinungen in der Wärmedämmung zu verhindern, ist auf deren Warmseite eine Dampfsperre notwendig. Zur Verbesserung des Wärmeschutzes von Warmdächern darf die zusätzliche Wärmedämmung grundsätzlich nicht auf der Unterseite der Dachdecke angebracht werden.

Eine sinnvolle Möglichkeit der zusätzlichen Wärmedämmung stellt das "Umkehrdach" dar /Abb. 3 - 55/. Beim Umkehrdach wird eine Wärmedämmschicht auf der gereinigten Dachhaut verlegt und mit einer Schutzschicht aus Kies beschwert. Dämmschicht und Kiesschutzschicht sollen durch ein Kunststoffflies voneinander getrennt werden.

Voraussetzung für die Anbringung eines Umkehrdaches ist, daß sowohl die bestehende Dachhaut als auch die Anschlußfläche insgesamt unbeschädigt sind.

Für das Umkehrdach dürfen nur verrottungsfeste, witterungsbeständige und trittfeste Wärmedämmstoffe verwendet werden, welche auch während längerer Zeit nur sehr geringe Wassermengen aufnehmen. Erste Erfahrungen mit Umkehrdächern haben

Abb. 3-55:

Auflegen einer zusätzlichen

Wärmedämmschicht und Abdecken

mit Kies

gezeigt, daß nur extrudierter Polystyrolhartschaum wegen der geschlossenen Zell-
struktur diese Bedingungen erfüllt. Obwohl für das Umkehrdach möglichst starke
Wärmedämmschichten wünschenswert wären, so ist die Einbauhöhe doch durch die zur
Beschwerung und als Schutz erforderliche Kiesschüttung eingeschränkt; als Faustregel gilt, daß die Kiesschütthöhe etwa der Dicke der Dämmschicht gleich kommen
soll. Bei großen Dämmstoffdicken und Dächern, die vorher nicht bekiest waren,
muß vor der Anwendung des Umkehrdaches die statische Tragfähigkeit der Dachdecke
überprüft und die Möglichkeit der zusätzlichen Belastung geklärt werden: eine
7 cm starke Kiesschüttung, die bei einer Dämmschichtdicke von 8 cm erforderlich
wäre, hat beispielsweise ein Gewicht von circa 100 kg/m^2. Dieses Umkehrdach
/Abb. 3 - 56/ bewirkt eine Verbesserung des Wärmedurchlaßwiderstandes um etwa
2,3 m^{2}K/W, die Kosten hierfür betragen circa 60,-- DM/m^2, womit in der Regel
eine sehr wirtschaftliche Energieeinsparung erzielt wird. Es ist allerdings
anzumerken, daß bei bereits gut wärmegedämmten Bestandskonstruktionen die Verbesserung des k-Wertes durch den verbesserten Wärmedurchlaßwiderstand nur noch
relativ gering ist; damit kann in Grenzfällen die Wirtschaftlichkeit dieser
Maßnahme in Frage gestellt werden /s. auch Abb. 3 - 45/.

BAUTEILSCHICHTEN		s (cm)	λ (W/m K)	s/λ (m^2 K/W)
1	vorhandenes Warmdach	–	–	–
2	Polystyrol-Extruderschaum-platten	8,0	0,035	2,285

KOSTENRICHTWERT:
60,- DM/m^2

WÄRMEDURCHLASSWIDERSTAND DER VER-
BESSERUNGSMASSNAHME 1/λ = 2.3 m^{2}K/W

Abb. 3-56:   Dämmung des Flachdaches/Warmdach ; Umkehrdach

3.3.6   Kellerdecken/-fußböden
3.3.6.1   Typische Kellerdecken-/-fußbodenkonstruktionen

In älteren Gebäuden waren die Keller grundsätzlich nicht beheizt; vielmehr war
man bestrebt, diese ganzjährig als kühle Vorratsräume zu benutzen.

Weit   verbreitete   Kellerdeckenkonstruktionen   sind   die   Holzbalkendecke
/Abb. 3 - 57/ mit Einschub und die gemauerte, gewölbte Steindecke (Kappendecke)
/Abb. 3 - 58/. Erst in jüngerer Zeit sind Stahlbetondecken und Betonfertigteil-
decken hinzugekommen /Abb. 3 - 59/, die allein schon wegen der Trittschalldämmung mit einer Dämmschicht versehen werden mußten.

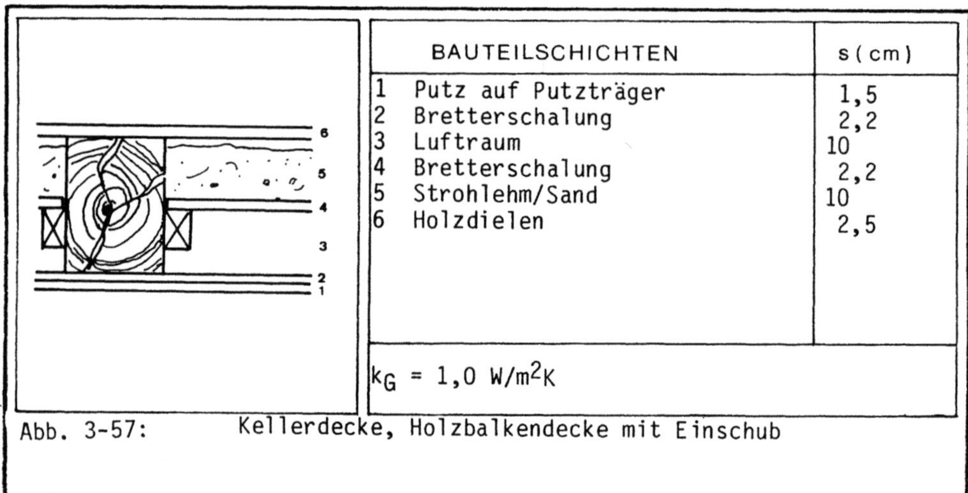

$k_G = 1,0$ W/m^{2}K

Abb. 3-57:   Kellerdecke, Holzbalkendecke mit Einschub

$k_G = 1,4$ W/m^{2}K

Abb. 3-58:   Kellerdecke, Kappendecke mit Holzdielung auf
                  Lagerhölzern

	BAUTEILSCHICHTEN	s (cm)
	1 Zementenstrich	4
	2 Mineralfaser Dämm- platte	2
	3 Stahlbetondecke	16
	k_G = 1,2 W/m^{2}K	

Abb. 3-59: Kellerdecke aus Stahlbeton

Auch erst mit dem verstärkten Einbau von Zentralheizungssystemen in Kellerräumen begann man, einzelne Kellerräume als Hobbyräume zu beheizen. Dies war möglich, weil durch die Ausstattung der Haushalte mit Kühlschränken und Tiefkühltruhen eine früher wichtige Funktion der Kellerräume entfiel.

Die Kellerböden der alten Häuser bestanden oft aus einer gestampften Lehmschicht oder einer einfachen Lage Stampfbeton. In Häusern mit beheizten Kellerräumen mußte ein aufwendiger Fußbodenaufbau gewählt werden: hier wurde in der Regel auf eine Sperrschicht gegen aufsteigende Feuchtigkeit eine dünne Wärmedämmschicht (gegen Fußkälte!) gelegt, auf die dann eine "schwimmende" Estrich-Platte gegossen wurde.

Die Kellerwände sind bei alten und neueren Häusern in der Regel ungedämmt.

Auch die Kellerdecken lassen sich in Wärmeschutzklassen einteilen /Tab. 3 - 6/.

3.3.6.2 Wärmedämmung der Kellerdecken-/-fußböden

Die Wärmeverlustanalyse von Gebäuden zeigt, daß die Wärmeverluste gegen unbeheizte Keller im Vergleich zu den anderen Bauteilen relativ gering ausfallen. Dennoch lohnt es sich, über Wärmeschutzmaßnahmen zu ungeheizten Kellern oder im Rahmen des Ausbaues von Kellerräumen nachzudenken.

Kellerdecken/ -fußböden	Abb. Nr.	Bandbreite des Wärmedurchgangs k (W/m^{2}K)	mittlerer Wärmedurchgangswert $\emptyset$ k (W/m^{2}K)	Wärmeschutzklasse
Kappendecke, gemauert, mit Holzdielung	3-58	1.3 - 2.2	1.5	
Stahlbetondecke ohne/mit Trittschalldämmung	3-59			
Holzbalkendecke mit und ohne Einschub, unten verschalt	3-57	0.7 - 1.2	0.7	B
wärmegedämmte Decken, Dämmschichtdicke>4cm	ohne Abb.	0.4 - 0.8	0.6	C

Tab. 3-6: Klassenbildung von Kellerdeckenkonstruktionen nach dem Kriterium Wärmedurchgang

Grundsätzliche Ansatzmöglichkeiten sind dabei die

- Dämmung der Kellerdecken unterseitig
- Dämmung der Kellerdecke auf dem Erdgeschoßfußboden
- Dämmung des Kellerfußbodens
- Dämmung der Kellerwände

Sinngemäß lassen sich im Keller ähnliche Verbesserungsmaßnahmen durchführen, wie sie schon für die oberste Geschoßdecke, die Innendämmung der Außenwände sowie für die Fenster und Türen vorgeschlagen wurden.

Dämmung der Kellerdecken

Die Dämmung der Kellerdecke ist natürlich nur dann sinnvoll, wenn der Keller unbeheizt bleiben soll.

Ist die Geschoßdecke für eine Dämmung an der Unterseite der Kellerdecke ausreichend und wird diese nicht durch Leitungsführungen für Wasser, Heizung und Stromversorgung übermäßig behindert, so sollte auf jeden Fall unterseitig gedämmt werden /Abb. 3 - 60/. Dazu können Wärmedämmplatten jeglicher Art dicht gestoßen an die Deckenunterseite geklebt, genagelt oder geschraubt werden. Eine Dampfsperre ist nicht nötig, da die Wärmedämmung auf der kalten Seite der Decke

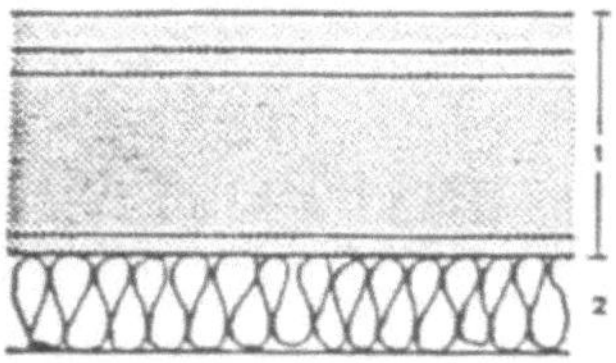

BAUTEILSCHICHTEN	s (cm)	λ (W/m K)	s/λ (m²K/W)
1 vorhandene Kellerdecke	-	-	-
2 Polystyrol-Hartschaumplatten geklebt	8	0,035	2,29

KOSTENRICHTWERT: 40,- bis 60,- DM/m²

WÄRMEDURCHLASSWIDERSTAND DER VERBESSERUNGSMASSNAHME $1/\Lambda$ = 2.3 m²K/W

Abb. 3-60: Dämmung der Kellerdecke von unten; Keller unbeheizt

liegt. Sofern keine störenden Leitungen vorhanden sind, läßt sich die unterseitige Dämmung (ggfs. in Selbsthilfe) relativ preiswert ausführen; die Materialkosten liegen dann etwa bei 15,-- bis 20,-- DM/m², die Ausführung durch eine Handwerksfirma kann zu Kosten zwischen 40,-- bis 60,-- DM/m² führen.Die oberseitige Dämmung der Kellerdecke wäre zwar wegen der zusätzlichen Trittschalldämmung und der besseren Vermeidung von Kältebrücken vorzuziehen, die konstruktiven Probleme bei Türöffnungen und Treppen sind jedoch groß, die Kosten wesentlich höher und die Nutzung des Gebäudes wird während der Durchführung der Maßnahmen gestört.

Dämmung des Kellerfußbodens

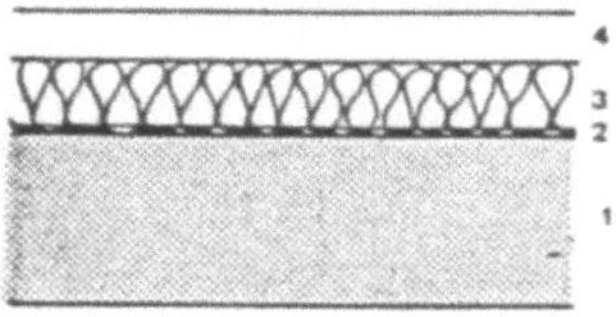

BAUTEILSCHICHTEN	s (cm)	λ (W/m K)	s/λ (m²K/W)
1 vorhandener Kellerboden	-	-	-
2 Feuchtigkeitssperre	-	-	-
3 Mineralfaserplatten für Estrich	6.0	0,04	1,5
4 Estrich	4,0	1,4	0,029

KOSTENRICHTWERT: 80,-DM/m²

WÄRMEDURCHLASSWIDERSTAND DER VERBESSERUNGSMASSNAHME $1/\Lambda$ = 1.5 m²K/W

Abb.3-61: Dämmung des Kellerfußbodens; Keller beheizt

Wenn Kellerräume ausgebaut und beheizt werden sollen, bietet es sich an, den Kellerfußboden und die Kellerwände zu dämmen. Vor dem Aufbau des Kellerfußbodens mit Wärmedämmschicht und Estrich-Platten sollte der vorhandene Fußboden gegen aufsteigende Feuchtigkeit gesperrt werden /Abb. 3 - 61/.

Die Kosten für diese Maßnahmen liegen mit zwischen 60,-- und 100,-- DM/m^2 so hoch, daß durch die erzielbaren Energiekosteneinsparungen allein eine vertretbare Wirtschaftlichkeit nicht zu erreichen ist.

Dämmung der Kellerwände

Beim Ausbau und der Beheizung von Kellerräumen sollten die Außenwände von der Raumseite her mit Wärmedämmung versehen werden. Insbesondere die Teile der Kelleraußenwände, die aus dem Erdreich herausragen, verursachen erhebliche Wärmeverluste. Zudem ist die Oberflächentemperatur der Wandflächen so gering, daß kein behagliches Raumklima entsteht.

Für die Dämmung der Kellerwände kommt nur eine Innendämmung in Frage /s. Abschnitt 3.3.3.2/. Die Anordnung einer Dampfsperre zur Vermeidung von Durchfeuchtungsschäden und Tauwasserbildung auf der Wandoberfläche ist unbedingt notwendig.

3.3.7   Fallbeispiele für die Verbesserung des Wärmeschutzes an ausge-
          wählten Gebäuden

An dem Beispiel eines Mehrfamilienhauses und eines Büro- und Geschäftshauses
wird nachfolgend dargestellt, welche Verbesserungsmaßnahmen beispielsweise für
bestehende Gebäude ausgewählt werden können, welche Verringerung des Wärmebedarfs und Energieverbrauchs damit erzielt werden kann und welchen Einfluß eine
dynamische Wirtschaftlichkeitsbetrachtung hat. Alle erforderlichen Berechnungen
wurden auf der Grundlage der gültigen Regelwerke DIN 4701 und VDI-Richtli-
nie 2067 durchgeführt; es wurde dabei berücksichtigt, daß eine Verringerung des
Leistungsbedarfs durch verbesserten Wärmeschutz zu einer Verschlechterung des
Anlagen-Wirkungsgrades der Heizung führt, wobei unterstellt wurde, daß keine
Änderungen am Kessel vorgenommen werden. Grundlage der ausgewiesenen Amortisationszeiträume ist ein dynamisches Wirtschaftlichkeitsberechnungsverfahren.

Je Gebäudetyp werden auf vier Formblättern die notwendigen Informationen über
das Gebäude, die Berechnungsgrundlagen, die ausgewählten Verbesserungsmaßnahmen
und die Ergebnisse der Energieberechnungen und Wirtschaftlichkeitsbetrachtungen
zusammenfassend dargestellt; dafür erforderlich war ein größerer Berechnungs-
aufwand, der jedoch aus Platzgründen hier nicht dargestellt wird.

Das erste Datenblatt /Abb. 3 - 62 und 3 - 66/ beinhaltet eine knappe Beschreibung des Gebäudes, die energierelevanten Kennwerte des Ist-Zustandes und die
wichtigsten Energiekennwerte nach Verbesserungsmaßnahmen.

Das zweite Datenblatt /Abb. 3 - 63 und 3 - 67/ beinhaltet eine bauteilweise Beschreibung des Ist-Zustandes und die wichtigsten Informationen über das Heizungssystem und seine Kenndaten.

Auf der Basis dieser Bestandsbeschreibung können systematisch alternative
bautechnische Maßnahmen zur Energieeinsparung gesucht und den einzelnen Bauteilen zugeordnet werden.

Eine Zuordnung technisch sinnvoller Verbesserungmaßnahmen zu den Bauteilen ist
auf dem Datenblatt 3 /Abb. 3 - 64 und 3 - 68/ dargestellt; heizungstechnische
Maßnahmen zur Energieeinsparung wurden in diesem Falle nicht berücksichtigt.

Datenblatt 4 /Abb. 3 - 65 und 3 - 68/ zeigt die Energiespareffekte einzelner
Verbesserungsmaßnahmen sowie die _technisch sinnvollen_ Maßnahmenkombinationen und
eine als _wirtschaftlich vertretbar_ ausgewählte Maßnahmenkombination; parallel
dazu werden Aussagen über die Amortisationszeiträume bei verschiedenen Kapital-
verzinsungsraten getroffen.

Die Energieeinsparung ist getrennt nach der Verringerung des Wärmebedarfs und des Energieverbrauchs ausgewiesen. Die Wärmebedarfsreduzierung zeigt deutlich höhere Werte, da hier der Einfluß des verschlechterten Anlagenwirkungsgrades noch nicht zu berücksichtigen ist; dies ist allerdings bei den Energieverbrauchsreduzierungen der Fall, wodurch diese deutlich tiefer ausfallen. Grundlage der Wirtschaftlichkeitsbetrachtungen sind die erreichten Energieverbrauchseinsparungen, da nur diese sich bei den Energiekosten auswirken.

Die ausgewiesenen Amortisationszeiträume basieren auf einer dynamischen Wirtschaftlichkeitsberechnung. Bei der Interpretation der Angaben in der Tabelle und dem Diagramm sind verschiedene Annahmen denkbar:

- volle Fremdfinanzierung der Investition über den Kapitalmarkt (= relativ hoher Zins, z.B. 8,5%)
- volle Fremdfinanzierung über Bausparvertrag (Verzinsung des Vertrages einsetzen, z.B. 4,5%)
- Mischfinanzierung mit Eigenkapitaleinsatz (Wahl einer passenden mittleren Verzinsungsrate, z.B. 2,5%)
- Eigenkapitalfinanzierung (hier kann individuell eine Verzinsungsrate gewählt werden, die bei anderweitiger Anlage des Eigenkapitals erzielt würde, z.B. 6,5%)

Die Ergebnisse sind für die einzelnen Verbesserungsmaßnahmen für Fenster, Außenwand, Dach und Kellerdecke angegeben und weiterhin für die technisch machbare Maßnahmenkombination, die eine Zusammenfassung aller technisch sinnvollen Verbesserungsmaßnahmen darstellt und für die wirtschaftlich realisierbare Maßnahmenkombination, die eine gezielte Zusammenstellung nur der Maßnahmen ist, die zusammen ein wirtschaftliches Optimum ergeben.

Fallbeispiel Mehrfamilienhaus

Hierbei handelt es sich um das Kopfhaus einer Zeilenbebauung, wie sie zwischen 1920 und 1935 häufig gebaut wurde. Das Dachgeschoß ist ausgebaut. Der spezifische Wärmebedarf liegt bei etwa 110 W/m^2.

Zur Verbesserung des Wärmeschutzes wurden folgende bautechnische Maßnahmen ausgewählt:

- Außenwand: Wärmedämmverbundsystem entsprechend /Abb. 3 - 20/
- Dach: Dämmung der Dachschräge entsprechend /Abb. 3 - 49/
        Dämmung der obersten Geschoßdecke entsprechend /Abb. 3 - 51/
- Fenster: Ersatz des Fensters entsprechend /Abschnitt 3.3.4.4/

- Kellerdecke: unterseitige Dämmung entsprechend /Abb. 3 -60/

Durch diese Maßnahmen wurden für die einzelnen Bauteile k-Werte zwischen 0.3 und
0.4 W/m²K erreicht.

Als besonders wirtschaftlich stellt sich eine Kombination der Maßnahmen am Dach,
Keller und an Fenstern heraus: hiermit werden circa 31% Energieverbrauchseinsparung erzielt, wobei pro eingesparte Kilowattstunde etwa 1,-- DM investiert
werden muß.

TYP MEHRFAMILIENHAUS

Altersklasse	:	1920-1935
Bauweise	:	geschlossen
Dachform	:	Satteldach
Geschoßfläche	:	670 m²
(Wohnfläche/Brutto-)		
Umbauter Raum	:	1794 m³
A/V-Verhältnis	:	0,40 m⁻¹

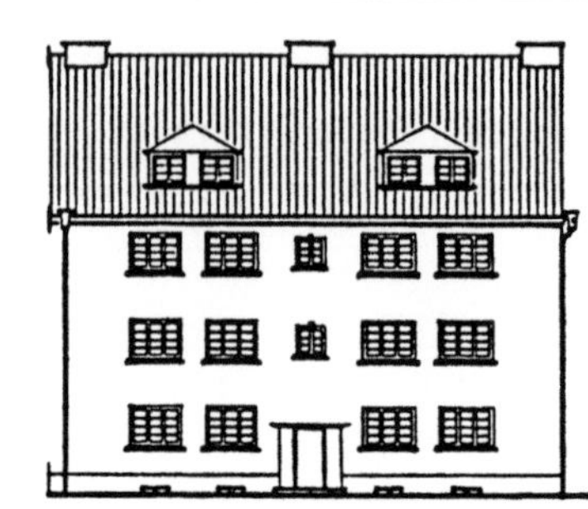

KENNWERTE BESTAND

Außenfläche A	726,1	m²	100 %	Verhältnis Fensterfläche/		
Außenwandfläche F_W	325,0	m²	45 %	Außenwandfläche F_F/F_W	20	%
Fensterfläche F_F	79,8	m²	11 %	$k_{m\,(ist)}$		W/m² K
Dachfläche F_D	184,6	m²	25 %	$k_{m\,(WVO)}$		W/m² K
Kellerfläche F_G	136,7	m²	19 %	$k_{m\,(F+W)}$		W/m² K

	absolut		spezifisch	
Normwärmebedarf (DIN 4701) Q_N	75.000	W	112	W/m²
Vollbenutzungsstunden	1.500	h/a		
Gradtagszahl	3.500	Kd/a		
Jahresenergiebedarf Q_{HZ}	143.300	kWh/a	214	kWh/m² a
Tatsächlicher Jahresenergieverbrauch $Q_{eff.}$	-	kWh/a	-	kWh/m² a

Sonstige Kennwerte:

KENNWERTE NACH VERBESSERUNGSMASSNAHMEN (wirtschaftlich vertretbar

Kombination der Maßnahmen Fenstererneuerung, Dach- und Kellerdämmung)

	absolut		spezifisch	
Normwärmebedarf (DIN 4701) Q_N	39.900	W	60	W/m²
Jahresenergiebedarf Q_{HZ}	98.700	kWh/a	147	kWh/m² a
Tatsächlicher Jahresenergieverbrauch $Q_{eff.}$	-	kWh/a	-	kWh/m² a

Sonstige Kennwerte:

Wirtschaftlich erreichbare Energieeinsparung in % : 31 %

Investitionskosten pro eingesparte kWh   : 1,01 DM

Abb. 3-62:   Fallbeispiel Mehrfamilienhaus
            - Typenbeschreibung und Kennwerte

Abb. 3-63:   Fallbeispiel Mehrfamilienhaus
               - Beschreibung der vorhandenen Bauteile und des
                 Heizungssystems

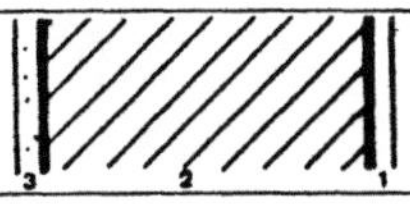

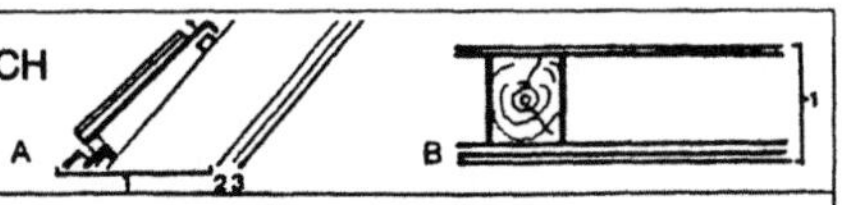

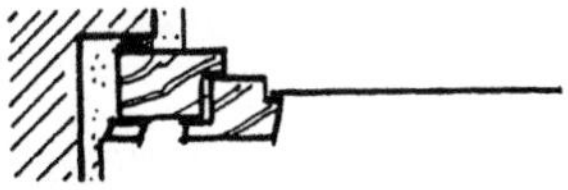

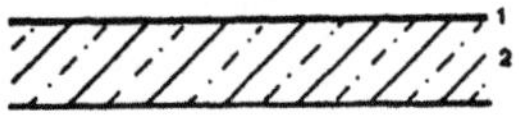

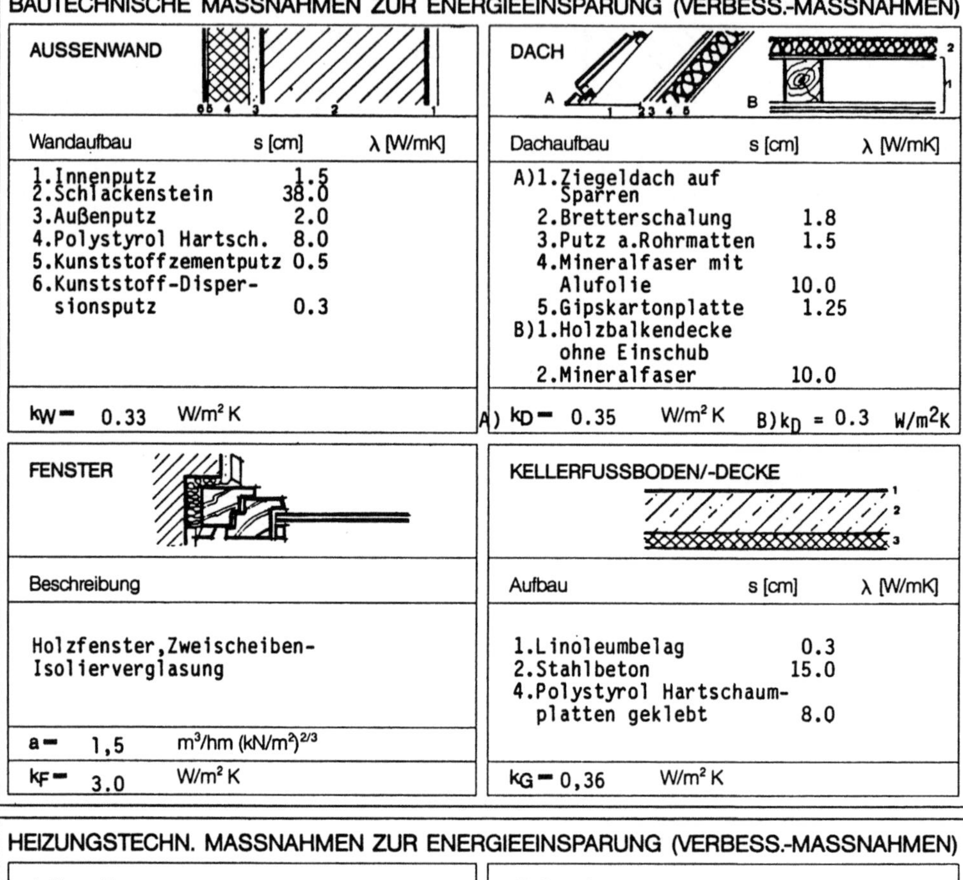

Abb. 3-64:   Fallbeispiel Mehrfamilienhaus
              - Bautechnische Maßnahmen zur Energieeinsparung

Normwärmebedarf (alt): 75,03 kW | Jahresenergieverbrauch (alt): 143287 kWh

Bauliche Maßnahmen zur Energieeinsparung	Einsparung				Amortisationszeitraum (a) bei Kapitalverzinsung				
	Wärmebedarf kW	%	Energieverbr. kWh	%	2,5%	4,5%	6,5%	8,5%	10,5%
wirts. Maßnahmenkombination (1)	35,16	47	44564	31	9	10	11	13	16
techn. Maßnahmenkombination (2)	37,70	50	47784	33	16	19	23	32	73
Fenster (FE)	13,75	18	17423	12	15	17	21	28	48
Außenwand (AW)	11,16	15	14141	10	17	20	26	37	100
Dach (DA)	6,39	9	8097	6	8	9	10	12	14,5
Kellerdecke (KG)	8,62	11	10921	8	7	8	8	9	11

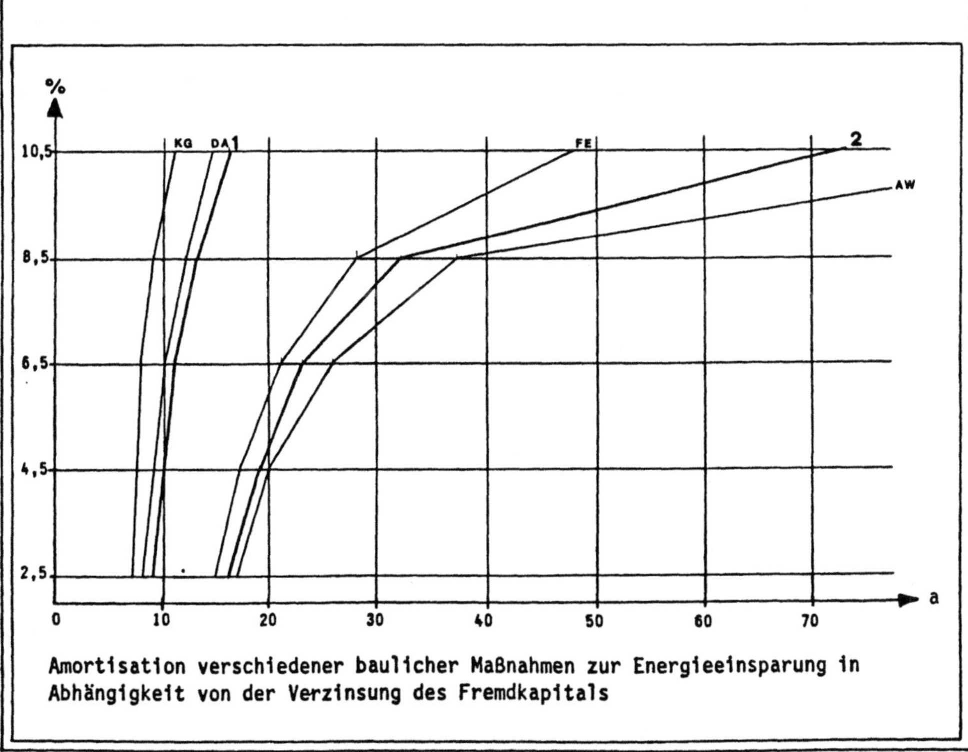

Amortisation verschiedener baulicher Maßnahmen zur Energieeinsparung in Abhängigkeit von der Verzinsung des Fremdkapitals

Abb. 3-65:: Fallbeispiel Mehrfamilienhaus
- Ergebnisse der Energierechnung und Wirtschaftlichkeitsberechnungen

Fallbeispiel Cityblock

Bei diesem Büro- und Geschäftshaus handelt es sich um eine typische Cityblock-
Bebauung der 50er Jahre. Im Erdgeschoß sind Läden, in den Obergeschossen Büros,
das Dachgeschoß ist nicht ausgebaut. Zur Verbesserung des Wärmeschutzes wurden
folgende Maßnahmen ausgewählt:

- Außenwand: Anbringung einer hinterlüfteten Fassade entsprechend /Abb. 3 - 21/
- Dach: Dämmung der obersten Geschoßdecke nicht begehbar, entsprechend
  /Abb. 3 - 51/
- Fenster: Auswechslung der Einfach- durch Isolierverglasung entsprechend
  /Abb. 3 - 33/
- Kellerdecke: unterseitige Dämmung der Kellerdecke entsprechend /Abb. 3 - 60/

Durch diese Verbesserungsmaßnahmen werden k-Werte zwischen 0,25 und 0,35 W/m^2K
erzielt.

Wirtschaftlich sind allerdings nur die Maßnahmen Dachdämmung und Verbesserung
der Fensterverglasung. Als wirtschaftlich vertretbare Maßnahmenkombination
ergeben sich eine Energieverbrauchsreduzierung um 17%, die erforderliche Investition liegt bei etwa 1,70 DM je kWh.

TYP	Büro- und Geschäftshaus
Altersklasse	: nach 1948
Bauweise	: Blockbebauung
Dachform	: Walmdach
Geschoßfläche	: 1750 m²
(Wohnfläche/Brutto-)	
Umbauter Raum	: 6029 m³
A/V-Verhältnis	: 0,34 m⁻¹

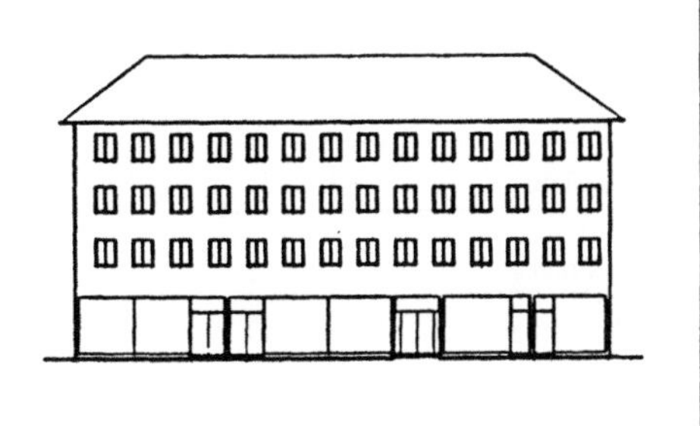

KENNWERTE BESTAND

Außenfläche A	2046,5	m²	100 %	Verhältnis Fensterfläche/		
Außenwandfläche F_W	945,6	m²	46 %	Außenwandfläche F_F/F_W	26	%
Fensterfläche F_F	323,7	m²	16 %	$k_{m\,(ist)}$		W/m² K
Dachfläche F_D	388,6	m²	19 %	$k_{m\,(WVO)}$		W/m² K
Kellerfläche F_G	388,6	m²	19 %	$k_{m\,(F+W)}$		W/m² K

	absolut		spezifisch	
Normwärmebedarf (DIN 4701) Q_N	181.300	W	104	W/m²
Vollbenutzungsstunden	1.500	h/a		
Gradtagszahl	3.500	Kd/a		
Jahresenergiebedarf Q_{HZ}	369.600	kWh/a	211	kWh/m² a
Tatsächlicher Jahresenergieverbrauch $Q_{eff.}$	-	kWh/a	-	kWh/m² a

Sonstige Kennwerte:

KENNWERTE NACH VERBESSERUNGSMASSNAHMEN (wirtschaftlich vertretbar
Kombination der Maßnahmen Fensterauswechslung, Dachdämmung)

	absolut		spezifisch	
Normwärmebedarf (DIN 4701) Q_N	131.100	W	75	W/m²
Jahresenergiebedarf Q_{HZ}	307.300	kWh/a	176	kWh/m² a
Tatsächlicher Jahresenergieverbrauch $Q_{eff.}$	-	kWh/a	-	kWh/m² a

Sonstige Kennwerte:

Wirtschaftlich erreichbare Energieeinsparung in % :   17 %

Investitionskosten pro eingesparte kWh   :   1,71 DM

Abb. 3-66:   Fallbeispiel Büro- und Geschäftshaus
               - Typenbeschreibung und Kennwerte

BAUKONSTRUKTION, BESTAND

AUSSENWAND

Wandaufbau	s [cm]	λ [W/mK]

1.Innenputz   1.5
2.Hochlochziegel 24.0
3.Außenputz   2.0

$k_W =$ 1.31   W/m² K

DACH

Dachaufbau	s [cm]	λ [W/mK]

1.Holzbalkendecke
  ohne Einschub

$k_D =$ 1.16   W/m² K

FENSTER

Beschreibung

EG Aluminium Isolierverglasung A
1.-3.0G "   Einfachverglasung B

$a =$ 1,5   m³/hm (kN/m²)$^{2/3}$ a=2.5

$k_F =$ 3.0   W/m² K K_F=5.2

KELLERFUSSBODEN/-DECKE

Aufbau	s [cm]	λ [W/mK]

1.Zementestrich   4.0
2.Styropor   2.0
3.Stahlbeton   25.0

$k_G =$ 0.80   W/m² K

HEIZUNGSSYSTEM, BESTAND

SYSTEM:

Wärmeerzeuger : Zentralheizung 90/70
Wärmeenergie : Heizöl EL/ Gas
Wärmeverteilg. : Zweirohrsystem
Wärmeabgabe : Radiatoren,
                Plattenheizkörper

KENNDATEN:

Leistung des Erzeugers	:	200	kW
Wirkungsgrad des Erzeugers	:	-	%
Jahresvollbenutzungs-Std.	:	1.500	h/a
Luftwechsel	:		
Zuschläge	:		%
Jahres Ges. Wirk. Grad	:	70	%

Abb. 3-67:   Fallbeispiel Büro- und Geschäftshaus
             - Beschreibung der vorhandenen Bauteile und des
               Heizungssystems

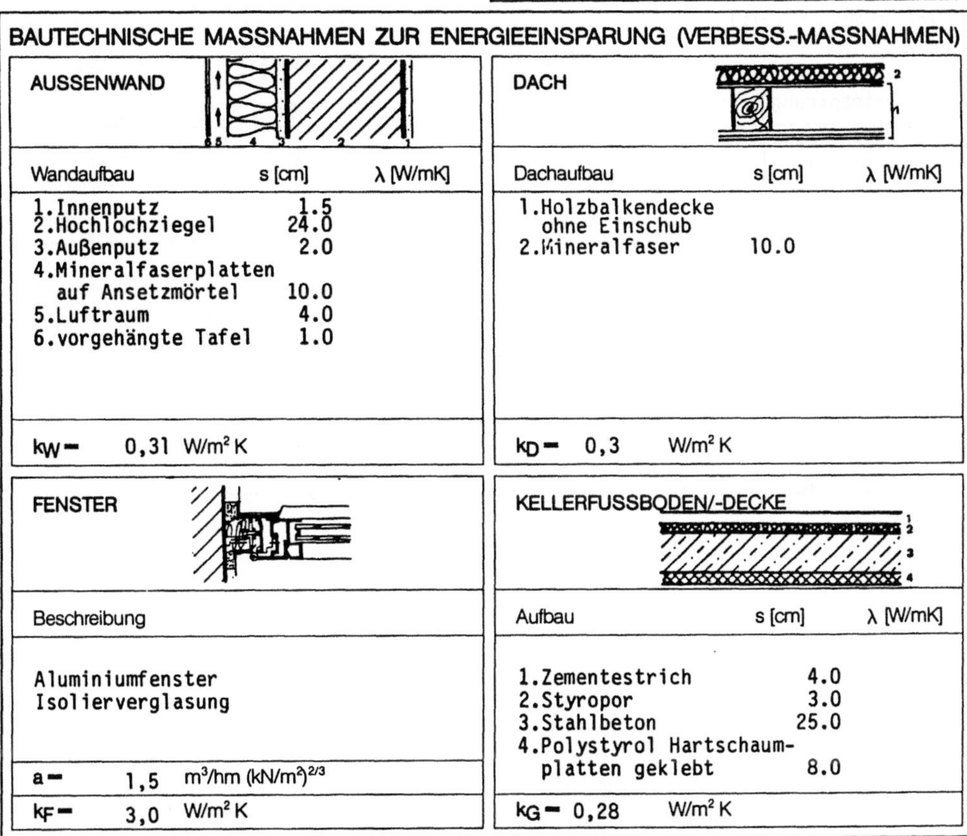

Abb. 3-68:   Fallbeispiel Büro- und Geschäftshaus
             - Bautechnische Maßnahmen zur Energieeinsparung

Normwärmebedarf (alt): 181,34   kW   Jahresenergieverbrauch (alt): 369607 kWh

| Bauliche Maßnahmen zur Energieeinsparung | Einsparung | | | | Amortisationszeitraum (a) bei Kapitalverzinsung | | | | |
	Wärmebedarf kW	%	Energieverbr. kWh	%	2,5%	4,5%	6,5%	8,5%	10,5%
wirts. Maßnahmen-kombination (1)	50,23	28	62345	17	14	16	20	25	40
techn. Maßnahmen-kombination (2)	89,61	49	111220	30	22	27	38	74	100
Fenster (FE)	42,52	23	52777	14	14	16	20	25	40
Außenwand (AW)	31,92	18	39613	11	26	33	49	100	100
Dach (DA)	10,40	6	12908	3	11	13	15	18	23
Kellerdecke (KG)	7,35	4	9117	2	19	23	29	45	100

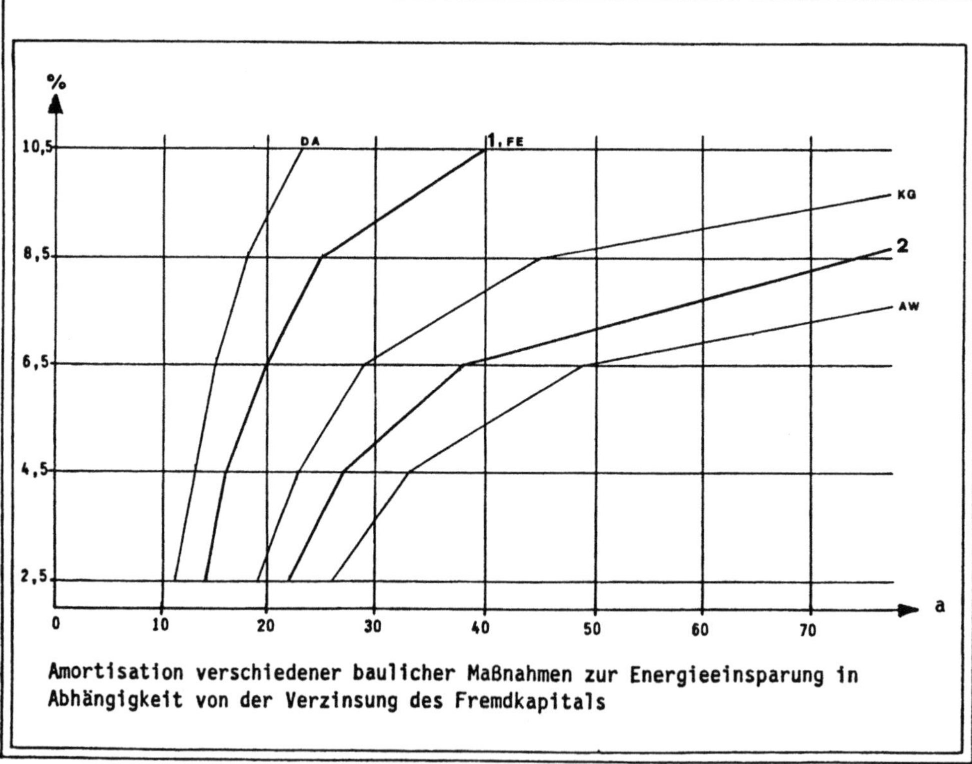

Amortisation verschiedener baulicher Maßnahmen zur Energieeinsparung in
Abhängigkeit von der Verzinsung des Fremdkapitals

Abb. 3-69:   Fallbeispiel Büro- und Geschäftshaus
- Ergebnisse der Energierechnung und Wirtschaftlichkeitsberechnungen

3.4   Graphisches Verfahren zur Optimierung der Wirtschaftlichkeit von
          Wärmeschutzmaßnahmen

Nachfolgend wird ein Verfahren vorgestellt, das es erlaubt, statt mit umfangreichen Berechnungen auf graphischem Wege die Optimierung der Wirtschaftlichkeit
bei der Verbesserung des Wärmeschutzes von Bauteilen schnell und einfach durchzuführen.

Das Verfahren basiert auf der Betrachtung der Transmissionswärmeverluste eines
Quadratmeters Bauteilfläche und ihrer Reduzierung durch mögliche Wärmeschutzmaßnahmen.

Ausgegangen wird von der vorhandenen Konstruktion des Bauteils, für die der
Schichtaufbau, zumindestens aber der k-Wert ermittelt werden muß. Eine Skizze
des Bauteils, der Schichtaufbau und die bauphysikalischen Werte werden in ein
Formblatt /Abb. 3 - 70/ eingetragen. In einem zweiten Schritt müssen dann die
Konstruktionen, die k-Werte und die Mehrkosten für mögliche Verbesserungsmaß-
nahmen des Wärmeschutzes beschrieben werden und ebenfalls in das Formblatt als
Alternativen eingetragen werden.

Die für die graphische Optimierung wichtigsten Informationen sind:

- die k-Wert-Verbesserung, d.h. die Verminderung des k-Wertes, ausgedrückt in
  W/m^2K
- die Kosten der Verbesserungsmaßnahme
  entweder die Gesamtkosten der Verbesserungsmaßnahme oder nur die Differenzkosten, die bei einer sowieso fälligen Instandsetzung des Bauteils für die
  Wärmedämmschicht zusätzlich erforderlich sind.

Diese Informationen werden dann in dem Optimierungsblatt /Abb. 3 - 71/ in Feld 1
eingetragen.

Zusätzlich können folgende Randbedingungen beliebig ausgewählt werden:

- der Standort des Gebäudes in der Bundesrepublik (dies hat aufgrund unterschiedlicher Klimabedingungen Einfluß auf den Energieverbrauch und damit auch
  auf die Einsparmöglichkeiten); dazu wird die Standortkennzahlentabelle
  /Tab. 3 - 7/ benötigt
- der Preis für die zur Heizung eingesetzten Energie, sei es für Öl, Gas, Strom,
  oder andere Energien in DM/kWh
- die durchschnittliche Steigerungsrate, die für die Energiepreise für die
  nächsten Jahre angenommen wird, in Prozent

GRUNDKONSTRUKTION		ALTERNATIVE 1
SCHICHTAUFBAU		
k-WERT $W/m^2 K$		
k-WERT-MINDERUNG $W/m^2 K$		
RICHTPREIS DM/m^2		
MEHRKOSTEN DM/m^2		

ALTERNATIVE 2					
DÄMMSTOFFDICKE cm					
k-WERT $W/m^2 K$					
k-WERT-MINDERUNG $W/m^2 K$					
MEHRKOSTEN DM/m^2					

AUFBAU	cm

ALTERNATIVE 3					
DÄMMSTOFFDICKE cm					
k-WERT $W/m^2 K$					
k-WERT-MINDERUNG $W/m^2 K$					
MEHRKOSTEN DM/m^2					

PLANUNGSHINWEISE:

Abb. 3-70: Formblatt zur Erfassung der Bauteildaten

- der Zinssatz, mit dem das Kapital zur Finanzierung der Mehraufwendungen für den gewählten Wärmeschutz langfristig verzinst werden soll, in Prozent.

Die Wirtschaftlichkeit des Wärmeschutzes kann nun durch einen einfachen Linienzug auf dem Optimierungsblatt bestimmt werden. Verglichen werden dabei die Investitionskosten für die Verbesserungsmaßnahmen mit den gesamten erreichten Einsparungen bei den Energiekosten. Wegen der Einfachheit und Vergleichbarkeit werden die Investitionskosten dem Gegenwartswert der Energiekosten gegenübergestellt. Der Gesamtbetrag der Energiekosteneinsparung über die Jahre hinweg kann damit mit seinem Gegenwartswert den heutigen Investitionskosten für den verbesserten Wärmeschutz gegenübergestellt werden. Zur Vereinfachung wurde bei diesem Verfahren einheitlich eine Lebensdauer der Bauteile von 20 Jahren angesetzt.

Das Optimierungsblatt /Abb. 3 - 71/ ist in 4 Felder mit folgenden Informationen gegliedert:

- Im Feld 1 (Kostenkurve) wird vom Energieberater der oder die Werte für Investitionskosten in DM/m^2 Bauteil in Abhängigkeit von der k-Wert-Minderung in W/m^{2}K eingetragen.
- Im Feld 2 ist auf der Abszisse die Energieeinsparung pro m^2 Bauteil in Kilowattstunden pro Jahr in Abhängigkeit von der k-Wert-Minderung (Ordinate) und den für die Bundesrepublik Deutschland relevanten unterschiedlichen Klimabedingungen dargestellt.
- Im Feld 3 lassen sich auf der Ordinate die Energiekosteneinsparungen in DM/m^2 Bauteil im ersten Betriebsjahr in Abhängigkeit von der auf der Abszisse gezeigten Energieeinsparung und von alternativen Energiepreisen ablesen.
- Feld 4 zeigt auf der Abszisse den Gegenwartswert in DM/m^2, der auf der Basis der Kapitalwert-Methode rediskontierten Energiekosteneinsparung über die Lebensdauer des Bauteils (20 Jahre) unter Berücksichtigung der Energiepreissteigerung, sowie die durchschnittliche jährliche Energiekosteneinsparungen (Annuität) auf der Ordinate.

Für den Optimierungsablauf sind folgende Arbeitsschritte erforderlich /Abb. 3 - 71/:

0. Eintragung der Werte für Investitionskosten und die k-Wert-Minderung für die untersuchten Wärmeschutzmaßnahmen aus Formblatt /Abb. 3 - 70/
1. Auswahl einer Alternative zur Verbesserung des Wärmeschutzes
2. Feststellung der k-Wert-Minderung im Feld 1
3. Feststellung der dazu erforderlichen Investitionskosten

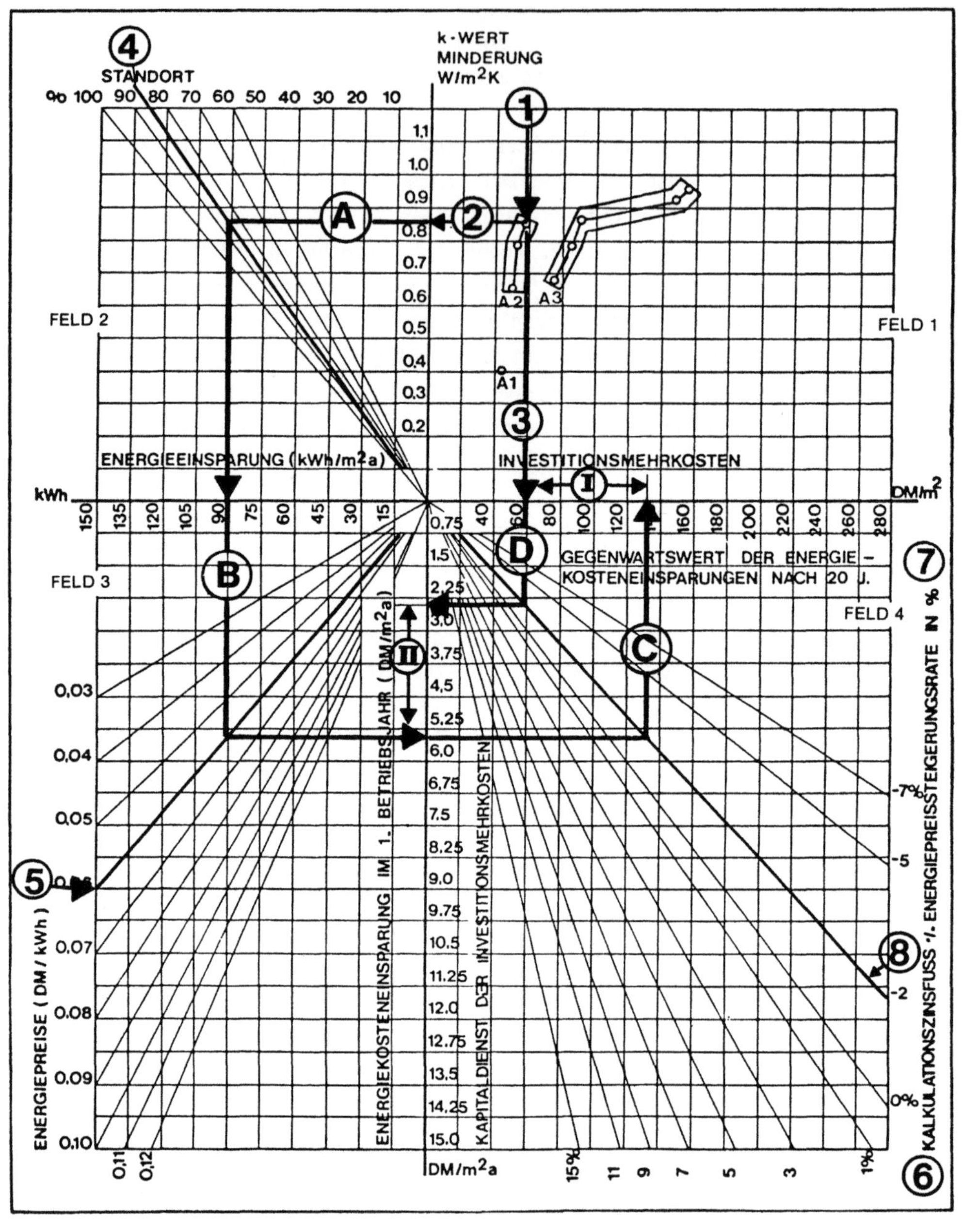

STANDORT
k·WERT MINDERUNG W/m²K
% 100 90 80 70 60 50 40 30 20 10
1.1
1.0
0.9
0.8
0.7
0.6
0.5
0.4
0.3
0.2
A
A2 A3
A1
FELD 2
FELD 1
ENERGIEEINSPARUNG (kWh/m²a)
INVESTITIONSMEHRKOSTEN
kWh
DM/m²
150 135 120 105 90 75 60 45 30 15
0.75 40 60 80 100 120 140 160 180 200 220 240 260 280
B
D
FELD 3
GEGENWARTSWERT DER ENERGIE-KOSTENEINSPARUNGEN NACH 20 J.
1.5
2.25
3.0
3.75
4.5
5.25
6.0
6.75
7.5
8.25
9.0
9.75
10.5
11.25
12.0
12.75
13.5
14.25
15.0
FELD 4
C
II
ENERGIEKOSTENEINSPARUNG IM 1. BETRIEBSJAHR (DM/m²a)
KAPITALDIENST DER INVESTITIONSMEHRKOSTEN
ENERGIEPREISE (DM/kWh)
0,03
0,04
0,05
0,07
0,08
0,09
0,10
0,11
0,12
DM/m²a
15% 11 9 7 5 3 1%
KALKULATIONSZINSFUSS %
ENERGIEPREISSTEIGERUNGSRATE IN %
-7%
-5
-2
0%

4. Feststellung der Standortkennzahl und Eintragung der Standortgeraden im
   Feld 2
5. Wahl des Energiepreises - Markierung der entsprechenden Geraden im Feld 3
6. Wahl eines Kalkulationszinsflusses
7. Wahl einer Energiepreissteigerungsrate
8. Bildung der Differenz durch Subtraktion der Arbeitsschritte 7. von 6.:
   Dieser Wert muß entsprechend den Legenden der Strahlen in Feld 4 eingetragen
   werden; Markierung der gefundenen Geraden (Beispiel: Kalkulationszinsfuß
   = 5%, Energiepreissteigerungsrate = 7%; 5 - 7 = - 2%, einzutragen ist also
   die Gerade - 2%, die durch Interpolation zu bilden ist)

Die Wirtschaftlichkeit des Wärmeschutzes kann nun graphisch ermittelt werden.

Linienzug A führt zur Energieeinsparung in kWh/m^2 in einem Jahr.

Linienzug B ergibt die Energiekosteneinsparung im ersten Betriebsjahr in
DM/m^2-Bauteil.

Linienzug C ergibt den Gegenwartswert der gesamten Energiekosteneinsparung nach
20 Jahren Lebensdauer.

Vergleich I stellt die heute erforderlichen Investitionsaufwendungen den gesamten Energiekosteneinsparungen gegenüber, die auf den gegenwärtigen Wert redis-
kontiert wurden.

Linienzug D führt, ausgehend von den Investitonsmehrkosten zu dem hierfür
aufzubringenden jährlichen Kapitaldienst (Annuität).

Vergleich II stellt die Annuität den Betriebskosteneinsparungen im 1. Jahr gegenüber.

Das Ergebnis der Vergleiche I und II bestimmt die Wirtschaftlichkeit der
eingangs gewählten Alternativen zur Verbesserung des Wärmeschutzes.

Standort	Standort-kennzahl-%
Baden-Württemberg	
Aulendorf	88
Baden-Baden	74
Badenweiler	75
Buchen	86
Donaueschingen	93
Freiburg i. Brsg.	70
Freudenstadt	92
Friedrichshafen	79
Gschwend	87
Heidelberg	68
Heidenheim	89
Herrenalb, Bad	84
Isny	94
Karlsruhe	72
Kirchheim/Teck	81
Klippeneck	95
Mannheim	72
Münsingen	94
Öhringen	78
Pforzheim	80
Ravensburg	82
St. Blasien	97
Stuttgart (Stadt)	73
Trochtelfingen	98
Tübingen	81
Ulm	86
Villingen	93
Wertheim	79
Wildbad-Sommerbg.	88
Bayern	
Augsburg	85
Bamberg	83
Bayreuth	87
Berchtesgaden	91
Burghaslach	85
Coburg	85
Erlangen	83
Garmisch-Partenkirchen	90
Hof-Hohens.	96
Hüll	80
Karlshuld	88
Kissingen, Bad	82
Kohlgrub, Bad	92
Mittelberg	92
Mittenwald	92
Muhldorf	87
München-Riem	86
Nördlingen	86
Nürnberg-Buchenb.	77
Oberaudorf a. Inn	89
Oberstdorf	97
Passau	96
Pommelsbrunn	87
Regensburg	86
Rosenheim	85
Rothenburg o. d. Tauber	85
Trostberg	86
Weiden	90
Weihenstephan	89
Würzburg	71
Berlin (West)	
Berlin-Dahlem	81
Berlin-Tempelhof	78
Hessen	
Bensheim-Auerbach	72
Darmstadt	77
Dillenburg	82
Frankfurt-Flughafen	77
Frankfurt (Stadt)	72
Geisenheim	73
Gelnhausen	76
Gießen	79
Gilserberg	88
Herchenhain	93
Hersfeld, Bad	83
Kassel	78
Nauheim, Bad	78
Weilburg	80
Wiesbaden	75
Witzenhausen	81
Niedersachsen und Bremen	
Borkum	76
Braunlage	97
Braunschweig	80
Bremen-Flughafen	78
Bremerhaven	79
Clausthal	95
Cuxhaven	78
Emden	79
Göttingen	81
Hameln	78
Hannover-Flughafen	80
Lingen	76
Norderney	77
Oldenburg	79
Nordrhein-Westfalen	
Aachen	73
Brilon	88
Bonn-Friesdorf	70
Dortmund	74
Düsseldorf	70
Duisburg	67
Elsdorf	73
Essen	74
Gütersloh	76
Herford	77
Iserlohn	78
Kleve	73
Köln	68
Lüdenscheid	84
Münster	77
Salzuflen, Bad	77
Wuppertal	76
Rheinland-Pfalz	
Alzey	77
Bergzabern	74
Bernkastel	72
Birkenfeld	87
Blankenrath	84
Ems, Bad	74
Hilgenroth	80
Kreuznach, Bad	75
Neustadt/Weinstr.	72
Neuwied-Oberbieber	77
Nürburg	92
Pirmasens	79
Trier (Stadt)	73
Worms	71
Saarland	
Saarbr.-St Arnual	74
Saarbr.-Ensheim	78
Schleswig-Holstein und Hamburg	
Hamburg-Fuhlsbüttel	81
Hamburg-Wandsbek	79
Husum	83
Kiel	81
List auf Sylt	81
Lübeck	81
Neumunster	82
Schleswig	84
St. Peter	82
Travemünde	83

Tab. 3-7: Standort-Kennzahlen für ausgewählte Standorte in der Bundesrepublik Deutschland

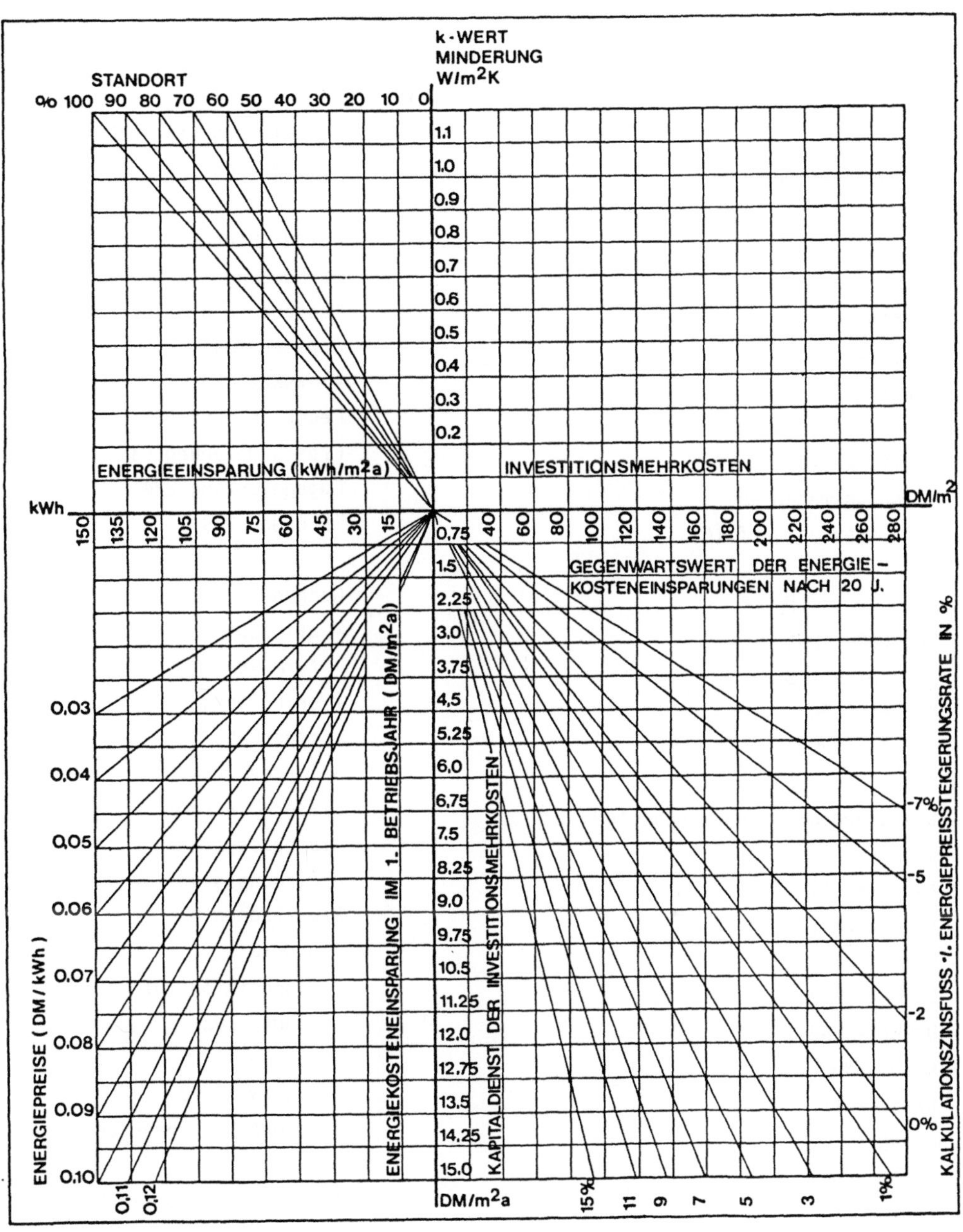

Abb. 3-72:   Optimierungsblatt Leerformular als Arbeitshilfe

Sachwortverzeichnis

Autorenverzeichnis

Band VI

Epinatjeff, Peter

Dipl.-Ing., Architekt
Technische Universität Berlin
Weiterbildungsprogramm
Energieberatung / Energiemanagement

Weidlich, Bodo

Dipl.-Ing., Architekt
Weidlich Ingenieurgesellschaft m.b.H.

Energieberatung/ Energiemanagement

Herausgeber: **D. Winje, R. Hanitsch**

Band 1: Energiemanagement
von G. Borch, M. Fürböck, L. Mansfeld, D. Winje
1986. Etwa 320 Seiten. Gebunden DM 84,-. ISBN 3-540-16614-9

Inhaltsübersicht: Grundlagen des Energiemanagements. – Betriebliche Energiemanagementprogramme. – Energieversorgungskonzepte – Regionales Energiemanagement. – Rahmenbedingungen des Energiemanagements.

Band 2: Energiewirtschaft
von D. Winje, D. Witt
1986. Etwa 300 Seiten. Gebunden DM 84,-. ISBN 3-540-16612-2

Inhaltsübersicht: Grundzusammenhänge der Energiewirtschaft. – Wirtschaftlichkeitsberechnung.

Band 3: Physikalisch-technische Grundlagen
von G. Bartsch
1986. Etwa 300 Seiten. Gebunden DM 84,-. ISBN 3-540-16615-7

Inhaltsübersicht: Thermodynamik der Energiewandlung. – Grundlagen der Wärmeübertragung. – Strömungslehre.

Band 4: Wärmetechnik
von K. Endrullat, P. Epinatjeff, D. Petzold, H. Protz
1986. Etwa 300 Seiten. Gebunden DM 84,-. ISBN 3-540-16616-5

Inhaltsübersicht: Grundlagen der Heiz- und Lufttechnik. – Anwendung der Heiz- und Lufttechnik. – Wärmepumpen und Abwärmenutzung.

Band 5: Elektrische Energietechnik
von R. Hanitsch, U. Lorenz, D. Petzold
1986. Etwa 300 Seiten. Gebunden DM 84,-. ISBN 3-540-16613-0

Inhaltsübersicht: Verteilung und Verbrauch elektrischer Energie. – Spezielle Energiewandler. – Meß-und Regelungstechnik.

Band 6: Rationelle Energieverwendung im Hochbau
von P. Epinatjeff, B. Weidlich
1986. Etwa 300 Seiten. Gebunden DM 84,-. ISBN 3-540-16617-3

Inhaltsübersicht: Bauphysikalische Grundlagen. – Klimagerechtes Planen und Bauen. – Rationelle Energieverwendung durch Maßnahmen am Gebäudebestand.

Die sechsbändige Handbuchreihe gibt, aufbauend auf dem Wissen traditioneller Fachgebiete, eine zusammenfassende Behandlung der Möglichkeiten einer sparsamen und rationellen Energieverwendung in wichtigen Verbrauchsbereichen.
Dabei wird ein Schwerpunkt auf eine umfassende und fachübergreifende Betrachtungsweise gelegt. Im Vordergrund steht das Anliegen, Energiefachleuten verschiedener technischer Disziplinen Erkenntnisse aus jeweils anderen Fachrichtungen zu vermitteln und gleichzeitig systemorientierte Ansätze aufzuzeigen. Ein weiteres Ziel der Handbuchreihe besteht darin, Energiefachleuten neben technischen Zusammenhängen auch betriebswirtschaftliche Grundlagen wie Investitionsrechnungen oder Organisationstechniken im Hinblick auf Maßnahmen zur effizienten Energienutzung nahezubringen. Methoden des Energiemanagements beschreiben Möglichkeiten und Wege, wie technische Optionen der rationellen Energienutzung nicht nur aufgezeigt und wirtschaftlich beurteilt, sondern die hierzu erforderlichen Maßnahmen auch konkret umgesetzt werden können.
Die Handbuchreihe ist daher für Energiefachleute konzipiert, seien es Ingenieure, Architekten, Planer oder Wirtschaftswissenschaftler, die mit der rationellen Energieversorgung und -verwendung befaßt sind oder eine derartige Tätigkeit anstreben.

Springer-Verlag
Berlin Heidelberg
New York Tokyo

Verlag TÜV
Rheinland

Energieberatungshandbuch

Handbuch zur Beratung kleiner und mittlerer Unternehmen
Hrsg.: Bundesminister für Wirtschaft

Die Buchreihe ,,Handbuch zur Beratung kleiner und mittlerer Unternehmen über Maßnahmen zur Energieeinsparung'' gliedert sich in einen ,,Allgemeinen Teil'' und ,,Branchenspezifische Teile'' auf. Im ,,Allgemeinen Teil'' werden die branchenübergreifenden Energieumwandlungs- und -verwendungssysteme abgehandelt und Energieeinsparmaßnahmen aufgezeigt, während in den ,,Branchenspezifischen Teilen'' auf die spezielle Energie- und Produktionstechnik der jeweiligen Branche näher eingegangen wird. Besonderheit der Buchreihe sind die ,,gelben Arbeitsblätter'', mit denen der Istzustand eines Betriebes aufgenommen und analysiert werden kann. Diese Arbeitsblätter werden für jeden Arbeitsschritt in den einzelnen Fachkapiteln mittels eines Beispiels näher erläutert und dabei wird aufgezeigt, wie man Energieeinsparmaßnahmen entwickelt und bewertet. Diese Vorgehensweise wurde gewählt, um eine Steigerung der Effizienz der Beratung durch betriebsfremde Berater zu erreichen, sowie den Unternehmen Möglichkeiten für eigene Initiativen zur Energieeinsparung zu eröffnen.

Grundlagenband, Allgemeiner Teil
1985, DIN A4, 770 Seiten, Loseblatt im Plastikordner mit Register, DM 165,–

Fachbände

Brauwirtschaft
1985, DIN A4, 192 Seiten, Loseblatt im Plastikordner mit Register, DM 75,–

Backwaren
1985, DIN A4, 112 Seiten, Loseblatt im Plastikordner mit Register, DM 75,–

Holz- und Kunststoff verarbeitende Industrie
1985, DIN A4, 134 Seiten, Loseblatt im Plastikordner mit Register, DM 75,–

Papier-, Karton- und Pappenindustrie
1985, DIN A4, 202 Seiten, Loseblatt im Plastikordner mit Register, DM 75,–

FSC
www.fsc.org
MIX
Papier aus verantwortungsvollen Quellen
Paper from responsible sources
FSC® C105338